高职高专旅游与酒店管理专业系列教材

主题宴会

设计与管理实务

（第3版）

王秋明 王久成 刘瑞军 著

清华大学出版社
北 京

内 容 简 介

本书包括认识主题宴会设计与管理、宴会部机构形式与人员管理、主题宴会预订与销售、主题宴会菜品与菜单设计、主题宴会酒水与服务流程设计、主题宴会环境设计、主题宴会台面与摆台服务流程设计、主题宴会服务流程设计与管理、主题宴会菜品生产与价格管理、宴会部岗位综合实践10个项目。本书力求反映主题宴会设计的最新发展动态和创新发展理念，第3版在第2版的基础上增加了宴会部岗位综合实践的内容，更加贴近“课岗赛证”融通教材的建设要求，强化学生及从业者的中西餐主题宴会设计创新能力、餐饮服务与管理的职业技能及综合职业素养。本书内容可操作性强，并配有课件，读者可扫描封底二维码获取。

本书可作为应用型本科院校、高等专科院校以及成人高等院校的旅游、酒店管理专业学生的参考用书，也可供酒店对其管理人员、服务人员进行业务培训时使用。

图书在版编目(CIP)数据

主题宴会设计与管理实务 / 王秋明，王久成，刘瑞军著 . —3 版 . —北京：清华大学出版社，2022.3（2024.8重印）
高职高专旅游与酒店管理专业系列教材
ISBN 978-7-302-60178-4

Ⅰ. ①主… Ⅱ. ①王… ②王… ③刘… Ⅲ. ①宴会－设计－高等职业教育－教材②宴会－商业管理－高等职业教育－教材 Ⅳ. ① TS972.32 ② F719.3

中国版本图书馆 CIP 数据核字 (2022) 第 029176 号

责任编辑：施　猛
封面设计：周晓亮
版式设计：方加青
责任校对：马遥遥
责任印制：刘海龙

出版发行：清华大学出版社
网　　址：https://www.tup.com.cn，https://www.wqxuetang.com
地　　址：北京清华大学学研大厦 A 座　　邮　　编：100084
社 总 机：010-83470000　　邮　　购：010-62786544
投稿与读者服务：010-62776969，c-service@tup.tsinghua.edu.cn
质 量 反 馈：010-62772015，zhiliang@tup.tsinghua.edu.cn
印 装 者：涿州汇美亿浓印刷有限公司
经　　销：全国新华书店
开　　本：185mm×260mm　　印　　张：20.5　　字　　数：436 千字
版　　次：2013 年 8 月第 1 版　　2022 年 2 月第 3 版　　印　　次：2024 年 8 月第 12 次印刷
定　　价：59.00 元

产品编号：096841-02

前言(第3版)

为深入贯彻党的二十大精神，落实习近平总书记在党的二十大报告中关于“实施科教兴国战略，强化现代化建设人才支撑”“坚持为党育人，为国育才，全面提高人才自主培养质量”“育人的根本在于立德，全面贯彻党的教育方针，落实立德树人根本任务，培养德智体美劳全面发展的社会主义建设者和接班人”“深化教育领域综合改革，加强教材建设与管理”的要求，结合教育部印发的《高等学校课程思政建设指导纲要》，把立德树人作为根本任务，突显职业教育类型特色，打造培根铸魂、启智增慧，适应时代要求的精品教材，发挥好每门课程的育人作用，提高高校人才培养质量，笔者在本教材第2版的基础上深入挖掘本课程和教学方式中蕴含的思想政治教育资源，在素质目标中融入思政目标，以爱党、爱国、爱社会主义、爱人民、爱集体为主线，围绕政治认同、家国情怀、文化素养、宪法法制意识、道德修养等重点优化课程思政内容，并在素质训练中不断加以强化，坚定道路自信、理论自信、制度自信、文化自信，高举中国特色社会主义伟大旗帜，全面贯彻习近平新时代中国特色社会主义思想，为全面建设社会主义现代化国家，全面推进中华民族伟大复兴而团结奋斗。

依据职业教育国家教学标准体系，为了对接职业标准和岗位(群)能力要求，建设“岗课赛证融通”教材，本教材第3版增加了项目10宴会部岗位综合实践内容，目的是加强学生的实践能力训练，提高学生运用主题宴会设计与管理知识和基本原理的综合能力和操作技能。基于此，项目10吸收了全国职业院校技能大赛、世界技能大赛餐厅服务赛项的考核标准及现代宴会发展趋势等相关知识，设置了实训报告，其内容包括实训设备和材料、实训注意事项、操作步骤、考核标准、自我评价、酒店宴会部专业人员评价、教师评价等环节，为学生开展练习提供目标、步骤、方法、标准、职业规范，同时采用活页式设计，便于学生实操参考、撰写实训报告及教师批改。学生通过实训掌握主题宴会设计与管理的流程和技能，激励学生运用娴熟的服务技能、有效的沟通技巧、良好的礼仪举止为客人提供优质宴会服务，最后写出自我评价，与同学们分享实训体会，明确需要改进的地方。实训结束后，由酒店专业人员做出评价，同时由教师做出总结性评价并实施心理健康教育，使学生宴会设计水平和管理服务技能不断提高。

2020年，本教材入选“十三五”国家职业教育规划教材，笔者深感责任重大。为了落实习近平总书记在党的二十大报告中提出的“推进教育数字化，建设全民终身学习的学习型社会、学习型大国”的要求，按照教材建设标准打造立体化融媒体教材，笔者深入酒店企业做了大量的调研工作，在第2版的基础上进行教材配套资源建设，探索纸质教材数字化改造的方式、途径；充分利用现代信息技术，根据教学需要，尝试制作了微课视频和实操视频及动画，学生扫描书中二维码，可以更直观地学习主题宴会设计与管理的相关知识和技能。以本教材为依托的宴会设计与管理课程(可扫描右侧二维码了解本课程)在国家智慧职教平台开课，免费为广大在校学生和社会学习者提供丰富的学习资源，也为教师配备了更完善的教学资料，新开发了模拟试题，并提供参考答案；对本书课件做了进一步更新和完善；提供了课程标准、课程教学大纲和实践教学大纲，方便教师教学；在第11次印刷时，增加了虚拟仿真软件二维码，学生扫描二维码，可直观学习部分操作技能，实现可听、可视、可练、可互动的立体化应用效果。

为了使教材内容更加完善，沈阳职业技术学院党委书记、思想政治教育专业带头人王久成教授结合教材内容对课程素质目标进行了总体设计和撰写，中国职教学会理事、全国跨境电商联盟理事、全国高职旅游类专业教学标准审定专家、沈阳职业技术学院刘瑞军教授对宴会部岗位综合实践内容进行了系统设计和撰写。本教材第3版较第2版有了较大的改变，修订了第2版的部分错误，完善了相关内容，使其更加贴近“岗课赛证融通”教材的建设要求。

笔者在写作本书的过程中，参阅了大量专著和书籍，在此对相关作者深表谢意。同时也得到了沈阳丽都商务有限公司沈阳丽都索菲特酒店人才与文化部总监鲁雁、宴会部经理田雷、香格里拉大酒店(沈阳)有限公司西餐厨师长单阿静、辽宁现代服务职业技术学院旅游管理学院教授梁瑜以及清华大学出版社的热情帮助和大力支持，在此一并致谢。

限于本人学识水平，书中难免存在缺点和疏漏，期盼使用本书的读者批评指正。清华大学出版社建立了本教材教学服务群，群号为827273889，广大读者如有反馈建议，可在群里交流。笔者相信，在我们的共同努力下，本教材能更好地服务于全国广大师生。

作　者

2022年12月

前言(第2版)

随着我国经济的发展、人们生活水平的提高，各种宴会举办需求越来越多，为了满足客人的需要，各家酒店千方百计地创新宴会设计。如今，具有主题宴会设计与管理能力的人才缺乏，可供学习的教材少之又少，因此，笔者将多年积累的讲授“宴会设计与管理”课程的教学资料，结合亲历酒店宴会部的工作经验和案例，汇聚成一本既能反映酒店宴会实际业务，又能从知识、能力、素质等方面体现高职教育特色的教材，以宴会部的经营管理活动和运作流程为中心线索，将主题宴会设计与管理的每项核心工作提炼出来，形成宴会设计与管理工作流程的各个项目，最终形成《主题宴会设计与管理实务》这本书。

如今，我国高等职业教育的快速发展，特别是全国职业院校技能大赛和全国旅游院校饭店服务技能大赛的多次举办，为主题宴会设计与管理的人才培养和课程教学指明了方向，也深受广大高职高专旅游与酒店专业师生的重视。2013年8月，本书由清华大学出版社推向社会后至今已印刷6次，三年多以来，笔者听到了许多执教者对《主题宴会设计与管理实务》一书的反馈意见，而本人也在主题宴会设计教学研究中不断深化思考、深入实践，于是有了今天的这本书。使用者会注意到第2版较原版在内容方面有了较大的改变，不仅更加贴近主题宴会设计与管理工作岗位的要求，而且修订了原版的部分错误。本书既可作为应用型本科院校、高等专科院校以及成人高等院校的旅游、酒店管理专业学生的教材，也可供酒店对其管理人员、服务人员进行业务培训时使用。

作者在写作本书的过程中参阅了大量专著和书籍，在此对相关作者深表谢意。同时也得到了酒店同行、清华大学出版社的热情帮助和大力支持，在此一并致谢。

限于本人学识水平，书中一定还存在缺点和疏漏，期盼使用本书的读者批评指正。反馈邮箱：wkservice@vip.163.com。

作　者

2017年2月

前言(第1版)

在酒店管理专业人才培养方案中，餐饮核心工作能力和会议核心工作能力是高职学生必须掌握的重要核心能力，它集中体现在主题宴会设计与管理的能力上。因此，各高职院校相继开设了“主题宴会设计与管理实务”课程并将其作为专业必修课，旨在培养符合酒店需要的精服务、懂营销、会管理的高技能管理人才。在此背景下，编写一本既能反映酒店宴会实际业务，又能从知识、能力、素质方面体现高职教育特色的教材是十分必要的。本教材以宴会部的经营管理活动和运作流程为中心线索，从认识主题宴会设计与管理入手，分别介绍了宴会部机构形式与人员管理、主题宴会预订与销售、主题宴会菜品与菜单设计、主题宴会酒水及服务流程设计、主题宴会环境设计、主题宴会台面及摆台服务流程设计、主题宴会服务流程设计与管理、主题宴会菜品生产与价格管理的相关内容，力求使学生所学知识和技能与工作岗位相适应。本教材既可供高等专科院校以及成人高等院校的旅游、酒店管理专业学生使用，也可供酒店对其管理人员、服务人员进行业务培训时使用。

本教材具有以下3个特点。

1. 采用项目教学法设计教材体系

本教材采用项目教学法来设计教材体系，形成了围绕宴会部工作需求的新型讲授与训练项目，并按照酒店宴会部实际的典型工作流程设置9个教学项目，以适应理论与实践一体化的单元式教学模式。本教材的理论知识以必需、够用为原则，在每个项目中设置必须完成的几个任务，通过任务中的实训案例，让学生体验主题宴会设计与管理活动的整个过程。同时展示学生独立完成的成果并进行评价，从而提高学生分析问题和解决问题的能力。

2. 有丰富的训练案例

在典型案例的选取上，一方面力求将酒店主题宴会设计的最新成果融入教材内容中，拓宽学生视野，培养学生主题宴会设计的创新能力；另一方面采用贯穿主题宴会设计过程的虚拟情境案例和每个项目中的个别案例相结合的方式，使学生主题宴会设计与管理的综合能力和单项能力都得到强化。

3. 教材结构新颖

在教材结构的安排上，每个项目都设有项目描述、项目目标(包括知识目标、能力目标、素质目标)、任务、项目小结；每个项目内容都分解为若干个层层递进的任务；每个任务都包括引导案例、相关知识、实训(包括知识训练、能力训练、素质训练)、小资料，以帮助学生掌握知识和技能，提高职业综合素质，并方便教师教学。

多年的教学实践证实，采用项目教学法，学生能够掌握主题宴会设计的基本原理和方法，能够根据宴会主题填写宴会所需表单，并对主题宴会进行整体设计。通过采用工学交替的教学方式，学生获得了到酒店参加宴会设计与服务实践的机会，并受到酒店管理人员和老员工的认可。

编者在编写本教材的过程中，参阅了大量专著和书籍，在此对相关作者深表谢意。同时也得到了沈阳职业技术学院的领导和老师、沈阳大学职业技术学院的牟昆、辽宁现代服务职业技术学院的张虹薇和吴素君、辽宁林业职业技术学院的阎文实以及清华大学出版社的热情帮助和大力支持，在此一并致谢。

由于编者水平有限，书中难免存在缺点和疏漏，诚盼使用本教材的读者提出宝贵意见，以便修订完善。反馈邮箱：wkservice@vip.163.com。

作　者

2013年5月

目　录

项目 1
认识主题宴会设计与管理

项目描述

从事主题宴会设计与管理工作，应对宴会产品及宴会管理的相关业务有所了解。本项目包括两个任务，即初步认识主题宴会和初步认识主题宴会设计与管理。

项目目标

知识目标：理解宴会的基本概念；了解宴会在酒店经营中的作用；深刻理解宴会的基本特点；掌握各种类型宴会的特征。

能力目标：能够正确地理解宴会的特征；能够熟悉宴会管理业务的流程；能够根据宾客要求选择宴会类型；能够根据宴会主题概括宴会名称。

素质目标：理解宴会这种“产品”的生产是一个系统工程，需要运用各方面的知识，做大量细致的工作，同时要密切配合其他部门，与宴会部的全体工作人员紧密协作，树立全局观念，发扬艰苦奋斗、团队协作的精神；了解祖国各地、各民族的饮食习惯、风土人情、礼仪礼节、兴趣爱好和禁忌等；传承和弘扬中华民族优秀传统餐饮文化，贯彻习近平新时代中国特色社会主义思想的世界观和方法论，及时了解现代宴会发展趋势，熟悉世界技能大赛赛项规则，提升宴会创新设计职业技能，设计出具有中国特色、具有时代感和艺术性、具有推广价值的优秀宴会产品。

任务1.1 初步认识主题宴会

引导案例丨致辞时出菜

某四星级酒店里，富有浓郁民族特色的宴会厅热闹非凡，三十余张圆桌座无虚席。主桌上方临时张挂了一条横幅，上书“庆祝××集团公司隆重成立”。来此赴宴的宾客都是商界名流，由于来宾人数多、品位高，宴会准备工作比较繁杂，餐厅上至经理下至服务员，从早上就开始布置会场、调试音响、布置餐台，宴会前30分钟所有工作就绪，迎宾员、服务员均已到位。

宴会开始，宴会厅内秩序井然。按宴会流程，服务员上完“红烧海龟裙”这道菜后，主办方代表和主宾离开座位，走到话筒前。值台员已在客人杯中斟满酒水。主办方代表、主宾身后站着一位漂亮的女服务员，用托盘托着两杯酒。当主办方代表和主宾结束简短而热情的讲话时，服务员及时递上酒杯。正当宴会厅内所有来宾起身准备举杯祝酒时，从厨房里走出一列身着白衣的厨师，他们端着刚出炉的烤鸭向各个方向走去。来宾不约而同地将视线转向这支移动的队伍，热烈欢快的场面就此被破坏，主办方代表不得不再一次提议全体干杯，但此刻的气氛已大打折扣——来宾的注意力已转移到厨师现场切烤鸭上去了。

资料来源：姜文宏，王焕宇. 餐厅服务技能综合实训[M]. 北京：高等教育出版社，2006：126.

根据案例回答下列问题：

(1) 案例中的宴会属于什么类型？这种宴会有什么特点？

(2) 为什么此次宴会期间的气氛会大打折扣？因此造成的不良影响是什么？

(3) 是什么原因造成了这种局面？如何预防这类问题的发生？

案例分析：

(1) 这是一场公司成立庆典宴会。它的特点是宴会活动围绕成立庆典主题展开，服务礼仪和环境布置考究，服务形式可繁可简，宴会程序和规格都是固定的。

(2) 在宴会流程中，一般是主办方代表和主宾致词讲话后，会场全体来宾举杯祝酒，然后开始上菜。在此案例中，宴会服务员没有按照宴会服务流程设计的出菜时间出菜，而是提前出菜，这必然会分散来宾的注意力，破坏宴会的气氛，影响宴会的顺利进行。

(3) 造成这种局面的原因是，服务员不熟悉宴会服务流程的具体步骤，没有按照宴会现场领班或主管的统一指令进行操作，领班或主管与服务员之间缺乏及时的沟通。要预防此类问题的发生，就要对服务员进行服务流程培训，按大型宴会要求，在有人致词时，除了做好本案例中已介绍的程序外，还需要通知厨房，在此期间不能出菜。如果菜已做好，可采取保温措施。宴会厅内不准有人随便走动，也不可有人讲话或发出其他声音，以显示酒店对宴会主宾的尊重。在来宾发表演讲或祝酒讲话时，服务员通常应站立两旁，保持端正的姿势，与他人一同聆听。领班或主管应加强对宴会现场的督导，预防此类问题发生。

通过分析，我们可以深刻地认识到宴会具有细致性与不可逆转的基本特征，因而要更加懂得宴会设计与管理的重要性。

相关知识

1.1.1 主题宴会的基本概念和作用

1. 主题宴会的基本概念

宴会有不同的名称，如筵席、宴席、筵宴、酒宴、燕饮(燕，通“宴”)、会饮、酒席、酒会、招待会和茶话会。称谓虽不同，但含义大体相同。宴会是人们为了达到一定的社交目的，以一定的接待规格、礼仪程序和服务方式，按一定规格组合一套菜品和酒水来宴请宾客的高级餐饮聚会。每一场宴会都是有目的、有主题的，所以宴会又称为主题宴会。

宴会召开是有目的、有计划的，在宴会举办的过程中既有餐饮活动又有社交活动和娱乐活动。宴会这种聚餐活动与餐饮部的零点餐饮活动相比，其在规模、菜式、礼仪规格、服务方式、组织管理等方面都应达到最高级别。它体现了酒店的服务质量水平，体现了酒店的管理水平，也体现了酒店的信誉和形象。

2. 主题宴会的作用

主题宴会是餐饮产品的高级形式，在酒店经营项目中占有重要地位。

(1) 主题宴会是酒店经济收入的重要来源。宴会规格高，参加人数多，菜品、服务方式统一，具有规模效益，所以宴会营业收入高，利润也很丰厚，一般占酒店餐饮产品收入的70%以上。正因如此，一些酒店、宾馆、酒楼在做好多种经营的同时，积极开展宴会促销活动，以促进酒店经济效益的提高。

(2) 主题宴会是提高酒店声誉、增强酒店竞争力的有效途径。宴会活动涉及面广，接待管理的水平、服务质量均对酒店声誉影响较大，同时还能体现酒店在行业中的竞争力。为了做好宴会接待管理工作，需要一批高素质、具有专业知识和技能的酒店员工和管理能力强的管理人员。成功的高标准宴会，可在一定程度上代表一个酒店烹饪、服务、管理的水平，可以迅速提高酒店的声誉，树立品牌形象，增强酒店的竞争力。

(3) 主题宴会是推进餐饮文化创新、提高烹饪技艺的良好机会和形式。宴会销售以高档餐饮产品为主，花色品种多，技术要求复杂，原料成本高。每一场宴会的举办，都要根据办宴主题、宾客饮食习惯、环境氛围、宴会流程、菜式流行趋势等需求来进行。宴会销售的特殊性及个性化的服务为餐饮文化的发展奠定了基础，同时也对酒店产品提出了挑战。这就促使酒店的厨师将继承传统与发扬创新精神相结合，研究更多饮食产品的花色品种和风味特点，不断探索、创新饮食产品的制作工艺，提高烹饪技艺，从而满足不同类型宾客多层次的消费需要。

1.1.2 主题宴会的特征和类型

1. 主题宴会的特征

主题宴会既不同于零点餐饮，又有别于普通的聚餐，它具有聚餐式、规格化、目的性、广泛性和细致性这5个鲜明的特征。

(1) 聚餐式。宴会的形式为多人围坐在一起聚餐。中餐宴会多用圆桌，一桌通常有8人、10人或12人不等，一般10人一桌较为常见，因为这意味着“十全十美”。在宴会上一般有主人、副主人、主宾、副主宾、陪客、随从之分，大家围绕主宾在同一时间、同一地点品尝同样的菜肴，享受同样的服务。

根据宴会的这个特征，酒店管理者必须高度重视宴会接待管理工作，因为它能在短时间内，在众人面前展示酒店的各种产品、服务质量、管理水平。要扩大酒店的影响力，提升竞争力，酒店管理者必须做好宴会的方案设计，对宴会各方面工作做到心中有数。

(2) 规格化。规格化表现在宴会的内容上。它要求礼仪规范，环境优美，气氛隆重热烈，菜品设计合理、组合协调，烹饪制作精良，餐具精致整齐，整体布置恰当，席面设计考究，服务方式规范，形成一定的格局和规程。

根据宴会的这个特征，酒店应在平时加强对管理人员和基层员工的各方面知识和技能的培训，提高员工素质，树立团队协作意识，在宴会活动中表现出高质量的管理水平和服务水平。

(3) 目的性。宴会是社交活动的重要形式。人们设宴都有明显的目的，如沟通感情、庆祝缅怀、饯行接风、酬谢恩情、促进合作以及欢度佳节等。总之，人们相聚在一起，通过品佳肴、谈心事来疏通关系，增进彼此了解，加深情谊，从而实现社交目的。

根据宴会的这个特征，酒店在举办宴会活动时，应围绕宴会主题布置环境，设置台型、台面，制作菜品，配备酒水，设计服务方式，播放背景音乐和席间音乐，执行服务流程，从而烘托宴会气氛，达到让客人满意、宴会成功的目的。

(4) 广泛性。宴会管理涉及面广。大型宴会管理过程复杂，涉及酒店内部各部门、各环节。如原料采购、菜品生产、酒水搭配、灯光控制、音响调试、收入核算、安全卫生等，需要各部门互相配合才能完成接待工作。

根据宴会的这个特征，酒店应在平时教育员工要有顾全大局的精神。

(5) 细致性。宴会实施方案要设计得详细一些。宴会接待管理是一个系统工程，实施的过程不可逆转。某一个细节方面出现差错，往往会导致整场宴会的失败，或者留下无法弥补的遗憾。因此，必须对宴会中的每一个环节做细致、周密的组织和安排。

根据宴会的这个特征，酒店管理者应认真做好开宴前的准备工作，对各个环节进行全面检查，及时纠正错误。

2. 主题宴会的类型

1) 按宴会菜式分类

(1) 中餐宴会。在中餐宴会上，多人围坐在圆桌旁用餐，食用中餐菜肴，饮中餐酒水，使用中餐餐具，并采用中餐服务。在环境布置、台型设计、台面物品摆放、菜品制作风味、背景音乐选取、服务流程设计、接待礼仪等方面，都能反映中华民族的传统饮食习惯和饮食文化特色。中餐宴会形式多种多样，如根据宴会性质和目的，可分为国宴、公务宴、商务宴、婚宴等类型；根据菜品的档次，可以分为高档宴会、中档宴会和一般宴会。

(2) 西餐宴会，即按照西方国家宴会形式举办的宴会。宴会的桌面以长方形为主，采用分餐制，食用西餐菜肴，饮西餐酒水，使用西餐餐具，如刀、叉等各式餐具，采用西餐服务方式。西餐宴会讲究酒水与菜品的搭配、酒水与酒水的搭配，宴会环境优雅，通常台面摆放蜡烛，以此营造宴会气氛。西餐宴会在环境布置、台型设计、台面物品摆放、菜肴制作风味、服务方式上都有鲜明的西方特色。目前，西方国家宴会形式主要有正餐宴会、自助餐会、冷餐酒会和鸡尾酒会等。

(3) 中西合璧宴会，即中餐宴会与西餐宴会两种形式相结合的一种宴会。宴会菜品既有中餐菜肴又有西餐菜肴，酒水既有中餐酒水也有西餐酒水，所用餐具既有中餐的筷子、勺，也有西餐的各式刀、叉，服务方式主要根据中西菜品而定。这种宴会给人一种新奇、多变的感觉，各地常常采用这种宴会形式来招待中外客人。

(4) 鸡尾酒会，即采用具有欧美传统特色的集会交往方式的一种宴会。鸡尾酒会形式较轻松，一般不设座位，没有主宾席，客人可随意走动，以便于客人间广泛接触、自由交谈。鸡尾酒会可作为晚上举行的大型中、西餐宴会，婚、寿、庆功宴会及国宾宴会的前奏活动，或与记者招待会、新闻发布会、签字仪式等活动结合举办。鸡尾酒会以饮为主，以食为辅，除各种鸡尾酒外，会场还备有其他饮料，但一般不准备烈性酒。举行酒会的时间较为灵活，中午、下午、晚上均可。

(5) 茶话会，即由各类社团组织、单位或部门在节假日或需要时举行的宴会活动。茶话会主办方通常会邀请各界人士同欢同庆，相互祝贺、致谢，会场形式简单，伴有演出，气氛轻松随意，食物以茶水、点心、小吃、水果为主。

(6) 自助餐宴会，自助餐宴会也称冷餐会、冷餐酒会，是在西方国家较为流行的一种宴会形式，现在中国也有中餐自助餐宴会、中西合璧自助餐宴会。它的特点是以冷菜为主，以热菜、酒水、点心、水果为辅。会场有设座和不设座之分，讲究菜台设计，所有菜品在开宴前全部陈设在菜台上。自助餐宴会适合在节假日或纪念日聚会，展览会的开幕、闭幕，各种联谊会、发布会等场合举行。自助餐宴会规格可根据主人、客人身份或宴请人数而定，隆重程度可高可低，可在室内或庭院里举行，举办时间一般在中午或晚上。主人、客人可以自由活动，多次取食，方便与会人士的广泛接触。

2) 按宴会规格分类

宴会规格通常视主人、客人、主要陪客的身份而定，同时参考过去相互接待时的礼遇标准，以及现在相互间关系的密切程度等因素。

(1) 正式宴会，即在正式场合举行的宴会。正式宴会出席者的身份高，代表性强，宾主均按身份排位就座，对环境气氛、餐具、酒水、菜肴的道数及上菜程序、服务礼仪和方式、菜单设计都有严格的规定。席间一般都有致词和祝酒，有时也安排乐队演奏席间音乐。

正式宴会有国宴、公务宴会、商务宴会等。国宴是正式宴会中规格最高的一种。国宴是国家元首或政府首脑为国家的重大庆典，或为外国元首、政府首脑来访而举行的正式宴会，是接待规格最高、礼仪最隆重、程序要求最严格、政治性最强的一种宴会形式，也是规格最高的公务宴会，一般在晚上举行。国宴设计既要体现民族自尊心、自信心、自豪感，又要考虑兄弟国家的宗教信仰和风俗习惯，还要体现民族之间的平等、友好、和睦气氛。国宴环境布置讲究，厅内要求悬挂国旗，设乐队演奏国歌及席间音乐，菜单和坐席卡上均印有国徽。

(2) 便宴，即非正式宴会。便宴较随便、亲切，一般不讲究礼仪程序和接待规格，对菜品的道数也没有严格要求，宜用于日常友好交往，如在家中招待客人的便宴。西方人喜欢采用家宴的形式，以示亲切友好，我国文化界的一些名人也喜欢这种宴请形式。

3) 按宴会性质和举办目的分类

(1) 公务宴会，即政府部门、事业单位、社会团体以及其他非营利性机构或组织因交流合作、庆典庆功、祝贺纪念等公务事项接待国际、国内宾客而举行的宴会。宴会活动围绕主题展开，讲究礼仪和环境布置，服务形式可繁可简，宴会程序和规格都是固定的。

(2) 商务宴会，即各类企业和营利性机构或组织为了一定的商务目的而举行的宴会。商务宴会是所有宴会中较为复杂的一种。商务宴会的宴请目的非常广泛，有的想通过宴会打探对方虚实，获取商务信息；有的为加强感情交流，达成某项协议；有的为消除某些误会，相互达成共识。在宴会设计中，注意厅房、餐具、台面、菜肴都要有特点。当客人谈话陷入不融洽的局面时，要有转移话题的题材。宴会座位要求舒适，饭菜可口，服务要求减少打搅且到位。

(3) 婚宴，即人们举行婚礼时为宴请前来祝贺的亲朋好友而举办的宴会。婚宴在环境布置方面要求富丽堂皇，在菜品的选料与道数方面要符合当地的风俗习惯，菜名要求寓意如，与环境和主题相符。不同文化层次、不同出身的客人，对婚宴有不同的要求，档次差异非常大。其中，新婚宴、金婚宴以及钻石婚宴最为隆重。在民间有种说法：1年为纸婚；2年为布婚；3年为皮婚；4年为丝婚；5年为木婚；6年为铁婚；7年为铜婚；8年为电婚；9年为陶婚；10年为锡婚；11年为钢婚；12年为亚麻婚；13年为花边婚；14年为象牙婚；15年为水晶婚；20年为瓷婚；25年为银婚；30年为珍珠婚；35年为玉婚；40年为红宝石婚；45年为蓝宝石婚；50年为金婚；60年以上为钻石婚。

(4) 生日宴会，即人们为纪念出生日和祝愿健康长寿而举办的宴会。常见的有满月酒、成人礼、生日宴、六十大寿宴、六十六大寿宴、七十大寿宴、八十大寿宴等。寿宴在菜品选择方面要突出健康长寿的寓意，宴会中可安排分生日蛋糕、点蜡烛、吃长寿面、唱生日歌等活动烘托气氛，祝贺生日宴会主角生日快乐。

(5) 家庭、朋友聚餐宴会。朋友聚餐宴会是一种宴请频率较高的宴会，分为公请、私请朋友聚餐宴会，形式要求多样。宴会组办者喜新厌旧心理强烈，对酒店的特色要求较高。常见的有嘉年华会、同学聚会、行业年会等。家庭聚餐宴会的形式更加灵活，应体现浓厚的亲情以及合家欢乐的氛围。

(6) 答谢宴会，即为了对曾经得到的帮助或对即将得到的帮助表示感谢而举行的宴会。这类宴会的特点是为了表达自己的诚意，宴会要求高档、豪华，就餐环境要求优美、清静。常见的有谢师宴、答谢宴、升迁宴、金榜题名宴等形式。

(7) 迎送宴会，即主人为了欢迎或欢送亲朋好友而举办的宴会。菜品一般根据宾主饮食爱好而定。环境布置突出热情喜庆气氛，体现主人对宾客的尊重与重视。

(8) 纪念宴会，即人们为了纪念重大事件或与自己密切相关的人、事而举办的宴会。这类宴会在环境布置上突出纪念对象的标志，如照片、实物、作品、音乐等，来烘托思念、缅怀的气氛。

4) 按宴会规模分类

按参加宴会的人数和宴会的桌数，可分为小型宴会、中型宴会和大型宴会。10桌以下的为小型宴会；10～30桌的为中型宴会；30桌以上的为大型宴会。传统中餐宴会一般1～2桌为宴席，3桌以上为宴会。

5) 按宴会菜品主要用料分类

按宴会菜品用料，可分为全羊宴、全鸭宴、全鱼宴、全素宴、山珍宴等。这类宴会的所有菜品均用一种原料，或以具有某种共同特性的原料为主料，每道菜品在配料、调料、烹饪方法、造型等方面各有变化。

6) 按宴会菜式风格分类

(1) 仿古式宴会，即将古代非常有特色的宴会与现代餐饮文化融合而产生的宴会形式，如仿唐宴、孔府宴、红楼宴、满汉全席等。这类宴会继承了我国历代宴会的形式、宴会礼仪、宴会菜品制作的精华，在此基础上进行改进创新。仿古式宴会增加了宴会的花色品种，传播了中华文化。

(2) 风味式宴会。风味式宴会将具有某一地方特色的风味食品用宴会的形式来表现，具有明显的地域性和民族性，强调正宗、地道。常见的有粤菜宴、川菜宴、鲁菜宴、苏菜宴、徽菜宴、闽菜宴、浙菜宴、湘菜宴等。

实训

知识训练

(1) 解释主题宴会的概念。

(2) 主题宴会的基本特征对宴会管理有哪些启示？

(3) 主题宴会按性质和举办目的的不同可分为哪些类型？各有哪些特点？

(4) 主题宴会按菜式的不同可分为哪些类型？各有哪些特点？

能力训练

案例1-1：2013年4月6日，某大饭店宴会部预订员小李接到A公司的预订电话。来电者称，该公司将于5月20日晚在此饭店宴会厅举行大约有260人参加的周年庆典，并举行中餐晚宴。

以小组为单位，根据案例中的有关宴会预订信息讨论并回答下列问题。

(1) 案例中的宴会属于什么类型？这种宴会有什么特点？

(2) 为此宴会设计恰当的主题和名字(10字左右)。

案例1-2：2016年全国职业院校技能大赛中餐主题宴会设计赛项的接待方案创意设计主题题库中有以下10个主题宴会。

主题1：纽约爱乐乐团来当地演出交流，当地政府在其下榻酒店设宴宴请。

主题2：雀巢公司中国区负责人一行到某地工厂视察工作，工厂负责人在其入住的某酒店设宴宴请。

主题3：某城市预申报某项国际级体育赛事，该赛事组委会委员对该城市进行考察，当地政府在其下榻的酒店设宴款待。

主题4：某协会举办绿色环保高峰论坛，世界各国的专家学者齐聚一堂，当地政府设宴款待主要嘉宾。

主题5：某地举行历史科学大会，世界各国学者齐聚一堂，当地政府设宴款待主要嘉宾。

主题6：国外某知名企业奖励优秀员工到中国旅游度假，该公司中国区域负责人设宴款待。

主题7：某石油集团到当地的某五星级酒店举行年终总结大会，公司高层领导宴请先进个人和销售能手。

主题8：某对老夫妇的子女设宴为其庆祝钻石婚。

主题9：中方某企业与外方企业成功签署战略合作协议，特设庆祝晚宴。

主题10：某地政府与国外某城市缔结友好城市20周年，该国外城市代表到国内考察并参加庆祝活动，当地政府举行晚宴予以接待。

请你判断案例中的主题宴会属于哪种类型。

素质训练

以小组为单位，上网搜集带有主题宴会名称的宴会图片，每个小组在公务宴会、商务宴会、婚宴、生日宴、寿宴、满月宴、朋友聚餐宴、答谢宴、迎送宴会、纪念宴会中任选两种宴会类型。小组同学通过案例讨论、搜集主题宴会图片，了解宴会的主题，集思广益，概括宴会的名称，宴会名称内涵应弘扬中华民族优秀传统文化和体现社会主义时代创新精神。在此过程中，小组同学要相互分享图片资料，以此培养学生之间的团结协作精神。同时认知中西餐主题宴会蕴含的优秀餐饮文化，传承宴会理念，提升宴会创新设计的自信心。

小资料

筵席的由来

筵席的本义是铺地的坐具。《周礼·春官·司几筵》有云：“掌五几、五席之名物，辨其用，与其位。”“五席”即莞席(水草席)、缫席(丝织席)、次席、蒲席(蒲草席)、熊席(熊皮席)五种席子。室内坐具除“席”之外，还有“筵”。唐代学者贾公彦在《周礼·春官·司几筵》中指出：“凡敷席之法，初在地者一重即谓之筵，重在上者即谓之席。”筵多用蒲、苇等粗料编成，与席的区别是：筵大席小，筵长席短，筵精席细，筵铺在地面，席放置于筵上。若筵与席同设，则一示主人富有，二示主人对客人尊重。此后，“筵席”一词逐渐由宴饮的坐具引申为整桌酒菜的代称，沿用至今。筵席必备酒，故又称“酒席”。筵席是多人聚餐活动时食用的成套肴馔及其台面的统称。中国筵席分类具体如表1-1所示。

表1-1　中国筵席分类

分类依据	筵席名称举例
按照地方风味分类	京菜席、鲁菜席、苏菜席、川菜席、湘菜席等
按照菜品数目分类	十大碗席、三蒸九扣席、四喜四全席、五福捧寿席等
按照头菜原料分类	燕窝席、海参席、熊掌席、三蛇席等
按照烹制原料分类	山珍席、海味席、水鲜席、菌笋席等
按照主要用料分类	全凤席、全羊席、全鱼席、蛇宴、蟹宴、饺子宴等
按照时令季节分类	春令筵席、秋令筵席、冬令筵席、端午宴、中秋宴等
按照风景名胜分类	长安八景宴、洞庭君山宴、羊城八景宴、西湖十景宴等
按照文化名城分类	荆州楚菜席、开封宋菜席、洛阳水席、成都田席等
按照民族分类	蒙古族全羊席、朝鲜族狗肉宴、白族乳扇宴等
按照名特原料分类	长白山珍宴、黄河金鲤宴、广州三蛇宴、昆明鸡枞宴等
按照人名分类	东坡宴、宫保席、谭家席、大千席等

(续表)

分类依据	筵席名称举例
按照八珍分类	草八珍席、禽八珍席、山八珍席、水八珍席等
按照等级、档次分类	特档筵席、高档筵席、中档筵席、普通筵席等
按照环境、厅房布置分类	田园风光席、皇家宫廷席、山城景色席、湖上船舫席
按照餐饮文化分类	东坡席、三国宴、红楼宴、满汉全席、民族席、孔府家宴、药膳宴等
按照席面布置分类	孔雀开屏宴、万紫千红席、百鸟朝凤席、返璞归真席等
按照宗教信仰分类	清真宴、全素宴等

资料来源：筵席的由来[EB/OL]. (2019-03-04)[2021-12-08]. http://wenku.baidu.com/.

任务1.2 初步认识主题宴会设计与管理

引导案例 | 领取宴会厅钥匙的流程

某酒店制定了运营程序标准，其中规定的领取宴会厅钥匙的方法和标准如表1-2所示。

表1-2　领取宴会厅钥匙的方法和标准

方法	标准
1. 早班员工上班换工服后，需到保安部领取宴会厅钥匙，打开宴会厅所有厅门，开始一天的工作	1. 工服以及员工仪容仪表符合酒店规定
2. 当班员工提前15分钟到达保安部	2. 宴会厅工作人员提前10分钟到岗
3. 领取钥匙时，先盘点钥匙数量，核对前一天返还的钥匙数量；核对无误后，填写保安部提供的“钥匙领取表”后方可将钥匙带走离开	3. 严格盘点、核对钥匙数量，防止钥匙丢失；如实填写保安部提供的“钥匙领取表”，明确责任

根据案例回答下列问题：

(1) 该酒店早班员工在领取钥匙前为什么要换好工服？

(2) 如果不按照规定的方法操作，会出现什么后果？

案例分析：

(1) 领取钥匙是宴会厅早班员工上班后的第一项工作，员工在工作时间身着岗位工服是酒店管理员工的基本制度。只有身着工服，才能证明他是当班员工，他才有资格到保安部领取宴会厅钥匙。这也是宴会厅早班员工履行岗位职责的体现。

(2) 如不按照这种程序方法操作，任何员工都可以随意领取钥匙打开宴会厅的门，那么宴会厅的设施设备等物品的安全就无法得到保障；一旦出现问题就无人承担责任，甚至还会导致员工间互相推诿责任，结果受损失的还是酒店。

一般来说，宴会开始前半小时，必须做好宴会的一切准备工作。宴会厅早班员工必须提前15分钟领取钥匙，提前10分钟到岗，准备工作。员工领取钥匙要填写保安部提供的“钥匙领取表”，用书面形式证明员工与保安部之间进行了钥匙交接，能够明确钥匙的保管责任人。

从这个案例可以看出，宴会服务与管理必须要制定流程，这样才能提高效率、明确责任。

微课1.2

认识主题宴会设计与管理

相关知识

1.2.1　主题宴会总体设计

宴会是一种众人聚会的社交活动，涉及酒店的许多部门和岗位。宴会工作比较繁杂，如果没有计划和统一安排，各部门工作人员很有可能各行其是，缺乏协调性，造成无序状态，所以必须事先对宴会做好策划和设计，才能保证宴会的顺利进行。宴会设计应根据宾客的要求突出宴会主题，同时利用酒店的现有物质条件和技术条件突出酒店在菜品、酒水、服务方式、娱乐、场景布局或台面设计方面的特色，为宾客营造一个安全舒适、美观温馨的就餐环境。同时，宴会设计还要符合现代宴会发展的趋势，还应考虑酒店的经济效益。宴会设计的内容主要包括以下8个方面。

1. 主题宴会的议程设计

首先，按照主人宴请的目的、宴会的形式、宴会的内容，预估宴会持续的时间；其次，根据宴会时长编制宴饮、敬酒、会见、采访、合影、演讲、歌舞表演、颁奖、展示、背景音乐和席间音乐等活动的先后顺序、限定时间及各项活动程序。一般宴会前的鸡尾酒会需持续45～60分钟，宴会一般持续1～1.5小时，自助餐会一般需1小时，茶话会一般需1.5～2小时。

2. 主题宴会的菜品与菜单设计

科学、合理地设计宴会菜品及菜品组合是宴会设计的核心。设计菜谱要以人均消费标准为前提，以宾客需求为中心，以本单位物资和技术条件为基础。内容包括各类食品的构成设计、营养设计、味道设计、视觉设计、质地设计、原料设计、烹调方法设计、数量设计、风味设计等。

3. 主题宴会的酒水设计

根据宴会主题、宾客要求和饮食习俗选配酒水。酒水与菜品、酒水与酒水的搭配，以及酒水服务程序，都是酒水设计的内容。

4. 主题宴会的台面设计

台面设计要烘托宴会气氛，突出宴会主题，提高宴会档次，体现宴会水平。在进行台面设计时，应根据客人的进餐目的和主题要求以及菜品和进餐需要对各种餐具和桌面装饰物进行组合造型。

5. 主题宴会的场景设计

根据宴会厅在酒店的位置，对宴会厅外的走廊、前厅、酒店大门前空地、停车场进行装饰设计。对于宴会厅内，从天花板、地面、窗帘、台布，到舞台背景、墙面、餐桌、台面等都要进行设计，要用色彩、灯光、装饰物、鲜花和绿植、背景音乐营造宴会厅场景和气氛，渲染和衬托宴会主题。

6. 主题宴会的台型与席次设计

根据参加宴会的人数，确定餐桌类型和数量；根据宴会厅的面积，设计餐桌摆放的整体造型，突出主桌，突出主宾席区；对主人、副主人、主宾、副主宾、陪客、随从都要进行席次安排设计。

7. 主题宴会的服务流程设计

根据宴会主题，对宴饮活动的程序安排、服务规范与方式等进行设计。内容包括接待程序与服务程序设计、服务人员的行为举止与礼仪规范设计、席间乐曲演奏与助兴娱乐设计等。

8. 主题宴会的安全设计

根据宴会流程，对宴会进行安全设计，以预防可能出现的各种不安全因素。内容包括宾客人身与财物安全设计、食品原料安全设计和服务过程安全设计等。

1.2.2 主题宴会设计的操作程序

1. 了解宾客需要

在宾客预订宴会时，获取宾客的姓名、联系电话，宴会的举办时间、地点、规模、类型、形式，标准菜品口味，酒水选择，有无特殊要求，宴会场景要求，宴会设备要求等信息，并对这些信息进行整理，记录在宴会预订日记簿上。

2. 确定宴会主题

根据在预订时获得的信息分析宾客的心理需求。对于一些细节问题还需要宾客到宴会厅实地考察，酒店应将举办宴会的一些规定和政策告知宾客，双方相互沟通达成意见一致后，酒店销售部应与宾客签订宴会合同。宾客交纳一定数额的订金后，意味着酒店正式承办这次宴会并确定了宴会主题。

3. 制定设计方案

根据宾客的要求和酒店宴会厅的各方面条件，宴会部对宴会全过程进行设计，并针对宴会的流程和环节设计草案，上交宴会部主管领导审核，同时征求主办方负责人的意见，经过修改后，最终制定正式的宴会设计方案。

4. 下达正式设计方案

宴会部以宴会通知单的形式将正式设计方案下发给有关部门和人员。一般情况下，与宴会有关的部门和人员主要有主管宴会部的酒店副总经理、餐饮部、市场销售部、工程部、厨房、管事部、保安部、客房部、财务部、花房、人力资源部、前厅部、酒吧等。

1.2.3 主题宴会服务与管理流程

主题宴会服务与管理流程包括如下7个步骤。

(1) 受理预订，包括了解信息，明确预定人员的要求，签订宴会合同。

(2) 计划组织，包括人员组织配备，策划主题宴会并形成设计方案。

(3) 执行准备，包括下达宴会设计方案，做好人、财、物的组织准备。

(4) 全面检查，包括对宴会前各阶段的大量准备工作的全面检查。

(5) 组织实施，包括宴会开始的宾客接待，宴会现场的服务督导，宴会结束后的结账送客。

(6) 结束总结，包括宴会撤台整理，总结、整理此次宴会的有关资料。

(7) 整理归档，建立主题宴会客史档案，包括此次宴会的预订资料，菜单，宴会厅台型图、台面图、席次图，宴会场景设计说明书，宴会议程、服务流程设计方案，服务人员名单，宴会营业收入及分类，服务人员对宴会的反馈意见，客人对宴会的反馈意见，特殊情况及处理，领班或主管对宴会的书面总结。

实训

知识训练

(1) 为什么要对主题宴会进行设计？

(2) 主题宴会设计包括哪些内容？

(3) 主题宴会设计包括哪些操作步骤？

(4) 主题宴会服务管理流程包括哪些步骤？

能力训练

案例1-3：某酒店宴会厅每日工作流程

(1) 早班人员提前10分钟到岗，领取部门钥匙。

(2) 签到，查阅前日交接班记录并签字，查阅当日任务单所列活动。

(3) 根据任务单所列活动检查相关宴会/会议区域布局，按照宴会厅每日工作明细核对。

(4) 相关服务人员在宴会/会议开始前10分钟站位迎接主办人。

(5) 客人到达后同主办人确认宴会/会议现场布置是否合乎要求。

(6) 向客人做自我介绍。

(7) 介绍会议室内部设施情况，如灯光、空调控制等。

(8) 在宴会/会议进行过程中提供全程服务。

(9) 会议期间的茶歇——提前15分钟准备完毕。

(10) 会议午休——确认客人返回时间，翻新会议摆台。

(11) 宴会/会议结束前30分钟根据任务单项目打印账单。

(12) 宴会/会议结束后，询问客人对宴会/会议的服务是否满意，并邀请主办人填写意见卡。

(13) 宴会/会议结束后协助客人将所用展品撤离酒店——详见宴会/会议布展流程。

(14) 宴会/会议结束后立即清理设施物品，先清理公用走廊内的物品，再将物品分类放回库房。

(15) 根据次日任务单布置宴会/会议现场。

(16) 布置结束，经确认无误后锁门。

(17) 工作结束后整理办公室、库房。

(18) 认真填写交接班记录和工作日志。

(19) 检查宴会区域，确保门窗都已经锁好。

(20) 将部门钥匙归还保安部。

按照宴会服务管理流程的步骤对案例1-3中的工作内容进行补充，写出完整的宴会部日常服务和管理工作流程设计方案(800字以上)。

案例1-4：“花样年华，大展宏图”生日趴中餐主题宴会活动策划

1. 主题宴会名称

“花样年华，大展宏图”生日趴中餐主题宴会。

2. 主题宴会内涵

在花样年华里，发挥自己的聪明才智，为中华民族伟大复兴的中国梦做出自己的贡献。

3. 主题宴会情景设计

(1) 时间：2022年11月26日17:30—19:00。

(2) 地点：某酒店二楼如意宴会厅。

(3) 人物：主人A、副主人B、主宾C、副主宾D，其他来宾一共110人。共设11桌，设1张主桌。

(4) 宴会活动议程。

背景音乐：《献给爱丽丝》

17:30　客人入席，播放席间音乐《迎宾曲》，然后主持人上台开始讲话。

17:33　主人公入场，席间音乐《祝你生日快乐》响起，礼宾小姐送上鲜花。

17:36　将生日蛋糕放在主桌上。全场熄灯，开始点燃生日蜡烛。席间音乐《祝你生日快乐》乐曲响起。

17:40　全场客人一起唱《祝你生日快乐》歌曲。主人公许愿。

17:42　主人公吹灭蜡烛，同时大家鼓掌。

17:45　席间音乐响起，主人公切生日蛋糕，把带着喜悦和快乐的蛋糕分享给大家。

17:48　主人公发表感言。

17:53　主人公敬酒，敬献给所有的来宾。席间音乐《祝酒歌》响起。

17:55　开宴。

18:20　小提琴演奏《你鼓舞了我》。

18:25　歌舞表演：独唱《党啊，亲爱的妈妈》。

18:30　小品表演。

19:00　宴会结束，席间音乐《祝你平安》响起。

4. 主题宴会环境设计

1) 灯光

采用暖光——荧光。

2) 色彩

整体选择暖色调，生日宴会以金色、米色为主色调，台布为金色，墙面、地毯为米色，呈现主色调；以红色、绿色为辅助色调，摆放红色菜单、红色筷套、红色椅套、红色口布、大型绿色植物、餐桌花等，呈现辅助色调。

3) 装饰物

(1) 背景墙是LED屏幕，以红色为底色，上面用金色行楷字写出生日宴会主题名称。背景墙两侧屏幕播放主人公儿童时代、小学时代、中学时代、大学时代的照片。

(2) 用彩色气球装饰主通道两侧。

(3) 在一进宴会厅大门两米处，摆放用玫瑰、百合制作的迎宾花篮。

(4) 在宴会厅中间摆放“主”字形台型。

(5) 摆放10人台10件头台面，以下为具体的摆放要求。

① 台面上的餐具为象牙白骨质瓷器；酒具为透明白色玻璃杯；台布、口布的质地为75%棉、25%涤棉材质，颜色为红色。

② 餐桌中心装饰物的直径为30厘米、高度为30厘米，可选择仙客来、百合、洋桔梗制成的圆花造型，表示祝福主人生日快乐，生活多姿多彩。

③ 餐巾花的花型：主人位折叠成皇冠型，副主人位折叠成扒皮香蕉型，其他餐位折叠成帆船型。

④ 菜单封面和封底的颜色是红色，尺寸为21厘米×15厘米，字号为小四，字体为楷体，字色为黑色。

4) 音乐

已在宴会活动议程中标出。

5) 空气质量

清新，温度为22℃，相对湿度为40%。

6) 宴会服务员服装设计

领位员：女生，身着红旗袍。

值台员：女生，身着中式红色上衣、黑色工装裤子。

传菜员：男生，身着中式金色上衣、黑色工装裤子。

领班、主管：女生身着西服套裙，男生身着西服套裤。

7) 服务人员工作要求

服务人员要保持热情周到的服务态度，要礼貌待客，用娴熟的服务技能为客人服务。

5. 主题宴会菜单设计

“花样年华，大展宏图”生日趴中餐主题宴会菜单

凉菜六彩碟

扭转乾坤(张飞牛肉)

吉庆有余(上海酥鱼)

春华秋实(炝拌秋葵)

多彩人生(五彩黑米拉皮)

浓情蜜意(鲜奶木瓜)

花样年华(熏味花拼)

精美热菜

天资聪慧(海参烧蹄筋)

节节高升(脆皮大明虾)

无与伦比(金牌手撕肉)

率直可爱(鲍鱼金汤山药)

蕙质兰心(虫草花时蔬)

未来之星(大厦一品鸡)

掌上明珠(元宝鲍汁熊掌)

金碧辉煌(金瓜豉汁小排)

天真无邪(豉汁游龙斑鱼)

福慧双修(香酥两样)

风味主食

红红火火(网红火龙果炒饭)

蕙质兰心(冰心糍粑)

幸福一生(肉三鲜水饺)

时令水果

硕果累累(水果拼盘)

1288元/10人/桌

注：客人自带酒水(白酒、红酒、啤酒、饮料)。

主题宴会菜单设计说明：

(1) 菜单颜色是红色，尺寸为21厘米×15厘米，字号为小四，字体为楷体，字色为黑色。

(2) 菜单名称在菜单封面正中间，酒店名字及酒店标识位于菜单右上角，营业时间标注在菜单封面下半部分居中位置，封底的左下角标注酒店地址和联系电话。

(3) 内页：第1页突出显示特色菜图片及其名称；第2页上端写主题宴会菜单名称，按照上菜顺序写出凉菜、热菜、主食、水果四大类的具体菜品寓意名，括弧里写实名。每一行写一道菜。最下面写出主题宴会套菜的总价格。菜品字数所占面积应占页面50%，空白占50%。菜品设计做到色、香、味、型、养、器、价搭配合理。

6. 主题宴会服务流程设计

1) 主题宴会的准备与检查工作

(1) 人员准备。

(2) 物品准备。

(3) 场地布置。

(4) 安保准备。

(5) 全面检查。

2) 主题宴会服务流程设计

(1) 开宴前的准备工作，具体包括：①准备茶水；②准备酒水；③在转台上摆设冷盘；④开启宴会厅内的所有灯；⑤再次检查服务人员的仪容仪表；⑥服务人员站位迎接客人。

(2) 就餐前进行的活动，具体包括：①接见来宾；②与来宾合影。

(3) 就餐服务流程设计，具体包括：①客人入席；②斟倒酒水；③上菜；④分菜；⑤撤换餐具；⑥更换毛巾；⑦服务水果；⑧服务茶水；⑨签单结账；⑩征求意见；⑪送客；⑫收台检查；⑬清理现场；⑭全面总结。

此宴会策划了哪些内容？此宴会还有哪些需要补充的内容？

素质训练

通过编写宴会服务与管理流程，能够更加了解宴会厅工作的细致性、全面性。培养学生遵守主题宴会服务与管理流程来工作的意识，促使学生严格要求自己，并培养学生对待宴会工作一丝不苟的工作态度，只有这样才能减少差错、避免失误，提高工作效率。学生作为志愿者到酒店参加一次宴会服务，在宴会部老员工的带领下，做好宴会准备、宴会服务、宴会结束总结工作。

小资料

主题宴会起源

早在农业出现之前，原始氏族部落就在季节变化的时候举行各种祭祀、典礼仪式，这些仪式往往有聚餐活动。农业出现以后，因季节的变换与耕种和收获的关系更加密切，人们也要在规定的日子里举行盛宴，以庆祝自然的更新和人的更新。关于中国宴会较早的文字记载，可见于《周易·需》中的“饮食宴乐”。《诗经》中也有许多宴饮诗，著名的篇章如《鹿鸣》《行苇》《四牡》《皇皇者华》。此外，《国风》中也有相关记载。这些内容在活动中常被谱成曲在宴会上演唱。还有《湛露》《鸳鸯》《凫鹥》《公刘》等篇章也很有名。当时的人们通过饮宴活动来达到宣传教化、抨击腐朽、交流感情等目的，所以研究中国宴会史，《诗经》不可不读。此外，《周礼》中的“天官”“地官”“春官”记有王室宫廷饮食机构对宴饮的管理与分工。《仪礼》中有各种宴饮的相关礼仪规定。《礼记·内则》中的“曲礼”“月令”“礼器”“乡饮酒义”“燕义”各篇，也有对不同时期、不同场合、不同对象的宴饮馔肴制作法度的记述。随着烹饪技术和饮食文化的不断发展，菜肴品种不断丰富，宴饮形式日益多样化，宴会名目也越来越多，我国现代主要有以下名宴。

1. 开国第一宴

开国第一宴以淮扬菜为主，菜肴包括7道冷菜(4荤、3素)、6道热菜(4荤、2素)、1道汤和甜食八宝饭。酒水为茅台和黄酒。

我国国宴规格为：1组冷菜、6菜1汤、3道点心、1道主食、1道水果。改革后是1组冷菜、4菜1汤、2道中点、1道西点、1道主食、1道水果。

2. 中华第一宴

2001年10月21日，亚太经合组织第九次领导人非正式会议在上海科技馆4楼举行。本次宴饮的特点是采用中餐西吃的形式，即纯西餐的菜单结构，纯中餐的菜肴制作。此外，菜名藏头诗也是本次宴饮的一大特色。

3. 世界中餐第一宴

2001年9月16日，第六届世界华商大会在中国南京召开。本次大会的宴会地点为南京国际展览中心2楼。本次宴会现场设置400多张圆桌，主桌可安排100～150人。菜品规格为6菜1汤。

项目小结

1. 初步认识主题宴会

宴会是人们为了达到一定的社交目的，以一定的接待规格、礼仪程序和服务方式，按一定规格组合一套菜品和酒水以宴请宾客的高级餐饮聚会。宴会在酒店经营项目中占据重要地位。

宴会具有聚餐式、规格化、目的性、广泛性和细致性这5个鲜明的特征。

按宴会的菜式分类，可分为中餐宴会、西餐宴会、中西合璧宴会、鸡尾酒会、茶话会、自助餐式宴会；按宴会规格分类，可分为正式宴会和便宴；按宴会性质和举办目的分类，可分为公务宴会、商务宴会、婚宴、生日宴会、朋友聚餐宴会、答谢宴会、迎送宴会、纪念宴会；按宴会规模分类，可分为大型、中型、小型宴会；按宴会菜品的主要用料分类，可分为全羊宴、全鸭宴、全鱼宴、全素宴、山珍宴、饺子宴等；按宴会菜式风格分类，可分为仿古式宴会和风味式宴会。

2. 初步认识主题宴会设计与管理

主题宴会总体设计内容包括宴会的议程设计、菜品菜单设计、酒水设计、台面设计、宴会场景设计、宴会台型与席次设计、服务流程设计、安全设计8个方面。

主题宴会设计的操作程序包括了解宾客需求、确定宴会主题、制定设计方案、下达正式设计方案4个环节。

主题宴会服务与管理流程包括受理预订、计划组织、执行准备、全面检查、组织实施、结束总结、整理归档7个步骤。

项目2
宴会部机构形式与人员管理

项目描述

在酒店里，举办宴会由宴会部负责。宴会部的人员分工情况直接影响宴会业务的正常开展，因此需要有统一的组织和领导。本项目设置了宴会部机构形式和宴会部人员管理两个任务。主要阐述宴会部组织机构形式、层级关系和各岗位的岗位说明书。宴会部按照岗位职责对相关工作人员进行配备、培训、绩效考核，从而对宴会部实施全面管理。

项目目标

知识目标：理解宴会部组织机构设置的原理；掌握根据业务配备相应人员的方法。

能力目标：能够根据宴会的业务规模设置宴会部组织机构和各个岗位；能够画出宴会部组织结构图；熟悉岗位所在的层级和隶属关系；能够写出各岗位工作说明书，明确各岗位职责任务。

素质目标：履行宴会部各岗位职责；明确各岗位的隶属关系和工作范围，培养履行酒店组织机构管理制度的职业责任感；热爱宴会部这个集体，为宴会部贡献自己的聪明才智，做到爱岗敬业，尽职尽责；不断创新工作方法，提高宴会设计和管理能力；贯彻落实习近平总书记在党的二十大报告中提出的“构建优质高效的服务业新体系，推动现代服务业同先进制造业、现代农业深度融合”，推动现代餐饮服务业高质量发展；不断学习信息技术，适应酒店数字化运营的要求，跟上数字经济发展的步伐。

任务2.1 宴会部机构形式

引导案例 | 小张的困惑

小张是某五星级商务酒店的餐饮服务生。某日，该酒店承接了一场非常重要的大型国际会议。小张的领班孙某在晚宴之前制订了详细的接待计划，考虑到用餐高峰时客流量较大，领班孙某特别安排两名领位员，原本负责值台的小张被领班安排和小王合作，在餐厅入口处做领位员。餐饮总监在现场指导。在用餐高峰期之前，餐饮总监发现某包厢准备还不到位，于是临时让小张去该包厢做好卫生及相关准备的扫尾工作。总监下令小张不敢不服从。可当小张做好包厢工作回到餐厅入口处时，客流量已经很大了，小王一人无法应付，导致不少客人产生不满情绪。领班对小张擅自离开岗位给予严厉批评，并称事后将追究其相应责任。小张简直是一肚子委屈，自己明明是被餐饮总监调用的，并不是擅自离岗，他觉得很冤枉。

根据案例回答下列问题：

(1) 小张应听谁的指挥？餐饮总监对小张是否有直接指挥权，为什么？

(2) 领班对小张的处理是否正确？

案例分析：

(1) 小张应该听从领班指挥，餐饮总监没有直接指挥小张的权力。餐饮总监应该直接指挥餐饮部经理，指挥小张属于越权指挥。多头领导会造成下属无所适从的局面。

(2) 当酒店员工因过失造成客人不悦时，有一定级别的负责人应代表酒店向客人道歉，以缓解客人的不满情绪。领班不必先责怪小张，应先解决当务之急。事后，酒店管理者应加强部门之间的协作，引导员工树立团队合作精神，加强对服务员服务操作的培训。

相关知识

2.1.1 宴会部经营业务及管理特点

1. 宴会部经营业务

宴会部负责宴会的预订、策划、环境布置、宴会服务管理等业务。在宴会业务不多的情况下，宴会部隶属餐饮部，但即使隶属餐饮部，宴会部也拥有相对独立的机构体系。综合性饭店的宴会部拥有举办大型宴会的环境设施和实际能力，在宴会业务比较多的情况下，宴会部即为独立部门。宴会部拥有多个规格的多功能厅，为各类宴会的举办提供场地。宴会部一般承接国宴、商务宴、欢迎宴、答谢宴、乔迁宴、婚宴、满月宴、寿宴、亲友聚会宴、丧宴、公务宴、会议宴、庆典庆功宴、祝贺宴、纪念宴等。宴会部应做好宴会预订、宴会服务、宴会菜品生产3项工作。

2. 宴会部的经营管理特点

宴会部除经营活动灵活多样外，还具有以下不同于餐饮部的特点。

(1) 为宴会提供服务的人员多，在同一时间提供大量的餐饮服务。

(2) 宴会每桌的用餐标准统一，在宴会现场完全用同一菜单向客人提供菜品、酒水和餐饮服务，服务方式完全相同。

(3) 大部分宴会需预约，宴会部根据预约准备宴会。零点餐厅是连续性营业的，宴会部以断续性营业的情况居多。

(4) 宴会形式不一，有些宴会需要豪华的装饰与布置，如婚宴；有些宴会只需一般桌椅陈设及视听设备，如冷餐会、鸡尾酒会；有些宴会需要安排娱乐节目表演。

(5) 为了使场面更加隆重，酒店方要根据宾客需求，在会场布置上花费心思，如增设舞台、红地毯、花卉、气球、灯光、音响特效、乐队等，营造宴会气氛。此外，还应根据宴会主题设计餐桌形式。

2.1.2 宴会部机构设置形式

为成功开展主题宴会业务，酒店管理者应根据宴会部经营业务的特点设置组织机构和岗位，制定岗位职责，配置各岗位人员，对人员进行合理分工，做到既有分工又有协作，以共同完成宴会部的经营目标。

围绕宴会部横向3项业务(宴会预订、宴会服务、宴会菜品生产)，宴会部组织机构的纵向设置形式大致由4个层级组成。

(1) 部门最高管理层。宴会部最高管理层是宴会部经理。

(2) 现场管理层。宴会部现场管理层包括宴会部业务经理、宴会厅经理等。

(3) 作业组织层。宴会部作业组织层包括宴会预订主管、宴会厅主管、宴会厅领班等。

(4) 作业层。宴会部作业层包括宴会部秘书、宴会部预订员、宴会厅服务员等。

一些宴会业务比较少的酒店，其宴会部隶属餐饮部。餐饮部下设3个部门，分别负责宴会预订、宴会服务、宴会菜品生产的工作。宴会部隶属餐饮部的组织机构形式如图2-1所示。

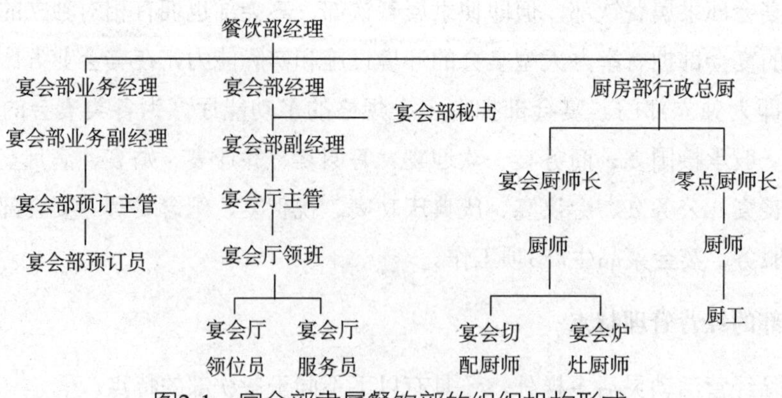

图2-1 宴会部隶属餐饮部的组织机构形式

较大规模的酒店或餐馆通常设有专门的市场销售部来负责宴会预订业务，推销宴会服务。如果宴会部隶属酒店餐饮部，则只负责宴会服务业务，菜品生产由酒店的厨房部负责。有时宴会部也可以承接宴会预订业务，最后由宴会部经理批准、确认宴会活动安排。宴会部不承担宴会预订业务的组织机构形式如图2-2所示。

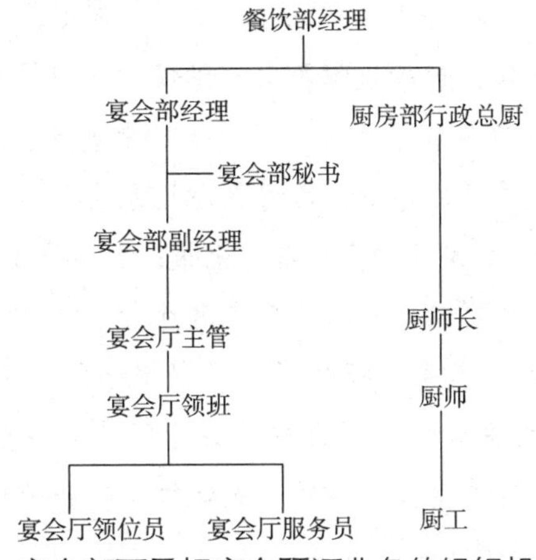

图2-2　宴会部不承担宴会预订业务的组织机构形式

大型豪华酒店或餐馆的宴会部独立于餐饮部之外。宴会部负责宴会预订和宴会服务两项业务，在这种情况下，一般设立专门的宴会预订部，菜品生产由酒店的厨房部负责。独立于餐饮部之外的宴会部组织机构形式如图2-3所示。

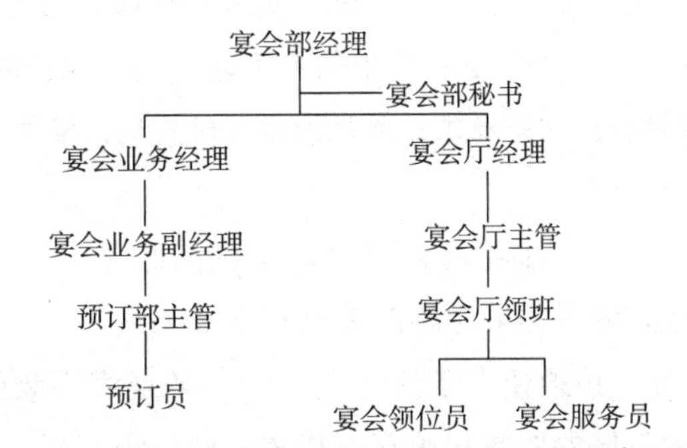

图2-3　独立于餐饮部之外的宴会部组织机构形式

实训

知识训练

(1) 宴会部经营的业务有哪些？各有哪些特点？

(2) 宴会部机构设置形式包括几个层级？

能力训练

案例2-1：某酒店宴会厅内部人员分工明细

李勇：宴会服务质量督导，全面负责宴会厅各岗位工作督导、考勤、排班工作，每月做相关工作计划。

王丹：负责布草管理，包括日常换洗与盘点。

小翠：负责设备的维修及存放地点的统计，每月20日前进行统计，在月末盘点前保证账目清楚；负责宴会办公室文件管理，包括各种单据的回收、存放、借据本清理，要求每日整理，存放正确；负责日常培训计划的制订，填写培训记录。

浩天：负责固定资产管理，包括日常盘点、维修、数目校对及存放地点的统计，每月统计一次，确保账目清楚；负责客用品管理，包括日常盘点、保管，要求每周统计，确保供应及时，出库后，要确保最低库存量，做好领用记录；负责工程问题日常检查报修，一周之内跟进；负责餐具、物品、酒水的每周统计上报；督导员工严格履行岗位职责。

立阳：负责餐具管理，主要包括餐具的日常盘点。

于洋：负责物品的保管、出库、报损，登记报损记录，要求每两周统计一次，在月末盘点前保证账目清楚；负责音响工程设施设备管理、数目校对及存放地点的统计；负责三号库房内物品管理；负责路由器、网线、电话线、插排管理，要求每周统计一次，确保物品可以使用。

袁野：负责酒水管理，包括日常盘点、保管，每周统计一次，在月末盘点前保证账目清楚。

王兴：物品出库后，确保最低库存量；负责账单清查，做好酒水销售记录；负责二号库房内物品管理；负责工程问题日常检查报修，一周之内跟进。

在每周五或周日例会上，酒店管理者将做一周工作总结，同时对员工进行服务技能培训。除分工明细中所列主要工作外，各员工依然要完成宴会厅的日常服务工作，当班员工必须遵守《宴会厅每日工作流程》中的要求，发现问题及时处理，确保宴会服务工作质量。

根据案例2-1指出谁是宴会厅经理、秘书、领班和服务员，画出该宴会部组织机构图。要求：明确各个层级的领导与被领导的关系及平级关系。

明确各级责任和权力，必须使上下级之间形成一条连续不断的指挥链。在这一链条上，不允许任何上级超越下属的职责权限直接指挥更低一级下属；同样，任何一个下属都只对直属上级负责，接受直属上级的指令和安排。

素质训练

在宴会部组织机构设置中，必须确定合理的有效管理幅度。根据管理经验，有效管理范围应为8～10人。其实，有效管理幅度并不是一个固定的数值。不同职位的管理者，其有效管理幅度的大小不等，这受职务性质、管理人员素质、职能机构健全与否等条件的影响。如在管理工作属基层性质、管理人员素质良好或单位职能机构健全的情况下，有效管理幅度就可能大一些；反之，则可能小一些。

通过对案例2-1的分析、操作，应理解在工作中作为中层干部，只能指挥和领导直属下级，不能越级。作为服务员，必须接受直属上级的指挥和领导，从而避免造成多头领导、管理混乱的局面。

学生在宴会课程实训中到酒店宴会部参观，请酒店宴会部经理介绍宴会部组织机构和规章制度。

小资料

宴会专业术语英汉对照

1. banquet event order(BEO)任务单
2. venue 场地
3. organizer 组织人
4. company name 公司名称
5. attendance book 签到本
6. expect the number 预计数量
7. reception table 接待台
8. guarantee the number(GTD) 保证数量
9. registration table 签到台
10. coffee & tea break 咖啡小歇/茶歇
11. classroom style 课桌式
12. theatre style 剧院式
13. boardroom style 董事会
14. hollow square style 中空型
15. U-shape style U字形
16. long table 长台
17. fish bone style 鱼骨式
18. interview 会见
19. stage 舞台
20. podium 讲台
21. dancing floor 跳舞板
22. white board & markers 白板及白板笔
23. flip chart & markers 夹纸板及白板笔
24. lucky draw 摇奖箱
25. partition 屏风
26. flag pot 旗杆
27. set a table 摆台
28. international banquet meeting table 长方形桌 (1.83m×0.45m×0.75m)
29. chairman table 主席台
30. rectangular table 长方形桌 (1.83m×0.75m×0.75m)
31. banquet service 宴会服务
32. meeting style 会议形式
33. finance 财务部
34. front office 前厅部
35. kitchen 厨房
36. housekeeping 管家部/客房部
37. engineering department 工程部
38. human resource department 人力资源部
39. city ledger 挂账
40. guest ledger 房账

任务2.2 宴会部人员管理

引导案例 | 某酒店宴会部暂行工作纪律

(1) 养成随手关门的好习惯。

(2) 保持库房卫生，严禁在库房内乱扔物品，所有物品从哪里拿出，使用后放回原处，并保持卫生(在库房内乱扔物品罚款5元)。

(3) 请将个人的手表调快5分钟。所有人员应提前5分钟到岗。未提前到岗者，迟到5～10分钟，罚款5元；迟到11～15分钟，罚款10元；迟到15分钟以上罚款20元，并扣除2天休息日；旷工不来者予以开除处理。

(4) 工作期间保持工服整洁干净，佩戴领结。3天不换洗衬衫者，罚款5元；衬衫脏即换洗，不可以取多件私存，私存者罚款10元。

(5) 对客人保持礼貌的服务态度，提供微笑服务。在每一场宴会、会议服务过程中，要始终保持紧张的状态，积极对待每一位客人，即使他不是主办人。

(6) 离开工作岗位时，应向身边人说明去向，同时向接替的同事交接清楚他需要完成的工作，以及客人的需求。擅自离岗者罚款20元，未交接工作者罚款20元。

(7) 所有工作文件按位摆放，或按文件夹归类。

(8) 所有外借的物品，当事人必须登记，填写借据本，并在一周内跟进收回。一周内忘记取回或没有任何结果者，罚款5元。

(9) 本职工作未尽责者，请上交辞职报告。

(10) 宴会部是一个最需要员工团结合作的部门，没有团队合作精神者，如遇到同事需要帮助而未尽力者，请上交辞职报告。

此纪律于××××年×月×日起正式生效，受约束者包括宴会厅经理、副经理、主管、领班、员工、实习生。员工间相互监督，如果有隐瞒不报者，予以开除处理。若经理触犯上述纪律未执行，员工可向餐饮部经理汇报、投诉。

根据案例回答下列问题：

(1) 该酒店宴会部在哪些方面制定了工作纪律？

(2) 该酒店宴会部的工作纪律有哪些不当之处？

案例分析：

(1) 该宴会部对员工的个人习惯、到岗时间、服饰、服务态度、交接班工作、团队协作精神及库房卫生和外借物品制度等方面做了严格细致的规定。只有严明的纪律，才能打造出一个优秀的团队，才能保证宴会的成功举办。

(2) 该酒店宴会部暂行工作纪律的不当之处在于单纯用罚款的办法制约员工行为，方法过于简单，应该用批评教育、树立正面典型、奖励遵守纪律的员工、营造良好的企业文化氛围等多种办法规范员工行为。

微课2.2

宴会部人员管理

相关知识

2.2.1　宴会部岗位工作说明书

岗位工作说明书是说明各岗位的名称、所属部门、直属上司、服务单位、工作区域以及职责任务的书面文件。它明确了宴会部各岗位人员负责的工作、上下级关系、岗位职责和拥有的权力。酒店应严格按照上级逐级领导下级、下级逐级对上级负责的统一领导、分工负责的原则进行人员管理。

一般情况下，宴会部设有11个岗位，包括宴会部经理、宴会部秘书、宴会部业务经理、宴会部业务副经理、宴会部预订主管、宴会部预订员、宴会厅经理、宴会厅主管、宴会厅领班、宴会部领位员、宴会部服务员。以下内容是宴会部各岗位工作说明书。

1. 宴会部经理

所属部门：酒店副总经理办公室。

服务单位：宴会部。

直属上司：酒店副总经理。

工作区域：宴会部办公室。

基本职责：对所有宴会活动方面的工作进行协调，负责制定与落实营运目标，并进行成本控制，使其符合饭店餐饮服务政策。

职责任务：

(1) 对宴会部进行全面的行政领导。

(2) 负责宴会部的人员管理。

(3) 负责宴会部物资、设施、设备的管理。

(4) 负责宴会的预订销售和接待服务管理。

(5) 负责制定经营项目，进行成本控制和核算。

(6) 制定、检查大型宴会活动的实施方案，并做好组织管理工作。

(7) 与厨房部协商设计宴会菜单，负责对宴会食品质量的监督和检查。

(8) 协调宴会部与其他部门之间的工作关系。

2. 宴会部秘书

所属部门：宴会部。

服务单位：宴会部办公室。

直属上司：宴会部经理。

工作区域：宴会部办公室。

基本职责：协助宴会部正常经营，使其行政作业程序流畅，并负责协助部门主管及其他业务人员处理日常事宜。

3. 宴会部业务经理

所属部门：宴会部。

服务单位：宴会预订部。

直属上司：宴会部经理。

工作区域：宴会预订部。

基本职责：制订销售计划，承接宴会预订接待，全面负责宴会部的销售工作等。制定切实可行的销售措施，确保宴会销售任务的完成，以达到年度预算目标及收入目标。

4. 宴会部业务副经理

所属部门：宴会部。

服务单位：宴会预订部。

直属上司：宴会部业务经理。

工作区域：宴会预订部。

基本职责：对内负责与相关部门的沟通，协助上级监督部门的日常经营状况；对外负责接洽及推广宴会预订业务以及承办宴会预订等工作，并通过业务活动及市场信息，协助上级制定切实可行的销售措施，确保宴会销售任务的完成，以达到年度预算目标和收入目标。

5. 宴会部预订主管

所属部门：宴会部。

服务单位：宴会预订部。

直属上司：宴会预订部业务副经理。

工作区域：宴会预订部。

基本职责：对内代表宴会部负责与其他部门的沟通、协调工作，并协助上级监督部门的日常经营状况；对外负责接洽及推广宴会预订业务，并通过业务活动和市场信息，协助上级制定经营策略，以达成饭店的年度计划与预算收入目标。

职责任务：

(1) 开展餐饮市场调查分析，掌握市场信息和餐饮动态，及时向预订部经理、副经理提出餐饮销售建议。

(2) 了解和掌握本饭店、同行饭店的餐饮新品种和销售特点。

(3) 分析客源构成，了解宾客心理，主动宣传业务，适时进行推销。

(4) 与宾客建立良好的关系，定期联络新老客户，跟进销售业务。

(5) 负责督促下属执行宴会预订的各项标准和程序，及时妥善安排各种宴会的预订活动。

(6) 协助经理制订大型活动计划。

(7) 每天检查各种预订表格的编排和发送工作，确保信息沟通准确顺畅。

(8) 负责宴会预订档案的建立，尤其是做好大型宴会和重点宾客档案的管理工作。

(9) 协助制订本岗位培训计划，定期进行员工培训，以提高员工工作效率。

(10) 负责本岗位员工的考勤、考核，督促下属遵守饭店各项规章制度。

(11) 完成上级交办的其他工作。

6. 宴会部预订员

所属部门：宴会部。

服务单位：宴会预订部。

直属上司：宴会预订部主管。

工作区域：宴会预订部。

基本职责：代表饭店宴会部对外接洽宴会及预订的业务事宜，并负责拓展、开发宴会业务，以求达成饭店的年度计划及预算收入目标。

职责任务：

(1) 负责各种形式的宴会、会议及客人的接待工作，与客户进行商谈，并安排和落实相关工作。

(2) 根据宴会预订的详细记录，编制和填写客情预报表及宴会活动通知单，并分别送至有关部门和各餐饮营业点。

(3) 认真接收前厅发送的团队接待通知单，同时根据通知单上的信息，详细填写客情报表并发送至有关部门和各餐饮营业点。

(4) 建立宴会档案，记录贵宾、大型活动的相关事项。

(5) 与宾客和客户保持良好关系，争取客源。

(6) 完成领班布置的其他任务。

7. 宴会厅经理

所属部门：宴会部。

服务单位：宴会厅。

直属上司：宴会部经理。

工作区域：宴会厅前台区域、相关后台区域及宴会外卖场所。

基本职责：坚持饭店服务准则，通过计划、组织、指导及控制餐饮操作，提高客人满意度。

职责任务：

(1) 参与制定宴会服务标准和工作程序，并组织和督促员工严格执行。

(2) 在开餐期间负责对菜品、宴会服务的督导、检查工作，确保各项服务程序的贯彻落实。

(3) 处理对客关系，妥善处理客人投诉及各类突发事件。

(4) 督促员工正确使用宴会厅各项设备和用品，并对其做好清洁保养工作。

(5) 与厨房保持良好关系，及时将宾客对菜肴的建议和意见转告厨师长，以利提高菜肴质量。

(6) 督导员工，保持餐厅卫生水准及宴会厅良好的环境，保持餐厅应有的特色。

(7) 建立严格的物资管理制度，负责管理餐厅的各种物品，并减少物资损耗，以降低成本。

(8) 签署餐厅运营所需的各种物品领用单、设备维修单等。

(9) 负责员工培训计划的实施，定期组织员工培训，以不断提高员工的服务技能、技巧。

(10) 负责定期对员工进行评估，调动员工工作积极性。

(11) 主持餐厅内部会议，确保各种信息传递畅通。

(12) 督促员工遵守饭店各项规章制度。

(13) 完成上级布置的其他各项工作。

8. 宴会厅主管

所属部门：宴会部。

服务单位：宴会厅。

直属上司：宴会厅经理。

工作区域：会议室、宴会厅前台区域、相关的后台区域及宴会外卖场所。

基本职责：协助宴会厅经理开展各项工作。坚持高标准服务准则，通过计划、组织、指导及控制餐饮操作，提高客人满意度。

职责任务：

(1) 负责调配工作人员、安排班次和实施员工考勤、考核，保证在规定的营业时间内，各服务点都有岗、有人、有服务。

(2) 按照服务规程和质量要求，负责宴会厅的管理工作，并与厨房保持密切联系，协调相关工作。

(3) 掌握市场信息，了解客情和客人需求变化，做好业务资料的收集和整理工作，并将情况及时反馈给厨房及有关领导。

(4) 了解厨房货源情况及供餐菜单，组织服务员积极做好各种菜品及酒水的推销工作。

(5) 负责宴会厅费用控制和财产、设备及物料用品管理，做好物料用品的领用、保管及耗用账目。

(6) 保持餐厅设备及设施整洁、完好、有效，能够及时报修物资和提出更新添置意见。

(7) 负责处理客人对宴会厅服务工作的意见、建议和投诉，认真改进工作。

(8) 了解各国风俗习惯、生活忌讳。

(9) 坚持让客人满意的服务宗旨，加强宴会厅服务现场管理，检查和督导餐厅员工严格按照服务规程做好餐前准备、餐间服务和餐后结束工作，并做好员工的岗位业务培训。

(10) 召开班前例会，分配任务，总结经验。

(11) 配合宴会厅经理工作，完成工作指标。

9. 宴会厅领班

所属部门：宴会部。

服务单位：宴会厅。

直属上司：宴会厅主管。

工作区域：会议室、宴会厅前台区域、相关的后台区域及宴会外卖场所。

基本职责：负责协助服务员，督促其提供有礼貌、高效率的餐饮服务，以满足顾客要求。

职责任务：

(1) 实施各项工作标准和服务程序，督导员工严格履行岗位职责。

(2) 组织餐厅例会，根据营业情况分配工作，填写工作检查表并检查本餐厅对客服务工作，确保员工能提供优质服务。

(3) 督促服务员做好卫生清洁工作、餐具管理工作，确保员工遵守各项规章制度。

(4) 正确处理对客关系，参与重点宾客的接待服务工作。

(5) 主动征询宾客意见，及时向厨师长和餐厅经理反馈相关菜肴和服务的信息。

(6) 处理服务工作中发生的各类问题及宾客投诉，并及时向经理汇报。

(7) 每月进行餐具盘点，并将盘点结果上报餐厅经理。

(8) 完成上级交办的其他工作。

10. 宴会部领位员

所属部门：宴会部。

服务单位：宴会厅。

直属上司：宴会厅领班。

工作区域：宴会厅前台区域及相关的后台区域。

基本职责：负责提供引领宾客入座服务，协助相关人员完成宴会预订、餐桌摆设与服务工作。

职责任务：

(1) 仪表整洁美观，态度彬彬有礼、热情大方。

(2) 做好开餐前准备工作，摆正并清洁引位台，备好干净的菜单、台卡。

(3) 负责接待宾客订餐，包括电话预订和当面预订，接待宾客预订时要问清宾客姓名、房号或单位名称、联系电话，订餐人数、时间、地点或其他要求，然后做好记录。

(4) 负责礼貌地将到宴会厅用餐的宾客迎入宴会厅，按照台号与席次卡带宾客入座。

(5) 负责了解宴会厅内客情，以便灵活地安排工作。

(6) 负责替宾客存放衣帽、文件箱等物品。

(7) 负责为就餐宾客递送菜单、开胃酒单及推荐餐前酒，应答宾客问询。

(8) 负责接听电话，并及时通知受话人。

(9) 餐厅是宾客消费的场所，为保证宾客进餐的舒适、环境的高雅，除总经理、餐厅经理和公共关系部带来参观的宾客，一般谢绝参观。

(10) 与同事、上司保持良好关系，多与宾客沟通，熟记宾客姓名，当宾客再次惠顾时热情招呼，让宾客有宾至如归的感觉。

(11) 宾客离去时要送客、拉门、按电梯，使用“请再次光临”“多谢惠顾”“再见”“慢行”等礼貌用语。

(12) 对进餐人数、桌数等业务情况做好书面记录，以便供他人参考。保管好菜单或交由指定领班存放并做好记录。

11. 宴会部服务员

所属部门：宴会部。

服务单位：宴会厅。

直属上司：宴会厅领班。

工作区域：会议室、宴会厅前台区域、相关的后台区域、宴会厅、包间及宴会外卖场所。

基本职责：负责提供有礼貌、有效率的餐饮服务，备置宴会厅各项摆设。

职责任务：

(1) 负责开餐前的准备工作，按照规格要求布置宴会厅和餐桌，摆台及补充各种物品。

(2) 按照宴会厅规定的服务标准和程序做好对客服务工作，并及时密切关注宾客的各种需求，努力使宾客满意。

(3) 主动征询宾客对菜肴和服务的意见，接受宾客的投诉并及时向餐厅领班汇报。

(4) 负责餐厅环境维护和卫生清洁工作。

(5) 完成上级交办的其他工作。

2.2.2 宴会部人员管理的内容

1. 制定宴会部的管理制度

宴会部应制定宴会部各岗位说明书、宴会部工作纪律、宴会部物品保管制度、宴会部考勤制度、宴会部奖惩制度、宴会部各项服务流程、宴会部服务操作规程等。

2. 在日常管理中对员工进行培训

宴会部对员工的培训内容包括员工的服务理念、员工的仪容仪表、宴会服务礼仪、宴会知识、菜品知识、各种设备的使用方法和日常保养知识、服务操作技能、各类宴会的服务流程等。

3. 宴会部人员配备

宴会部按照岗位配备人员，在举办宴会时，这些人员按照各自分工齐上阵，为宴会提供服务。如果宴会规模比较大，就需要聘用小时工。一般情况下，主桌配备经验丰富且技巧熟练的女服务员2名，其他桌每桌配备值台服务员1名，每两桌配备传菜服务员1名。另配备2～4名领位员，每6～8桌配备领班1名，每3～5名领班配备主管1名，配备宴会部副经理1名。

酒店宴会部一般实行弹性工作制。宴会部业务多时，上班人数多；业务少时，可以安排少量员工上班。有的宴会部则实行两班制或多班制，这样分班，岗位上的基本人数就能满足宴会部的运转需要，也可以节省人工。旺季时，管理人员应预先估计需要临时工的数量，并预先做好安排。为保障宴会部的生产和销售的服务质量，正式工的数量不能过少。

宴会部在举办大型宴会时，常因服务人员不足而聘请临时工，但大多数临时工比较缺乏经验，往往会造成服务人员素质参差不齐的窘况。因此，应将正式工与临时工穿插安排，令技巧熟练的服务人员带领技巧较为生疏的临时工。对临时工应加强培训，并制定规则与服务流程，以避免临时工因对业务不熟而导致服务品质下降。

人员安排妥当，宴会部经理还要在宴会场地示意图上标示宴会人员分工负责的区域，使所有服务人员都能清楚地知道自己的职责与服务区域。宴会现场由主管督导工作进程，确保所有宴会工作都能在限定的时间内完成。

实训

知识训练

(1) 什么是岗位工作说明书？它有什么作用？

(2) 宴会部有哪些岗位？简述它们的所属部门、服务单位、 直属上司、工作区域、基本职责。

(3) 简述宴会部每个岗位的职责任务。

能力训练

以小组为单位，讨论合理配备宴会部人员的方法。

案例2-2：某酒店宴会厅高级服务员工作内容

(1) 熟悉宴会部各种设备的使用方法，并进行日常保养。

(2) 了解宴会部各设备的尺寸、性能、数目。

(3) 熟练掌握各种台型的布置规则，并要有创新，让客人满意。

(4) 熟悉宴会厅场地面积、客容量。

(5) 熟悉宴会食品及酒水服务知识。

(6) 了解宾客用品的申领程序。

(7) 与客人交流无障碍，能单独跟进一项活动。

(8) 无领班级以上员工时，可以单独带班。

(9) 与本部门以及其他部门保持良好的协作关系。

(10) 协助领班管理部门的日常运营工作。

(11) 熟练使用酒店消防安全设施，了解紧急疏散程序，掌握简单的急救知识。

根据案例2-2，按照岗位工作说明书的模式写出宴会厅高级服务员岗位工作说明书。

素质训练

根据工作任务2.2“相关知识”的内容，在网上或到酒店收集信息，写出宴会部秘书、宴会部业务经理、宴会部业务副经理的具体职责任务。

通过小组讨论，学生能够更加清楚地了解宴会部设置的各个岗位的名称和工作内容，并能培养学生严格按照岗位职责开展工作的意识。从案例中可看出高级宴会服务员应具备的知识和能力。制定高级服务员的岗位工作说明书有助于让员工认识到，按照此标准去工作，可晋升为高级服务员，福利待遇也会相应提高，从而起到激励作用。高标准的服务能给酒店带来不可估量的效益。

学生在宴会课程实训中到酒店宴会部参观，请酒店宴会部经理介绍本部门各岗位职责及人员管理方法。

小资料

宴会专业术语英汉对照

1. table numbers 桌号
2. banner 条幅
3. cloak room 存衣间
4. sit-down buffet 坐式自助餐
5. standing buffet 站式自助餐
6. Chinese banquet 中餐宴会

7. cocktail party 鸡尾酒会
8. dish-out service 分餐服务
9. LCD projector 液晶投影仪
10. laser pointer 激光笔
11. screen 屏幕
12. VCR 录放机
13. following spot 追光灯
14. standing mic 立式麦克风
15. table mic 桌麦
16. wireless mic 无线麦克风
17. lapel mic 领麦
18. sockets 插排
19. background music 背景音乐
20. signage 指示牌
21. backdrop 背景板
22. room rental 场地租金
23. event set up & service 活动摆台及服务
24. main table 主桌
25. red carpet 红地毯
26. standing flower 立式花盆
27. long flower 长台花
28. round flower 圆台花
29. corsage flower 胸花
30. deposit 抵押金/保证金
31. function 活动
32. security 保安部
33. catering sales 宴会销售
34. payment 付款
35. cheque 支票
36. cash 现金
37. credit card 信用卡

项目小结

1. 宴会部机构形式

宴会部机构是围绕宴会部横向3项业务、纵向4个层级设置的。这4个层级包括部门最高管理层、现场管理层、作业组织层、作业层。

宴会部经营业务对象包括各种宴会和会议。经营特点是在同一时间提供大量的餐饮服务，客人用餐标准统一，宴会以断续性进行的情况居多，宴会形式不一，会场布置每次都有所不同。

2. 宴会部人员管理

宴会部人员管理包括制定各项规章制度，按照岗位工作说明书的规定明确岗位具体职责，对宴会部人员进行培训。

项目 3
主题宴会预订与销售

项目描述

主题宴会设计与管理首先要从受理预订开始。本项目设置了主题宴会预订和主题宴会销售服务流程两个任务。

项目目标

知识目标：了解各种主题宴会预订方式的特点；掌握主题宴会预订的流程；掌握了解客人信息的方法；明确主题宴会合同规定的各项内容。

能力目标：能够按照主题宴会预订流程受理客人预订；能够准确填写在主题宴会预订过程中产生的表单，并明确各个表单的用途。

素质目标：在接待客人预订时，从衣着打扮到言谈举止应礼貌、规范，要面带微笑，热情地接待客人，彰显酒店员工的素质，树立酒店高水准服务质量的品牌形象；贯彻习近平总书记在党的二十大报告中提出的“弘扬社会主义法治精神，传承中华优秀传统法律文化，引导全体人民做社会主义法治的忠实崇尚者、自觉遵守者、坚定捍卫者”的要求；树立法治观念，学习法律知识，在签订宴会合同中，培养员工重合同、守信用的工作作风，按照宴会合同条款为客人提供服务，能化解与客人的矛盾与纠纷。

任务3.1 主题宴会预订

引导案例 | 宴会预订引起的风波

一天晚上，一群来自中国香港的客人下车后直奔某风味餐馆。负责接待的温小姐很有礼貌地说：“欢迎各位到我们餐馆就餐，请问先生贵姓、有没有预订？”这群客人中的李先生说：“我姓李，五天前打电话预订了‘佛跳墙’，请你查看一下。”温小姐查了预订记录，发现没有李姓客人的预订记录，却有一个叫“黎明”的客人外订“佛跳墙”。温小姐请李先生确认预订记录：“先生，请看这是不是您的预订？”李先生用笔更正了姓名后，不解地问道：“哦，我叫李明。这‘外订佛跳墙’是什么意思呢？”温小姐耐心地向李先生解释原因：“佛跳墙这道菜需19种原料，其中鱼唇、金钱鲍鱼等原料我们这里今天才进货，加工需要很长时间，在接待您预订时制作时间已经不够，但考虑到您对饭店的信任，我们已经为您在其他地方预订了这道菜，希望您不要介意。”李先生突然生起气来：“那不行，你们这么大的餐馆连‘佛跳墙’都做不出来，还开什么餐馆！接受了我的预订就要兑现，我就要吃你们做的‘佛跳墙’，不要其他地方做的！”餐馆经理急忙走过来对温小姐说：“谢谢你想得如此周到，但以后预订时，不要把客人的名字搞错。”然后经理对客人说：“十分抱歉，我们没有向您解释清楚，让您误会了，这几天预订佛跳墙的客人只有您一位，原料和时间都紧张，我们的厨师到关系单位亲自为您加工，现在已经准备好了，口味绝对正宗。请您先到里面入座，先品尝其他菜品，‘佛跳墙’马上就上桌。”听到经理的解释，李先生便和其他香港客人跟随领位小姐走进了餐厅。

根据案例回答下列问题：

(1) 李先生采用哪种预订方式？

(2) 温小姐在接受预订时出现了哪些疏漏？

案例分析：

(1) 此案例中，李先生采用电话预订方式。

(2) 温小姐在电话中没有听清李先生的名字，误把“李明”写成“黎明”，这是对客人的不尊重。接待预订时，在没听清的情况下，应在电话中重复一遍客人的名字，以便确认。温小姐不应把预订记录本拿给客人看，因为预订记录本记载了客人预订要求的各方面信息，酒店应对客人的信息保密，同时它也是酒店的商业秘密。正是因为温小姐无意中让李先生看到了记录本上的“外订佛跳墙”，才惹恼了客人。

相关知识

微课3.1

主题宴会预订方式

宴会部受理主题宴会预订是主题宴会工作流程的第一步，也是十分重要的一个环节。预订工作直接影响主题宴会的设计策划及整个主题宴会活动的组织与实施。宴会部应设负责受理预订的专门机构和岗位，挑选有多年餐饮工作经历、了解市场行情和有关政策、应变能力较强、专业知识丰富的人员承担此项工作，从而推动主题宴会的销售工作。

3.1.1 主题宴会预订方式

1. 电话预订

电话预订是指客人提前给酒店打电话预订宴会的方式。该方式具有方便、经济的优点，对工作人员语言表达的技巧要求高。

2. 面谈预订

对酒店不了解、不熟悉的客人一般会采取去酒店面谈的方式进行预订。这种方式有利于客人更多地了解酒店，有亲身体验，一般是否预订可以很快给出答复，但客人要花费一定的时间咨询。酒店预订员与客人面对面洽谈宴会预订事项时，预订员要准备好相关资料。这种预订方式对预订员的仪容仪表、举止谈吐要求比较高。此外，预订员的差旅费比较多。

3. 信函预订

信函预订即通过邮寄信函、传真的形式进行宴会预订。通过这种方式预订可靠性较差，邮寄、回复时间较长，需要预订员预订后进行信息跟踪。客人通过传真机把预订宴会的一些要求信息传给酒店，酒店也把宴会的有关资料传给客人，但最终还需要邀请客人到酒店来参观、面谈。

4. 中介预订

中介预订即通过旅行社或会展中心等中介机构预订宴会，需要交纳一定的手续费。

5. 政府指令预订

政府指令预订是指各级政府为出差、参加会议的人员实行定点饭店管理而进行的预订。一般通过招标采购的方式来确定定点饭店，政府工作人员出差、召开会议必须在政府指定的饭店消费。

6. 网络预订

网络预订即通过互联网在各大酒店的网页上进行宴会预订，并收发有关宴会的电子邮件。此方式灵活快捷，但受地域限制，也受网络运行速度的影响。

3.1.2 主题宴会预订常用的两种方式的流程

1. 电话预订流程

(1) 在电话铃响三声以内，迅速拿起电话，敬重问候。

(2) 问清客人的预订内容，如单位名称、人数、时间、付款方式、工作人员用餐标准等，记录联系人的姓名和电话号码。

(3) 若是预订宴会，可结合客人的要求标准和宴会菜单，积极推销利润高、方便准备且适合客人口味的菜肴或店内特别推销菜肴。

(4) 复述预订内容，做好记录。

(5) 将了解的信息准确地填写在预订记录簿上。

(6) 如客人提供的信息不详细，需根据联系人的姓名和电话号码进行跟踪联系，以便获取准确的信息。

(7) 根据预订记录的资料，分别填写宴会或会议预订记录、今日宴会客情表、宴会通知、会议客情一览表。

(8) 逐项落实客人对讲台、花草、音响设备等项目的要求，抄写桌面菜单。

(9) 迅速将宴会通知单和桌面菜单及各种客情表发至厨房、宴会厅、酒吧等生产点和营业点。

2. 面谈预订流程

(1) 礼貌问候客人。

(2) 问清客人的姓名、单位名称、电话号码、预订内容、特殊要求等，并复述一遍。

(3) 将得到的信息迅速、认真地记录在宴会或会议预订记录簿上，并注明客人的特殊要求。

(4) 向客人提供标准菜单，供其挑选并确认，如果客人需改换菜单中的个别菜品，应视情况予以调整。

(5) 有特殊情况或客人有特殊要求时，可请厨师长亲自安排菜单或视情况重新确定用餐标准，并让客人确认。

(6) 遇重大活动和宴会时，应根据与客人达成的协议，草拟合同，对于未定事宜和客人需改动事宜，应注明最后确认时间。

(7) 请客人在合同上签字，合同一式两份，并妥善保管。

(8) 向客人表示感谢，礼貌送客。

(9) 根据记录的资料，认真填写宴会或会议预订记录、宴会通知单、宴会或会议一周预报表等。

(10) 逐项落实客人要求，抄写桌面菜单。

(11) 迅速将宴会通知单和桌面菜单及各种客情表发至厨房、餐厅、酒吧等生产点和营业点。

实操3.1

电话、面谈预订

实训

知识训练

(1) 主题宴会预订有几种方式？这些方式各自有哪些优缺点？

(2) 电话预订流程分哪几步？

(3) 面谈预订流程分哪几步？

能力训练

案例3-1：电话预订宴会

预订员：您好，这里是沈阳金都饭店宴会部预订处。请问您有什么需要我帮忙的？

客人：您好，我来自辽宁海外旅行社。我们想于6月15日晚上在贵饭店宴会厅举办一场约有250人参加的关东美食节闭幕式，不知可否？

预订员：当然可以。先生，请问我怎么称呼您？

客人：我叫王明。

预订员：好的，王先生。“明”是日月明吗？

客人：是的。

预订员：您可以告诉我贵单位对本次美食节闭幕式的设想吗？

客人：我们希望宴会在6月15日晚6点左右正式开始，与会人员大约有250人，用餐标准为每位300元，结账将使用支票，希望饭店为我们设计一套宴会方案。

预订员：好的！您来自辽宁海外旅行社，希望在6月15日晚6点左右在我们的宴会厅举行一场关东美食节闭幕式暨答谢宴会活动，大约有250人参加，用餐标准为每位300元，结账将使用支票，要求我们饭店为您设计一套宴会方案。

客人：是的。

预订员：好的，我已经把您的要求记录下来了。您什么时候要方案？

客人：今天是4月10日，最好在两周之内。

预订员：好的，两周之内我们把方案制定出来，然后马上与您联系。

客人：好的。

预订员：您对菜单有什么特殊要求吗？

客人：我们有6位客人信仰伊斯兰教，还有一些外国宾客。菜品类型选择中餐，最好口味清淡一些，还能品尝贵酒店的特色菜或地方特色菜。

预订员：好的，我明白了，我们会尽量按照您的要求去做。请问您还有别的吩咐吗？

客人：暂时就这些吧。

预订员：好的，王先生您方便留一下联系电话吗？

客人：好的，139××××1499。

以小组为单位，每两个学生分别扮演预订员和客人角色，模拟案例3-1进行电话预订的练习。

案例3-2：面谈预订宴会

预订员：早上好。

客人：早上好。我想安排一场庆祝“五一国际劳动节”的鸡尾酒会。

服务员：请坐。请问您来自哪国大使馆？怎么称呼您？能留个联系电话吗？

客人：我是美国大使馆的约翰逊，我办公室的电话是88252543。

服务员：有多少人参加这场酒会？

客人：大约有230人。

服务员：每位客人按多少钱的标准准备？

客人：不包括酒水100元。

服务员：你们想在哪里举行？在饭店还是在使馆？

客人：在你们饭店。在使馆没有合适的餐厅。

服务员：你们喜欢用长台还是圆桌？希望设座还是喜欢站式酒会？

客人：圆桌，我们希望设座。

服务员：对不起，我忘记问您举办酒会的时间了，请您告诉我是在哪一天？

客人：4月30日，酒会在下午5点钟开始。

服务员：需要设主席台吗？

客人：需要，并请为讲话的人准备台式麦克。

服务员：主席台上放些鲜花吗？

客人：是的，其他桌也放。

服务员：需要挂两国国旗吗？

客人：需要，今天下午我来送旗子。

服务员：酒会需要乐队助兴吗？

客人：需要乐队。

服务员：是否要为司机准备晚餐？

客人：是的，他们的标准是每人50元。

服务员：饮料呢？

客人：还没有决定，我明天再来告诉你。

服务员：好吧，那么下午见，我会带您去宴会厅实地看一看。

客人：下午见。

以小组为单位，每组两个同学，分别扮演预订员和客人的角色，模拟案例3-2进行面谈预订练习。主要练习宴会预订中预订员与客人对话时的礼貌用语、说话语气和技巧。要学会用优美的语言、令人愉快的声调，使服务过程显得有生气；能够熟练使用迎宾敬语、问候敬语、称呼敬语、电话敬语、道别敬语，以提供敬语规范化的服务；能够熟练、快速地推销宴会，准确、无误地记录客人信息。

素质训练

通过小组练习，学生能够掌握电话预订和面谈预订的程序，能够用简单明了的语言来表达服务用意，与客户沟通，并能在快速、准确无误的工作过程中提高自身的应变能力、人际交往能力。作为服务人员，应略通政治、经济、地理、历史、旅游、宗教、民俗、心理、文学、音乐、体育、医疗及饭店运营等多方面知识，以便与客人交流沟通，保证优质服务。

学生在宴会课程实训中到酒店前台参观，观察前台服务员接待客人预订的操作流程。

小资料

赠送名片的礼节

在向对方递交名片或与对方交换名片时，首先，要注意放置名片的部位。比较适宜的位置是名片夹。男士可将名片夹放在西服上衣内侧的口袋内，切不可放在西服外侧或者裤装的口袋内。其次，递送或交换名片时，比较适宜的姿势是双手的拇指、食指握住名片双角，文字顺向对方递出。再次，在递交名片时，要有伴随语，如“请多关照”等。最后，当接到对方的名片时，要默读一遍名片内容，对其中你感觉会使对方产生优越感的部分可诵读一遍，然后将名片放置于名片夹或手包内，名片切不可随意处置。

资料来源：栗书河. 饭店服务礼仪训练手册[M]. 北京：旅游教育出版社，2006.

任务3.2 主题宴会销售服务流程

引导案例 | 大型宴会预订

某酒店宴会预订部的秘书小谢，第一次接到客户的大型宴会预订电话。在记录了宴会的日期、时间、主办单位、联系人信息、参加人数、宴会的类别和价格、宴会厅布置要求、菜单要求、酒水要求等基本情况后，小谢就打算带上预订单和合同书亲自到客户的单位去确认。同事老关制止她说：“你最好请对方发一个说明预订要求的传真过来，然后根据要求把宴会预订单、宴会厅平面图和有关详细情况反馈给对方，并要求对方再次发传真预订。有必要时，还要请客户亲自来酒店看一下场地和布局情况，然后填写宴会预订表格、签合同，再制订宴会计划。”小谢按照老关所说的程序把信息反馈回去，几天后，她接到了客户的传真。果然，这一次对方对宴会的布置、参加人数等要求均比电话中所讲的内容详细了很多。双方在价格上又进行了一番商谈，为了发展客户、争取客源，酒店最终同意给客户让利。客户交纳了订金并在规定期限的合同上签字，这次预订服务终于成功了。通过这次预订，小谢熟悉了大型宴会预订的程序和方法。

根据案例回答下列问题：

(1) 接到大型宴会预订电话时，应记录客人的哪些信息？

(2) 怎样判断宴会预订属于正式确认状态？宴会预订正式确认需要填写哪些表单？

(3) 在宴会预订正式确认这一环节还需要做哪些工作？

案例分析：

(1) 接到大型宴会预订电话应记录宴会的日期、时间、主办单位、联系人情况、参加人数、宴会的类别和价格、宴会厅布置要求、菜单要求、酒水要求等基本信息。

(2) 小谢开始接到的预订宴会电话属于客人的暂时性预订，因为对方没有签订宴会确认书、宴会合同，也没有交订金。

(3) 除了填写上述表格外，还要告知客人合同的背书内容。

相关知识

主题宴会预订与销售服务的流程：宴会洽谈→接受预订→跟踪查询→正式确认→填写宴会预订确认书→签订宴会合同→收取订金→发布宴会通知单→宴会预订资料建档。主题宴会预订与销售服务的主要流程如图3-1所示。

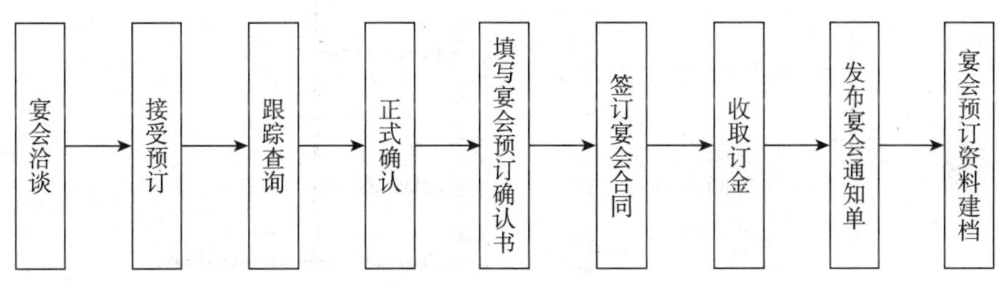

图3-1　主题宴会预订与销售服务的主要流程

3.2.1　主题宴会洽谈

主题宴会洽谈的主要工作是回答客人有关宴会的各种问询。要举办宴会，客人所采取的第一个步骤便是向中意的酒店询问宴会的相关信息。

1. 一般客人问询的内容

(1) 宴会厅是否有空位。

(2) 宴会厅的规模及各种设备情况，酒店所能提供的所有配套服务项目及设备。

(3) 有关宴会的设想以及在宴会上安排活动的要求能否得到满足。

(4) 中西餐宴会、酒会、茶话会等的起点标准费用，高级宴会人均消费起点标准，大型宴会消费金额起点标准。

(5) 宴会预订金的收费规定。

(6) 宴会菜肴的内容，宴会的菜肴、酒水费用，不同费用标准下可供选用的酒单。

(7) 各类宴会的菜单和可变换、替补的菜单，宴会中主要菜品和名酒的介绍及实物彩色照片。

(8) 对不同费用标准的宴会，饭店可提供的服务规格及配套服务项目。

(9) 中西餐宴会、酒会、茶话会等的场地布置、环境装饰和台型布置的实例图。

(10) 提前、推迟、取消预订宴会的有关规定等。

面对客人的各种疑问，宴会部预订人员需一一做出解释。

2. 准备相关资料

(1) 宴会部的宴会厅平面图，如图3-2所示。

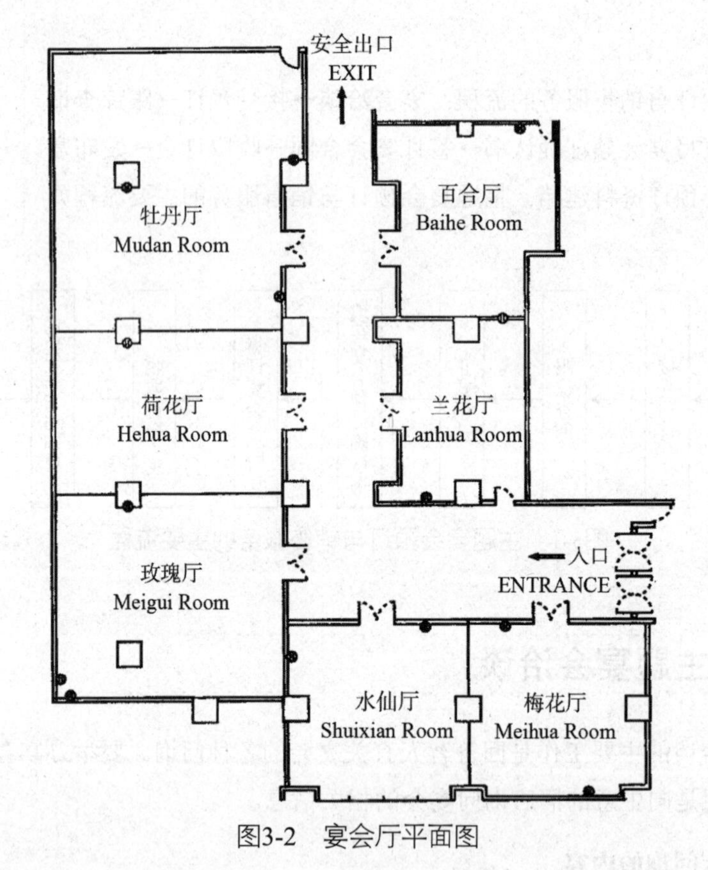

图3-2　宴会厅平面图

(2) 宴会厅客容量，如表3-1所示。

(3) 会议室租金价目，如表3-2所示。

(4) 宴会厅租金价目，如表3-3所示。

(5) 宴会部餐饮收费标准，如表3-4所示。

通过洽谈，预订员应该了解有关主题宴会活动的各种信息，因为这些信息能为主题宴会活动的策划和设计提供正确、充足、必要的依据。这些信息包括：①赴宴人数。②宴会菜肴、酒水、宴会厅、宴会套间的价格。③宾客风俗习惯。④宾客生活忌讳。⑤有关宴会的设想，安排活动的要求。⑥如果是外宾，还应了解其国籍、宗教、信仰、禁忌和口味特点等。⑦宴会厅或宴会套间的规模及各种设备情况。⑧中西宴会、酒会、茶话会的消费标准，大型、高级宴会人均消费标准。⑨各类宴会的菜单、可调整的菜式。⑩不同费用标准可供选用的酒单。⑪宴会的场地布置、环境装饰和台型布置的实例图，所有配套的服务项目。⑫宴会预订金的收费规定，提前、推迟、取消预订宴会的有关规定。

对于规格较高的宴会，还应掌握下列事项：①宴会的目的和性质。②宴会的正式名称。③宾客的年龄和性别。④有无席次表、座位卡、席卡。⑤是否需要音乐或文艺表演。⑥有无司机费用等。⑦主办者的指示、要求、想法。

表3-1　宴会厅客容量

项目				厅别					
				A	B	C	D	E	F
客容量	宴会	中餐宴会/桌数		150	85	44	35	25	12
		自助餐	桌数	130	68	34	25	22	10
			人数	1 560	810	360	270	230	120
		鸡尾酒会/人		4 000	1 000	600	400	150	200
	会议	“U”形台型/人		1 040	670	430	240	80	80
		课桌式台型/人		1 800	870	520	350	110	140
		剧院式台型/人		2 700	1 360	800	560	200	270
	面积	长度/m		41.5	41.5	25	16.5	8.2	11.4
		宽度/m		51	25	25	25	19	25
		总面积/m^2		2 104.5	1 037.5	625	412.5	155.8	216.6
室内高度/m				3～5.4	5.4	5.4	5.4	3	3

表3-2　会议室租金价目

场地	时间/天	场租费/元/天	会议台型				
			椭圆形台型/人	课桌式台型/人	剧院式台型/人	“U”形台型/人	“回”字形台型/人
4F小会议室	1	2 000	20～40				
4F大会议室	1	40 000		100～150	200～300	70～80	
4F贵宾室	1	10 000					12
5F行政酒廊	1	30 000		50	50～70	30～45	
12F会议室	1	30 000		50～70	50～100	30～50	

表3-3　2022年宴会部宴会厅租金价目

时间	厅别及租金					
	宴会厅A/元	宴会厅B/元	宴会厅C/元	宴会厅D/元	宴会厅E/元	宴会厅F/元
08:30—12:00	37 500	20 750	12 500	8 250	2 750	3 250
13:00—16:30	37 500	20 750	12 500	8 250	2 750	3 250
08:10—21:00	80 000	52 500	31 500	21 000	700	8 750
08:30—16:30	75 000	41 500	25 000	16 500	5 500	6 500

(续表)

时间	厅别及租金					
	宴会厅A/元	宴会厅B/元	宴会厅C/元	宴会厅D/元	宴会厅E/元	宴会厅F/元
08:30—22:00	175 000	94 000	56 500	37 500	12 500	15 250

注：适用日期至2022年12月31日

延时：	夜间进场(2小时内)：
※宴会厅A每小时8 000元	※宴会厅A每小时8 000元
※宴会厅B每小时5 000元	※宴会厅B每小时6 250元

表3-4　宴会部中餐宴会餐饮收费标准

中餐宴会：

中餐套餐：1 000元/10人/桌

会议套餐：880元/10人/桌　　980元/10人/桌

1 180元/10人/桌

婚宴套餐：1 188元/10人/桌　　1 388元/10人/桌

1 688元/10人/桌　　2 010元/10人/桌

3.2.2　接受主题宴会预订

接受主题宴会预订也称宴会预约，宴会预约阶段是指客人有意预约宴会，但尚未做出最后决定，属于对宴会的暂时性确认。暂时性确认的宴会预订包括三种情况：①客人处于询问和了解宴会情况的阶段，如不及时预订，宴会厅将会被他人订满。②宴会已经确定，但在费用和宴会厅地点方面还在进行比较和选择。③在客人期望的日期或时间，酒店宴会厅有其他预订，客人无法最后确定其他日期或时间。

1. 填写宴会预订单

宴会预订单需填写如下内容。

(1) 宴会预订人姓名，即来酒店预订宴会的预订人的姓名。

(2) 宴会主办单位名称、联络人姓名及头衔、地址、联络电话、传真。有时联络人与预订宴会的预订人为同一人。

(3) 宴会类型。如庆祝宴、招待宴、表彰宴、答谢宴、丧宴、生日宴、寿宴、商务宴、同学聚会宴、欢迎宴等。

(4) 宴会日期、宴会开始时间及计划安排的宴会厅名称。宴会日期就是举行宴会的具体日期；宴会开始时间，是指宴会开始的具体时间，如婚宴一般在上午9时58分举行；宴会厅名称，就是指举行宴会的具体地点。

(5) 预计人数，即估计出席的人数。最低桌数，即最低保证桌数。要在规定的最短时间内确定，最迟应在宴会开始前的24小时内确定。

(6) 付款方式，又称结账方式，可以用现金、信用卡、支票结账。

(7) 预订金额一般为总费用的10%～15%。

(8) 宴会各项费用开支和总计额。宴会费用主要包括预订桌数的菜品总费用、酒水消费额、酒水开瓶费、宴会厅租赁费、宴会厅租赁延时费、电器器材租赁费、餐桌与讲台以及接待台装饰费、布置宴会场景的材料费、停车车位费、停车延时费。

(9) 宴会形式、场地布置要求及所用设备。宴会形式指宴会就餐采取的是每10人围一圆桌的围宴的形式，还是自助餐或者鸡尾酒会、冷餐酒会的形式。场地布置要求，包括摆放餐桌椅的台型，主桌的位置，背景墙的布置，场地放置的讲台、接待台、蛋糕台、抽奖箱、杯塔台、路引花、立式花盆、长台花、圆台花、花篮，悬挂的横幅、广告牌、字画、气球，摆设的屏风、白板及白板笔、背景板、存衣间、指示牌等。所用设备包括空调、投影仪、屏幕、录像机、聚光灯、麦克风、插排等。

(10) 宴会菜单项目及酒水要求。写出客人提出的宴会菜品名称、酒水名称。

(11) 接受预订的日期、经办人姓名。经办人指的是预订员或与客人洽谈预订事宜的酒店接待员。接受预订的日期就是填写宴会通知单的日期。

(12) 合同类型、备注、编号。接受宴会预订，确定宴会预订可行后，要填好宴会预订单，预订单一式两份，一份存根，一份送到销售部通知预订确认。

宴会预订单如表3-5所示。

表3-5　宴会预订单

<table>
<tr><td colspan="2">预订日期</td><td colspan="3"></td><td colspan="2">预订人姓名</td><td colspan="2"></td></tr>
<tr><td colspan="2">地址</td><td colspan="3"></td><td colspan="2">电传、电话</td><td colspan="2"></td></tr>
<tr><td colspan="2">单位</td><td colspan="3"></td><td colspan="2">饭店房号</td><td colspan="2"></td></tr>
<tr><td colspan="2">宴会名称</td><td colspan="3"></td><td colspan="2">宴会类别</td><td colspan="2"></td></tr>
<tr><td colspan="2">预计人数</td><td colspan="3"></td><td colspan="2">最低桌数</td><td colspan="2"></td></tr>
<tr><td colspan="2" rowspan="2">宴会费用</td><td colspan="3" rowspan="2"></td><td colspan="2">菜品人均费用</td><td colspan="2" rowspan="2"></td></tr>
<tr><td colspan="2">酒水人均费用</td></tr>
<tr><td rowspan="2">具体要求</td><td>宴会菜单</td><td colspan="4"></td><td>酒水</td><td colspan="2"></td></tr>
<tr><td>宴会
布置</td><td>台型
主桌型</td><td colspan="4"></td><td colspan="2">场地
设备</td></tr>
<tr><td colspan="2">确认签字</td><td colspan="2"></td><td colspan="2">结账方式</td><td></td><td>预收订金</td><td></td></tr>
<tr><td colspan="2">处理</td><td colspan="5"></td><td>承办人</td><td></td></tr>
</table>

2. 填写宴会安排日记本

宴会预订安排日记本是宴会部根据宴会活动场所设计的，它的作用是记录预订情况，供预订人员在受理预订时核查预订信息。预订人员受理预订时，首先需问清客人宴请日期、时间、人数、形式等，然后从日记本上查明各宴会厅的状况，最后在日记本上填写相关事宜。宴会活动日记本在营业时间内，必须始终放置在预订工作台上，营业结束后必须妥善保管。宴会安排日记本如表3-6所示，一般一日一页，主要项目有：①宴请活动的日期。②活动名称以及客户的电话号码。③活动的类型和举行时间。④出席人数和宴会厅名称。⑤注明是已经确认的预订还是暂时预订。

表3-6　宴会安排日记本

预订员：____________　　　　日期：____________

宴会厅A	宴会厅B	宴会厅C
早：宴请名称____人数____	早：宴请名称____人数____	早：宴请名称____人数____
时　间____时至____	时　间____时至____	时　间____时至____
联系人____电话____	联系人____电话____	联系人____电话____
单位名____收费____	单位名____收费____	单位名____收费____
中：宴请名称____人数____	中：宴请名称____人数____	中：宴请名称____人数____
时　间____时至____	时　间____时至____	时　间____时至____
联系人____电话____	联系人____电话____	联系人____电话____
单位名____收费____	单位名____收费____	单位名____收费____
晚：宴请名称____人数____	晚：宴请名称____人数____	晚：宴请名称____人数____
时　间____时至____	时　间____时至____	时　间____时至____
联系人____电话____	联系人____电话____	联系人____电话____
单位名____收费____	单位名____收费____	单位名____收费____

3.2.3　主题宴会跟踪查询

如果是提前较长时间的预订，预订人员应对预订进行密切的跟踪查询，主动通过信函或电话与客人保持联系，直到客人下订单为止。因为大多数客人在正式确定预订前，可能还会就菜单、价格、场地、环境等方面与其他饭店进行研究、比较，之后再答复饭店，因此预订人员务必详细记录每次跟客人洽谈的结果，除存档备查外，也需准确无误地将资料转达给其他相关人员，这样方能确保宴会预订的成功。

如果预订宴会提前的时间不长，那么宴会预订员更应该抓紧时间跟进客人，主动打电话询问客人是否能尽快确定宴会的举办。如果确定下来，宴会预订员就要着手进行下一步工作；如果客人无法确定，要问清原因，及时给客人满意的答复。

3.2.4　主题宴会预订正式确认与销售

在填写完成宴会预订单后，如果得到主办单位或个人的确认，即为确定性宴会预订。此时除了要在宴会预订日记本上用红笔标明确认，还应填写宴会预订确认书送交客人，并签订宴会合同书，收取宴会预订金。

1. 填写宴会确认书

宴会确认书如表3-7所示，其内容可摘录预订单上的相关项目内容，一般包括：①宴会名称。②宴会日期和起止时间。③宴会厅名称。④宴会人数。⑤宴会预算及其他。

表3-7 宴会确认书

×××先生(女士)：

承蒙惠顾，不胜感谢。

对于您所预订的宴会我们正在按下列预订要求认真准备，如有不妥之处或新的要求，请随时提出，我们愿为您竭诚服务。

×××饭店　　宴会经理：×××

一、宴会名称：　　联系电话：________

二、宴会日期及时间：___年___月___日　星期___晚___时___分至___时___分

三、宴会人数：　　四、宴会形式：　　五、宴会预算：

六、宴会厅名称：　　七、其他：

2. 签订宴会合同书

虽然在客人预约时，预订人员已经记下客人的所有要求，但是客人日后极有可能改变主意。所以，预订人员必须将双方所同意的事项记录在合同书上并请客人签字，以保障客人与饭店双方的权利。宴会合同书如表3-8所示。

倘若客人没时间亲自到饭店履行签约手续，预订人员可以通过书面传真或邮寄的方式将文件送至客人手中，并请客人在合同书上签字，签妥后再请对方将文件传真或邮寄回饭店，以示慎重。为了确保宴会厅的正常运营，与客人签订合同是不容忽略的步骤之一。

表3-8 宴会合同书

本合同是由______________饭店(地址)______________与单位(地址)____________为举办宴会活动所达成的，具体条款如下：

活动日期____________星期____________

活动地点____________

最低出席人数____________预计人数____________

座位安排____菜单计划____________

饮料____________娱乐设施____________

招牌____________预付订金____________

付款方式____________其他____________

客人签名____________饭店经手人签字____________

签约日期____________

◎本宴会合同一式五联，一联客人保存，二联客人签名后收回，三联出纳留存，四联预订部留存，五联宴会部经理留存，经双方签字后生效

另外，饭店与设宴客人之间可有若干规定或说明，可附于合同背面，具体包括如下内容。

(1) 宴会桌(人)数应于一星期前予以确定，且确认的桌(人)数不得低于宴会预订单所确认的桌(人)数。若低于宴会预订单所确认的桌(人)数，则必须达到宴会厅限定的最低消费额。

(2) 宴会结束后，如实际用餐的桌(人)数未达到确认桌(人)数，饭店仍按确认桌(人)数收费。未消费的桌数，客人可于两周内补消费；若未消费的桌数超出确认桌数的1/10，则

超出的桌数需按半价赔偿，且不得补消费。

(3) 凡是喜宴的账款，要于宴会结束当天以现金付清。原则上，喜宴不接受信用卡结款，更不受理支票签收。这项规定出自对宴会厅及客人自身利益的考虑。因为在喜宴当天，礼金势必带给客人许多现金收入，饭店要求以现金结款，既可帮客人分担携带大笔现金的风险，又可避免回款不及时的风险。

(4) 因故取消预订，已支付的订金不予退回；于宴会举行日前一星期取消者，应按"保证消费额的一半"补偿饭店的损失。

(5) 各种类型的宴会均严禁携带外食，自备酒水则酌情收取开瓶费。因为饭店本来就是经营餐饮生意的场所，制定此要求实属合理且必要。

(6) 预订婚宴的客人应自备喜糖、签名簿及礼金簿。凡瓜子等有壳类食品及口香糖等，因其会造成宴会厅地毯不易清理，所以严禁客人在店内食用。

(7) 布置花卉时，应将塑料布铺设在地毯上，以防水渍及花卉弄脏地毯。

(8) 不得于宴会活动场地燃放爆竹、烟花等易燃物，且不得喷洒飘飘乐、金粉、亮光片等吸尘器无法清除的物品。

(9) 布置会场时，严禁使用钉枪、双面胶、图钉、螺丝等任何可能损伤会场装潢设备的物品。活动结束以后，应保持会场的完整，如损坏饭店的装潢或器材设备等，需负赔偿责任。

(10) 因活动需要运来的各项器材及物品，饭店仅提供场地放置，不负看管责任。

(11) 宴会所需的各项电器设备，应事先协商安装事项。电费依现场实际配线情况及用电量收费，会前进场布置及电路配置请于两周前告知，以便配合。一般小型电器可以直接使用宴会厅中设置的插头，但耗电量较高的电器则必须与饭店协商，不可擅自安装，以免造成危险。

(12) 如客人自带乐队，请提前一小时调试，如果与本酒店音响不匹配影响音响效果，饭店不承担责任。

(13) 如当日未带订金收据，订金金额不在结账范围之内；如他日来退订金，需出示本人有效身份证件。

(14) 婚庆典礼日期，一经决定不予更改。

3. 收取宴会预订金

在签订合同时，为了保证宴会预订得以确认，以保障准备工作的顺利进行，饭店通常要求已确认日期的客人预付一定数量的订金。一般大型宴会的订金金额为总费用的10%～15%，有的饭店收取总费用的30%，重要的大型宴会收取总费用的50%。在实际中，有些饭店因忘记与客人签订合约收取订金，而平白蒙受许多损失。客人付完订金才表示该宴会确实预订下来，否则一场大型宴会临时取消，势必会给饭店造成重大损失。因此，预收订金对饭店而言，实为一种自保方式，非常必要。

除此之外，若在原来预订宴会的客人付订金之前，另有其他客人想要预订同一场地，预订人员应打电话给先预订的客人，询问其意愿；如果客人表示确实要使用该场地，就必须请他先到饭店付订金，否则预订权将自动让于下一位预订客人。一般对订金的处理有以下几点要求。

(1) 如果客人超过饭店规定的限期取消预订，订金将不予退还；如果对方与饭店建立了良好的信用关系或是举办小型宴会，则不必付订金。

(2) 对于预订后届时不到的客人，按全价收费。

(3) 取消预订，一般要求在宴会前一个月通知饭店，此种处理方式不收任何费用；若是在宴会举办前一个星期通知，订金将不予退还，饭店还要收取宴会总费用的5%作为罚金。

3.2.5　发布主题宴会通知单

宴会正式确定后，预订人员对内应发布一式若干份的宴会通知单，具体内容如表3-9所示，以告知各个部门在该宴会中应负责执行的工作。成功举办一场宴会需要靠许多部门通力合作，如果一张宴会通知单能够清楚地将所有工作事项列出来，对于成功举办宴会将大有裨益。

表3-9　宴会通知单

<table>
<tr><td colspan="8">发文日期：　　　　　　　　　　　　　　　　　　　　　　编号：NO. A0001</td></tr>
<tr><td colspan="5">宴会日期：</td><td colspan="2">订金金额：　　　　元</td><td>收据单号：</td></tr>
<tr><td colspan="5">宴会名称：×××宴会</td><td colspan="2">付款人：×××</td><td>接洽人：×××</td></tr>
<tr><td colspan="5">联络人：×××先生　电话：××××××
客户名称：＿＿＿＿＿传真：××××××</td><td colspan="3">付款方式：</td></tr>
<tr><td>时间</td><td>类型</td><td>地点</td><td>保证数</td><td>预估数</td><td>人力资源部</td><td colspan="2"></td></tr>
<tr><td>晚上</td><td></td><td></td><td></td><td></td><td>美工冰雕</td><td colspan="2"></td></tr>
<tr><td>西餐厨房
中餐厨房</td><td colspan="4">菜单附后</td><td>管事部</td><td colspan="2" rowspan="2"></td></tr>
<tr><td rowspan="2">宴服部</td><td colspan="4" rowspan="2">海报：</td><td>工程部</td></tr>
<tr><td>保安部</td><td colspan="2"></td></tr>
<tr><td>花房</td><td colspan="4"></td><td>客房部</td><td colspan="2"></td></tr>
<tr><td>酒吧</td><td colspan="4"></td><td>财务部</td><td colspan="2">器材收费：</td></tr>
<tr><td colspan="5">预订业务员：×××</td><td colspan="3">宴会经理：×××</td></tr>
<tr><td>发送
部门</td><td colspan="7">□总经理 □餐饮部 □宴会部 □财务部 □工程部 □客房部 □西厨房 □中厨房
□管事部 □餐厅部 □保安部 □采购部 □花房 □美工冰雕 □其他</td></tr>
<tr><td colspan="8">附：中餐婚宴菜单(800元/10人/桌)</td></tr>
<tr><td colspan="8">沙拉大龙虾　　　　八味美佳碟
八珍烩鱼翅　　　　夏果炒鲜贝
红烩大刺参　　　　吉祥照双辉</td></tr>
</table>

宴会通知单可称为相关工作部门的“工作订单”。宴会通知单的内容包括合约书中的主要资料，如宴会时间和相关事项、接洽人、桌数、厅别、菜单、特殊要求等，还包括各部门所需准备的物品明细和相关事项。

宴会通知单的格式一般是表格式，分为3个部分。

通常要在表格上部写出已知的客人信息，包括宴会名称、客人日期、宴会入场时间、典礼时间、就餐时间、结束时间、宴会场地、预订人姓名、电话、传真、宴会保证人数、宴会预计人数、订金数额、收据号等信息。

在宴会通知单的中部主要写出各部门为本次宴会所要做的准备工作。在左边写出中餐厨房、西餐厨房应提供的菜品和宴会部应该做的准备工作，在右边写出与本次宴会有关的其他部门应做的准备工作，一般有工程部、客房部、保安部、管家部、酒吧、花房、财务部、人力资源部、美工冰雕、采购部、营销部等。

在宴会通知单的表格底部要列出宴会通知单的发送部门。各部门接获宴会通知单后，必须按照通知单上的要求做好准备工作。

最后，要对宴会通知单的内容进行整理，形成宴会承办项目清单，如表3-10所示，再根据清单做进一步的分工和准备。

表3-10 宴会承办项目清单

1. 联系宴会负责人	餐饮部经理
2. 地址和电话	管事部
3. 宴会种类	面包师
4. 宴会日期	肉类加工师
5. 宴会时间	房间服务员和搬运工
6. 房间分配	管家
7. 到会人数	工程师
8. 保证人数	放映员
9. 服务时间	电工
10. 鸡尾酒会招待会	停车服务员和司机
11. 正餐	男女洗手间服务员
12. 自助餐	衣帽间服务员、卫生服务员
13. 舞蹈	42. 买单分类并做接货检查
乐队	43. 租赁所需设备
娱乐安排	44. 检查食品饮料准备情况
演讲台	45. 检查设备是否完好
14. 主桌/话筒/讲台(乐队指挥台可做讲台)	46. 检查房间是否准备好，包括：
15. 座位安排(席次图)	宴会厅
16. 客人名单(席次卡)	接待室
17. 入场券收券人	会议室
18. 服务员换衣间	礼堂
19. 菜单	VIP房间
20. 装饰(旗、横幅)	衣帽间
21. 装饰桌用于：	更衣室
奖品桌/礼品(头桌/蛋糕桌)	新娘化妆室

(续表)

入场券/入场签字
桌位卡
22. 停车安排
23. 帐篷
24. 舞池板
25. 厨房或准备区
26. 炉
27. 餐具区
28. 洗手间设施或标识(洗手间外)
29. 设备存放室
30. 电源插座和挂钩
31. 卡车服务区
32. 桌椅
33. 娱乐舞台
34. 空调
35. 加热
36. 附加服务：
花和装饰物
摄影
特殊灯光
保安
视听设备
纪念品
蛋糕盒
轿车
37. 印刷品
菜单
火柴
搅拌棒
桌位卡
指示牌
座位卡
入场券
38. 合同
39. 交款
40. 完成工作程序
41. 分发时间表给：
厨房人员和厨师
领班
服务员
服务主管
上酒员
传菜员
酒吧主管
酒水员
酒吧服务员

套房
男女卫生间
47. 指示
48. 印刷券
酒水券
餐券
收据
停车牌
抽彩券
49. 指示方向卡
50. 静止非移动型酒吧
51. 移动酒吧
52. 抽彩箱
53. 工作桌/蛋糕桌
54. 宴会设备
瓷器
金器
银器
罐
桌布及所需设备
55. 消毒用具
垃圾箱
拖布
扫帚
肥皂
灰盘
桶
铲
大塑料袋
工作手套
56. 清洗处
57. 盘加热器
58. 盘冷冻器
59. 急救箱
60. 启罐器
61. 放衣架
雨伞
零钱
62. 宴会事件整理时间表

3.2.6 主题宴会预订变更与取消

1. 主题宴会预订的变更

由于宴会大多在数个月前便已预订完毕，在此期间难免发生变更。例如，客人有时候会对宴会细节稍作修改，如参加人数的增减、台型的改变等，饭店方面有时也会发生变更。为适应这种临时变更，预订人员应当在该宴会举办前一周，与客人再次确认宴会相关事项，将错误发生的可能性降至最低。在以电话或传真方式与客人确认后，如果没有需要变更的事项，一切准备工作即可依照宴会通知单的要求进行；若客人对宴会提出任何变更，预订人员必须马上以宴会变更单的形式通知各相关部门，不得延误。宴会变更单上应详细记载宴会原方案及修订后的变更项目，清楚地告知相关部门必须修改的工作项目。各部门便可依照变更内容来调整工作，合力满足客人的要求。再者，使用变更单明确传达宴会信息，相关部门便不再允许有未接到通知的借口，因此能有效避免各部门互相推卸责任的情况发生。

通常，宴会更改程序如下所述。

(1) 客人通过电话或面谈形式对已预订的宴会或其他活动进行更改。此时，相关人员应热情接待，态度和蔼。

(2) 详细了解客人更改的项目、原因，尽量满足客人要求。

(3) 将更改内容认真记录，并向客人说明有关项目更改后的处理原则。

(4) 尽快将处理信息传递给客人，并向客人表示感谢。

(5) 认真填写宴会更改通知单，如表3-11所示，并迅速送至有关营业点和生产点，请接收者签字。

(6) 将更改原因及处理方法记录存档，并向经理汇报以便采取跟踪措施，争取客源。

(7) 检查更改内容的落实情况，处理更改后费用收取等事宜。

表3-11 宴会更改通知单

发文日期__________________ 宴会预订单编号__________________

宴会名称__________________ 场　地__________________

宴会日期__________________ 联络人__________________

变更项目	原计划	变更为
日　期	____________	____________
时　间	____________	____________
人数/桌数	____________	____________
……	……	……

【新菜单附后】

□其他变更项目____________　□增加项____________

宴会部经理签名：__________

(续表)

发送部门	□总经理 □餐饮部 □宴会部 □财务部 □工程部 □业务部 □客房部 □保安部 □采购部 □中厨 □西厨 □花房 □美工冰雕 □其他

2. 主题宴会预订的取消

由于种种原因，已预订的宴会除发生变更外，也可能被取消。如客人要求取消宴会预订，应立即做好如下工作。

(1) 受理客人取消预订时，应尽量问清取消预订的原因，尽量挽留客人，这对改进今后的宴会推销工作是非常有帮助的。

(2) 在该宴会预订单上盖“取消”印，并记录取消预订的日期和原因，取消人的姓名以及受理取消的宴会预订员的姓名，然后将该宴会预订单放到规定的地方，并及时通知相关部门。

(3) 如是大型宴会、大型会议等预订的取消，应立即向宴会经理报告。

(4) 宴会部经理有责任向客人去函，对不能为其服务表示遗憾，希望以后有机会合作；如果某暂定的预订被取消，预订人员要填写一份“取消宴会预订报告”，如表3-12所示。

表3-12　取消宴会预订报告

公司名称____________________ 联系人____________________
宴请或会议日期________________ 业务类型________________
预订的途径与日期________________________________
失去生意的原因________________________________
挽回生意的报告(简明扼要的步骤)________________________
进一步采取的措施________________________________
宴会经理签名_____ 日期_____

3.2.7　主题宴会预订的资料建档

宴会预订资料应按预订日期顺序排列建档，填写宴会时间、宴会活动名称、宴会举办单位、宴会规格、宴会活动地点等相关信息。涉及的资料有宴会预订单、宴会安排日记簿、宴会确认书、宴会合同书、宴会通知单、宴会更改单、宴会取消单、宴会菜单、宴会酒水单、宴会台面图及台面说明书、宴会台型设计图、宴会议程策划书、宴会场景设计说明书，宴会服务管理流程设计方案、宴会突发事件预案等。

在宴会预订工作结束后，要把所填写的表单及说明一并存入专设的客人宴会预订档案内，以便在与客人发生纠纷时以这些资料作为证据。另外，对于每年固定举办宴会的公司或个人，更应该详细记录其历年宴会预订的资料及举办情况，以便了解客人喜好的场地、场景、菜式、台型、台面、背景音乐、席间乐曲等信息，进而提供周到的服务。如果需要改动，可以把宴会档案资料调出来参考，这样可省去许多与客人沟通的时间。此外，除了建立宴会预订档案，还要建立宴会执行档案和宴会资料档案。

实操3.2

主题宴会销售服务流程

实训

知识训练

(1) 预订员与客人洽谈宴会事宜时，应准备哪些资料？

(2) 在洽谈中预订员应了解主题宴会的哪些信息？

(3) 在什么情况下主题宴会的预订属于暂时性预订？

(4) 在正式确认之前，接受主题宴会预订应填写哪些表单？还应该做哪些工作？

(5) 在宴会合同书的背书中应提醒客人注意哪些事项？

(6) 对客人交纳的宴会订金应如何处理？

(7) 宴会通知单的内容分为哪几部分？

能力训练

案例3-3：婚宴预订

刘民先生与王菲小姐于2013年3月11日到S饭店预订将在6月8日9时58分举行的婚宴。预计人数是290人，客人自带可乐、雪碧、啤酒、白酒，酒店免收开瓶费。每桌消费标准为900元，免收服务费。结账方式是现金。客人要求准备一间客房做新娘化妆间。饭店赠送三层水果蛋糕一个。婚宴菜式由客人与饭店商定，需准备香槟酒杯塔。在4月6日，刘民先生给酒店打电话预计人数变更为310人，保证到场人数为300人。

此外，客人要求饭店提供液晶显示面板、投影仪屏幕、幻灯机及屏幕、DVD一台、台式麦克一支、立式麦克两支、移动麦克两支、插排两个，主席台上方需挂横幅，有装饰背景布。客人将于6月7日下午3时布置婚礼会场，饭店需准备婚礼进行曲和背景音乐。每桌摆放一盆价值50元的鲜花。客人在6月8日上午8时在酒店门前雨搭处摆放拱门。饭店入口处停车场预留5个车位，在地下停车场预留25个车位，时间是8:00—13:30，凭车卡停车免费。参加人员有新郎及新娘的父母、亲属、同事、领导、同学、朋友。

根据案例3-3的内容，请填写婚宴宴会预订过程所涉及的全部表单。

案例3-4：寿宴预订

李老先生在今年6月26日过八十大寿，他的儿子李闯于5月26日到D饭店预订寿宴。客人要求菜式与酒店商定，酒水自带，酒店免收开瓶费。每桌消费标准为830元，免收服务费，现金支付。寿宴在6月26日16:30—20:00举行。在饭店入口处停车场预留3个车位，时间是10:00—20:30，凭车卡停车免费。6月26日14:30客人布置会场，需用液晶显示面板，摄像机一台，DVD一台，台式麦克一支，立式麦克两支，移动麦克三支，插排三个，讲台一个，接待台一个。饭店需准备席间音乐和背景音乐，准备一间客房作为客人休息室。参加人员有李老先生的亲属共200人。客人签订了合同，按照寿宴总费用的50%交付订金。在客人签订合同后，客人要求每桌摆放一盆价值30元的鲜花，与酒店协商后，酒店同意。

根据案例3-4的内容，填写寿宴预订流程各个环节所涉及的表单。假如寿宴即将举行，由于某种原因客人要求取消此次宴会，请填写取消宴会预订报告。

案例3-5：南京一对新人的婚宴

南京一对新人于2004年8月11日在某饭店订了28桌酒席，婚宴举办时间为8月16日晚，婚宴接待单上的“桌数”一栏标明“28桌备2桌”字样，每桌消费标准1 000元。然而，在婚宴举行当天，直到晚上7点宾客还没到齐，服务员问需不需要上菜，新郎邵某便吩咐上菜。当时虽然人没到齐，但是饭店告诉邵某必须支付28桌的费用，邵某刚开始表示同意，后来当邵某发现不少人缺席后，便要求退掉9桌，服务员当时表示同意。当婚宴结束后，邵某等人将9桌的冷菜打包带走，表示只愿付19桌的费用，不愿付清28桌的费用。按饭店规定，没结完账客人不允许离开，邵某和新娘就委托新娘的好朋友即饭店员工吴小姐做担保签字缓交费用。第二天，邵某来饭店，只付了19桌餐费，其余9桌，他只愿承担每桌冷菜的费用，便付给饭店2 000元，余款并未付清，而饭店坚持要求支付9 000元，双方为此僵持不下。由于新人当天未付清餐费，该饭店的一位员工因为签字担保而卷进这场纠纷中，担保人一方面要承担每月500元的工资抵扣直至婚宴费用结清，一方面为向新人讨要那9 000元而烦恼。

资料来源：伍福生. 宴会策划指南[M]. 广州：中山大学出版社，2005. 有改动.

分析案例3-5，纠纷发生的原因是什么？应如何避免？

案例3-6：Event Order

如表3-13所示，为某酒店中英互译宴会通知单。

表3-13 宴会通知单

E. O. NO.:　　　　handled by经手人:　　　　date issued日期:

company name: wedding banquet (segment: social)				
event day & date:			TEL 电话:	
organizer 组织人:			FAX 传真:	
time 时间	function 宴会	venue 场地	GTD PAX 保证人数	EXP PAX 预计人数
	入场			
	典礼			
	中式晚宴	××厅	××	××

(续表)

<table>
<tr>
<td colspan="2">banquet service 宴会服务
VIP room___________
sofa & tea table
tea service ice water service
flower ___ pots
banquet room: ××厅
reception table
flower___ pots
individual service for VIP
Chinese round table ___ VIP tables ___ PAX/table
other round tables ___ tables ___ PAX/table
standing buffet sit-down buffet
western long table___ VIP table ___PAX/table
other long table ___ table ___ PAX/table
individual service for VIP
sofa & tea table ___ PAX
地板块(size:1.07m×0.9m)
podium ___ pcs
VIP round flower___ pots
VIP long table flower___ pots
round table number card
guest set up time: ××
remarks: ①请使用红色台布、红色口布及红色椅套摆台。②请准备红地毯。③请准备蛋糕模型。④××厅更衣室请准备试衣镜及衣架车。⑤不需分餐。⑥客人布展时请提供一些破损布草铺在地毯上。
beverage: big coke/big sprite
remarks:客人自带可乐、雪碧、啤酒、白酒。
kitchen 厨房：please see the attached menu.菜单附后
sit-down buffet standing buffet</td>
<td>VIP attendance for buffet ___PAX
Chinese banquet: ___ VIP tables ___ PAX/table
other round tables ___ tables___ PAX/table
individual service for VIP
remarks: ①不提供分餐服务。②赠送3磅水果蛋糕。
Engineering 工程部
banquet room：××厅
LCD panel
OHP & screen slide projector & screen
karaoke service: DVD
following spot：
standing mic___ pcs, table mic___ pcs
wirless mic___ pcs, lapel mic___ pcs
sockets___ pcs background music
hang-up banners ___ pcs, place:自带背景布
guest set up time: ××
remarks: ①请准备婚礼进行曲及背景音乐。②客人×月××日在酒店门前雨搭处摆放拱门，请工程部节电。
housekeeping 管家部
round flower___ pots, cost at RMB___元/pot
remarks: 客人布展时请提供一些破损布草铺在地毯上。
security保安部
parking space at hotel’s entrance space:___, time: __, car No. ___
underground parking space ___
time: 14:00—20:30, car No. ___ 凭车卡免费
remarks: 客人3月28日15：00在酒店门前雨搭处摆放拱门，请保安部安排好车位。</td>
</tr>
<tr>
<td>banner/signage 横幅/海报</td>
<td colspan="2">accounting 财务</td>
</tr>
<tr>
<td>signage：
参加××先生、××小姐结婚庆典的贵宾请上四楼××厅。横幅/海报置于大堂和四楼电梯口处</td>
<td>food:人民币×××元/席(10人)
beverage: 酒水自带，免收开瓶费</td>
<td>deposit:人民币××××元
payment: crite card cash cheque
master A/C No. ___
authorized person: ××小姐</td>
</tr>
</table>

Distribution: 主管宴会副总经理、宴会经理、工程主管、保安部经理、管家部经理、前厅经理、财务部经理、中餐厨房部行政总厨、西餐厨房部行政总厨、酒吧经理。

根据案例3-6说明宴会通知单的作用与结构。

素质训练

通过“党政机关出差和会议定点饭店查询网”网址“www.hotel.gov.cn”，查询2017年辽宁省党政机关出差和会议定点饭店。

阅读宴会通知单，首先，确认活动时间、活动内容，如活动是会议还是宴请，以及主办公司的名称和主办人姓名，确认活动所在的区域和人数；其次，阅读活动细节，包括台型、需准备的物品、是否需要讲台和舞台等；再次，确认客人有无自带的物品，确认活动期间的工程要求并及时联系工程部；最后，确认价位，并且联系客人确保押金到位。

阅读宴会更改通知单，确认宴会更改通知单与原宴会通知单的序号是否相符合，所有宴会更改通知单由宴会销售部发放到各个相关部门，并且务必将宴会更改通知单和原始宴会通知单装订在一起。

通过填写表单，培养学生一丝不苟的工作作风，确保工作准确、细致，不得马虎。为保证与客人沟通的顺畅，应具备一定的法律知识、营销技巧、计算机操作技能，具备重合同、讲信誉的职业道德。在言谈举止、工作作风、服务态度上都要有礼貌与修养。培养耐心、包容和合作精神，善于自我调节情绪，始终如一地保持温和、礼貌的态度，具有幽默感，善于为别人提供方便，能为尴尬局面打圆场，能使自己在对客服务中保持身心平衡，并在服务过程中提高随机应变的能力。

学生在宴会课程实训中参观酒店宴会厅，请宴会销售员展示并讲解宴会预订和销售的各种资料和宴会合同文本，增强遵纪守法的法律意识。

小资料

政府指令预订

省委各部委、省直各单位，各市财政局：

按照《财政部关于组织开展2009—2010年党政机关出差和会议定点饭店政府采购工作的通知》(财行〔2008〕152号)精神，我省已完成2009—2010年定点饭店政府采购工作，确定出差定点饭店116家、会议定点饭店109家，现将出差和会议定点饭店名单(不含大连，详见附件)发给你们，并就有关事宜通知如下。

(1) 省直机关、事业单位出差和会议继续实行定点管理，执行《辽宁省省直机关出差和会议定点管理办法》(辽财行〔2007〕599号)。

(2) 省直机关工作人员出差实行定点住宿；省直事业单位工作人员出差暂不实行定点住宿，但出差人员宿费必须在出差地住宿费开支标准上限以内，凭据报销。省直机关和直属事业单位实行定点办会。在定点以外饭店召开会议发生的费用，原则上不予报销。

(3) 各市自行决定是否对市直机关、事业单位出差和会议实行定点管理。

(4) 大连市通过政府采购确定的定点饭店，适用于省直机关出差和会议定点。

(5) 出差和会议定点饭店协议价格等详细信息可以进入互联网“党政机关出差和会议定点饭店查询网”查询，网址：www.hotel.gov.cn。

特此通知。

(辽财行函〔2009〕3号)

辽宁省财政厅

二〇〇九年一月六日

资料来源：政府指令预订[EB/OL]. (2009-01-06)[2021-12-01]. www.hotel.gov.cn.

项目小结

1. 主题宴会预订方式

主题宴会预定方式有电话预定、信函预订、面谈预定、中介预订、政府指令预订及网络预订等，其中常用的两种预订方式是电话预订和面谈预订。举办小型宴会的客人或酒店常客一般采取电话预订方式；举办大型宴会的客人一般采取面谈预订方式。通过宴会预订，一方面，客人能对酒店举办宴会的条件有一个全面了解；另一方面，酒店能更加深入了解客人的具体要求和想法，以便尽量满足客人的要求。

2. 主题宴会预订与销售服务流程

主题宴会预订与销售服务流程包括宴会洽谈、接受宴会预订、宴会跟踪查询、宴会预订正式确认、发布宴会通知单、宴会预订的变更与取消、宴会预订的资料建档7个步骤，工作人员应按照宴会预订服务流程的步骤分别填写宴会预订单、宴会安排日记簿、宴会确认书、宴会合同书、宴会通知单、宴会更改单、取消宴会预订报告等书面表单。通过这些表单的填写，能更加明确宴会预订、宴会销售各环节的工作任务。

项目4

主题宴会菜品与菜单设计

项目描述

菜品是主题宴会的重要组成部分，主题宴会的菜式影响宴会方方面面的设计。本项目设置了认识主题宴会菜品、中餐主题宴会菜品、西餐主题宴会菜品和主题宴会菜单4个任务。

项目目标

知识目标：了解宴会菜品构成及影响菜品设计的因素；掌握宴会上菜顺序，以及宴会菜品在色、香、味、形、养、器方面的搭配规律；掌握宴会菜单的制作形式和内容。

能力目标：能够根据宴会主题和客人要求设计出结构搭配合理的整套菜品；掌握宴会菜品的色、香、味、形、养、器、价的搭配规律，并能制作精美的菜单。

素质目标：中国菜为中华民族的代续传承、强健体魄提供滋养，更加坚定了我们传承和弘扬中华民族餐饮文化的自信心，更加坚定道路自信、理论自信、制度自信。中华民族餐饮文化博大精深，特别是我们国家有五十六个民族，每个民族的菜品在色、香、味、形、养、器方面各有特点，了解宴会菜品的搭配知识有利于我们融合各民族菜品的特点，不断创新宴会菜品，满足客人的需求；在菜品生产中采用绿色环保食材，养成良好的卫生习惯，保证食品安全，贯彻落实习近平总书记在党的二十大报告中提出的“在全社会弘扬劳动精神、奋斗精神、奉献精神、创造精神、勤俭节约精神，培育时代新风新貌”的要求，杜绝浪费，提倡光盘行动。

任务4.1 认识主题宴会菜品

引导案例 | 商务会谈宴会菜单

某商务会谈宴会菜单如表4-1所示。

表4-1 某商务会谈宴会菜单

冷菜:	情同手足(乳猪鳝片)	琵琶琴瑟(枇杷雪蛤膏)	
热菜:	喜庆团圆(董园鲍翅)	万寿无疆(木瓜素菜)	
汤:	三元齐集(三色海鲜)		
主食:	兄弟之谊(荷叶稻香饭)	夜语华堂(官燕炖双皮奶)	龙族一脉(乳酪龙虾)
水果:	前程似锦(水果拼盘)		

根据案例回答下列问题:

(1) 案例中菜单的排菜顺序是什么?这套菜品由哪些菜品种类组成?

(2) 菜品的名称是否符合宴会主题?

案例分析:

(1) 此商务会谈宴会菜单设有冷菜、热菜、汤、主食、水果,整套菜品设计品种齐全:冷菜两道,热菜两道,汤一道,主食三道,水果一道。色、香、味、形、养搭配合理。

(2) 商务会谈宴会菜单的菜品应能营造商务会谈双方平等、互信、共赢的宴会气氛,在菜品设计上,数量不宜多,且质量要好,菜品原料多样,烹制方法各异,菜品品种齐全。此商务宴会整套菜品的价格比较高,体现了主办方的经济实力和诚意。在菜品的命名上,则体现了双方情同手足、亲密合作、共同发展的美好愿景。

相关知识

微课4.1

认识主题宴会菜品

4.1.1 菜品种类

1. 按原料性质分类

根据原料性质的不同,菜品可分为荤菜和素菜。荤菜多由鱼虾、禽畜、蛋奶以及山珍海味等原料组成;其中名贵原料有燕、鲍、翅、参;素菜则多由粮、豆、蔬、果等普通原料组成,其中亦有名贵品种,如竹笋、芦笋、野生菌类等。

2. 按温度分类

根据温度的不同,菜品可分为冷菜和热菜,这是常用的菜品分类方法。冷菜又称“冷盘”“冷荤”“凉菜”“冷碟”“冷拼”等,其原料多为熟料或可直接食用的食材,菜肴温度一般在20℃以下。制作冷菜时,一般是先对菜肴进行烹调,然后进行刀工处理,最后装盘。冷菜以其口味清爽脆嫩、味入肌理、质地酥香、色彩鲜亮、营养丰富、携带方便等特点受到人们的喜爱。它可以搭配热菜组成宴席,还可以作为风味小吃佐助主食或佐酒助兴。热菜是热制烹饪原料的一类菜肴,食用时温度高于人体温度。制作热菜时,一般要先对烹饪原料进行刀工处理,然后烹调入味,最后装盘。

3. 按国别分类

根据国别的不同，菜品可分为中国菜、法国菜、英国菜等。

4. 按用途分类

根据用途的不同，菜品可分为家常菜、宴席菜、食疗菜、祭祀菜等。

4.1.2 中餐主题宴会菜品的命名

菜品命名要求紧扣宴会主题，内容明确、文字简练，具有艺术性。一般有两种方法：一种是写实命名法；一种是寓意命名法。

1. 写实命名法

写实命名法是在菜名中反映原料的组配状况、烹饪方法、风味特色、创始人、发源地的菜肴命名方法。具体方法有以下9种。

(1) 在主料前加调味品名，如黑椒牛柳。

(2) 在主料前加烹调方法，如大烤明虾、清蒸鳜鱼。

(3) 以主辅料名称命名，如西芹鱿鱼、青豆虾仁。

(4) 在主料和主要调味品之间标出烹调方法，如豉汁蒸排骨。

(5) 在主料前加人名、地名，如东坡肉、北京烤鸭、宫保鸡丁。

(6) 在主料前加色、香、味、形、质地等特色，如扇形豆腐、碧绿牛柳丁、香辣蟹、脆皮吊烧鸡。

(7) 在主辅料之间标出烹调方法，如鲜菇烩豆腐。

(8) 在主料前加上烹制器皿或盛装器皿，如铁板牛柳、乌鸡煲。

(9) 以数字形容的方法命名，如一品豆腐、四喜丸子。

2. 寓意命名法

寓意命名法是针对客人心理，抓住菜品的某一特色加以渲染，对菜品赋予吉祥的寓意，从而产生引人入胜的效果的命名方法。具体方法有以下4种。

(1) 借用修辞手法，讲求口彩和吉兆，如珍珠双虾可取名为“比翼双飞”，奶汤鱼圆可取名为“鱼水相依”，红枣桂圆莲子花生羹可取名为“早生贵子”。

(2) 镶嵌吉祥数字，表示美好祝愿，如八仙聚会、万寿无疆。

(3) 借用珍宝名称，渲染菜品色泽，如珍珠翡翠白玉汤。

(4) 模拟食物外形，强调造型艺术，如金鱼闹莲、孔雀迎宾。

4.1.3 中餐主题宴会菜品的烹调特点

中餐主题宴会菜品的烹调具有以下6个特点。

1. 烹制方法多

菜品常用的烹制方法有炸、熏、爆、炒、烧、扒、熘、煮、炖、焖、煎、蒸、氽、涮、烤、焗、煨、腊、蜜汁、挂霜、拔丝。每种方法又可分为不同的烹调技法。

2. 用料广泛，选料讲究

菜品用料包括山珍、海味、畜、禽、蛋、奶、各种蔬菜及水果等。

3. 刀工精细，刀法多样

菜品加工过程中可雕刻，可切成片、丝、段、条、块、球等各种形状。

4. 调味丰富，突出特味

菜品的味型有酸、甜、苦、辣、咸、鲜、香等单一口味，也有咸鲜、咸甜、甜酸、鱼香、麻辣、鲜香、怪味等多种复合口味。

菜品口感分为生、老、酥、嫩、脆、软烂、黏等。

5. 精用火候，盛装讲究

菜品烹制讲究旺火、中火、小火、微火，千变万化，菜品盛装讲究视觉造型。

6. 器皿精致，品种多样

盛装菜品的器皿有盘、盅、碗、锅、碟、铁板等，按材质可分为金器、银器、瓷器、玻璃器皿、不锈钢器皿等。

4.1.4 中国菜系

中国菜由地方菜、官府菜、宫廷菜、民族风味菜和有宗教意义的清真菜与素菜组成。

1. 地方菜

(1) 鲁菜，即山东菜。它的烹制技法以爆、炒、炸、熘、塌、焖、扒见长。其中，以爆、塌最为世人称道。味型包括咸、鲜、酸、甜、辣。

代表菜：锅塌豆腐、锅塌鱼扇、葱爆海参、德州扒鸡、油爆双脆、糖醋鲤鱼。

(2) 川菜，即成都、重庆菜。它的烹制技法以小煎、小炒、干烧、干煸见长。味型包括怪味、鱼香味、家常味。

代表菜：鸡豆花、干烧鱼翅、家常海参、宫保鸡丁、麻婆豆腐、鱼香肉丝、怪味鸡。

(3) 粤菜，即广东菜。它的烹制技法有炒、煎、炸、煲、炖、扣等。味型包括香、浓、鲜、甜、清醇。

代表菜：白云猪手、蚝油网鲍片、红烧大裙翅、柠檬炖鸭、潮州烧鹅、东江鱼丸、煎酿豆腐。

(4) 苏菜，即江苏菜。它的烹制技法有炖、焖、蒸、炒、烧等。味型包括清淡、咸甜适中。

代表菜：珊瑚虾仁、金陵桂花鸭、炖蒸核仁、香脆银鱼、常熟叫花鸡、清蒸鲫鱼、三套鸭。

(5) 浙菜，即浙江菜。它的烹制技法有炸、焖、炒、烧、熘等。味型包括清淡、甜、鲜咸。

代表菜：西湖醋鱼、东坡肉、龙井虾仁、油焖春笋、冰糖甲鱼、干菜焖肉。

(6) 徽菜，即安徽菜。它的烹制技法有烧、炖、炸、熘、熏等。味型包括甜、咸、鲜。

代表菜：火腿炖甲鱼、冰糖湘莲、毛峰熏鲥鱼、符离集烧鸡、香炸琵琶虾。

(7) 湘菜，即湖南菜。它的烹制技法有炒、蒸、腊、炖、煨、熏等。味型包括酸辣、香鲜、咸辣、咸香。

代表菜：糖醋脆皮鱼、麻辣子鸡、剁椒鱼头、炒腊野鸭条、湘西酸肉、腊味合蒸。

(8) 闽菜，即福建菜。它的烹制技法有炒、炸、熘、蒸、焖、炖、煨等。味型包括甜、酸、辣。

代表菜：佛跳墙、沙茶焖野鸡、沙茶炒牛肉、麒麟脱胎、太极芋泥。

2. 官府菜

(1) 红楼菜。红楼菜取自曹雪芹在《红楼梦》中提到的菜品。红楼菜以淮阳风味为主，兼及北味，味道清而不淡，精致中见厨艺，菜品大都使用高档次食材。菜品种类有红楼汤菜、红楼野味、红楼禽菜、红楼素菜、红楼粥类、红楼小吃。

代表菜：火腿炖肘子、炸鹌鹑、牛乳蒸羊羔、野鸡爪。

(2) 孔府菜。孔府菜又称“天下第一菜”，是我国历史悠久的典型官府菜。孔府菜用料讲究，做工精细，长于调味，烹调技法精湛全面，尤以烧、炒、煨、炸、扒见长。制作程式复杂，风味清淡鲜嫩、软烂香醇，讲究原汁原味。孔府菜历来十分讲究盛器，银、铜、锡、瓷、玻璃、玛瑙等各质餐具齐全，因菜设器，按席配套。同时，孔府菜沿袭古风旧制，礼仪庄重，规格严谨，其布席、就座、上菜也都极为讲究，既有书香门第的风度，也彰显了王公贵族的气派。

代表菜：孔府一品锅、神仙鸭子、红烤菜。

(3) 谭家菜。谭家菜是中国著名的官府菜之一。谭家菜是清末官僚谭宗浚的家传筵席，因其是同治二年的榜眼，故又称“榜眼菜”。谭家菜烹制方法以烧、炖、煨、熇、蒸为主，有“长于干货发制”“精于高汤老火烹饪海八珍”之说。味型有甜、咸。

代表菜：黄焖鱼翅、清汤燕窝。

3. 宫廷菜

在宫廷菜中，最具代表性的是满汉全席。满汉全席始于清代中叶，是我国一种具有浓郁民族色彩的巨型筵宴。它既具宫廷肴馔之特色，又集地方风味之精华，菜品精美，礼仪讲究，形成了引人注目的独特风格。官府中举办满汉全席时首先要奏乐、鸣炮，行礼恭迎宾客入座。宾客入座后由侍者上进门点心。进门点心有甜、咸两种，并有干、稀之别。进门点心之后是三道茶：清茶、香茶、炒米茶，然后才正式开席。满汉全席有冷菜、头菜、炒菜、饭菜、甜菜、点心和水果等，一般至少有108种，分3天吃完。满汉全席取材广泛，用料精细，山珍海味无所不包，烹饪技艺精湛，富有地方特色。满汉全席突出满族菜品的特殊风味，长于烧烤、涮锅；又突显汉族烹调特色，扒、炸、炒、溜、烧等皆备，菜品口味极其丰富。

4. 民族风味菜

民族风味菜是指按民族分类的菜系，分为汉族菜、回族菜、朝鲜族菜、维吾尔族菜、满族菜、蒙古族菜、壮族菜、侗族菜、苗族菜、藏族菜等。

5. 清真菜

清真菜的烹制技法主要有爆、烤。味型包括咸、鲜。

代表菜：葱爆羊肉、清水爆肚、油爆肚领、手抓羊肉、烤全羊、油泼羊腿。

6. 素菜

素菜代表菜有酿扒竹笋、罗汉斋、鼎湖上素等。

4.1.5 外国菜系

1. 外国菜的种类

(1) 东方菜系。主副食分开，主食以米、面、杂粮为主，副食以猪肉为主，兼有禽、蛋、鱼、虾。

(2) 西方菜系。主副食不分开，主食为肉、蛋、奶、面，副食以牛肉为主。

(3) 清真菜系。主食以面为主，副食以牛、羊肉为主，兼有禽、蛋、有鳞鱼。

2. 外国菜的烹调特点

(1) 法国菜。选料广泛，制作精细，食材多用牛肉、蔬菜、禽类、海味、水果；烹调考究，注重火候；擅用香料，重视用酒；配菜丰富，名品迭出，以味美、精致、多样而为人称道；口味以咸、甜、酒香为主，菜肴口感偏重肥、浓、酥、烂；常用的烹调方法有烤、炸、汆、煎、烩、焖。

代表菜：鹅肝酱、鸡肉沙拉、马铃古烩鸡、红酒焖牛肉、焗蜗牛、洋葱汤。

(2) 英国菜。选料局限，讲究鲜嫩，口味清淡少油；烹法简单，富有特色，以煮、扒、烧烤、煎、油炸、烩为主；主要以水产、海鲜和蔬菜为食材。

代表菜：鸡丁沙拉、薯烩羊肉、炸鱼排、英式羊排、烧牛肉、英式煎猪肝、英式烤羊腿。

(3) 意大利菜。味浓香烂，重原汁原味；烹法多样，以炒、煎、炸、红烩、红焖闻名；面食品种丰富。

代表菜：意大利菜汤、焗菠菜面条、奶酪焗通心粉、罗马式炸鸡、比萨饼、红焖鸡、烩明虾、铁扒干贝、通心粉土豆汤、钦差汤、乡下浓汤。

(4) 美国菜。常用牛肉、鸡肉以及水果做主要原料，讲究口感香熟，口味清淡；口味咸里带甜，忌辣味；铁扒类菜较常见，讲究营养搭配。

代表菜：烤火鸡、苹果沙拉、菠萝焗火腿、苹果烧鹅、什锦铁扒、美式牛扒。

(5) 俄国菜。传统菜肴油性较大，口味浓重，擅用奶油；口味偏重咸、酸、辣、甜；烹调方法以烤、焖、煎、炸、烩、熏见长；注重小吃，汤菜较多。

代表菜：鱼子酱、莫斯科红菜汤、莫斯科式烤鱼、黄油鸡卷、红烩牛肉。

(6) 日本菜。味道鲜美，保持原味；不重油；食材以海鲜为主，以牛肉为辅，禽蛋猪肉较少用。

代表菜：酱汁烤鱼、明虾刺身。

(7) 土耳其菜。主食大米、面。

代表菜：冰冻酸奶黄瓜汤、手抓羊肉。

4.1.6 中餐主题宴会菜品的特点

1. 宴会菜品讲究体现宴会主题

宴会菜品不同于零点菜品、团体包餐，它以宴会主题为中心，以宴会特色为导向进行设计。主题不同，宴会菜品的种类、特点、结构、造型、菜名及服务方式也有所不同。通过宴会菜品来表现宴会特色是一种非常重要的手法。如婚宴菜品通常使用恩恩爱爱、心心相印、和睦相伴、大吉大利、一心一意等词语来命名，以表达对新人的祝福，菜品的道数必须是双数，结构上必须有传统的四道菜，即鸡、鱼、肘子、四喜丸子，一般都采用桌餐的服务方式。

2. 宴会菜品讲究配套组合

宴会菜品在色、香、味、形、养、器、价等方面讲究配套，形成一个整体。在宴会菜品价格满足客人要求的前提下，应做到各道菜品既不重样、富于变化，又能搭配得当，还要做到配套，注重原料、造型、口味、质感的变化，具体配套原则如下所述。

(1) 原料选择应多样，如鸡、鸭、鱼、肉、豆、菜、果，应保证菜品营养丰富，荤素搭配适当。

(2) 加工形态要有不同，如丝、条、块、丁、球、整只。

(3) 调味变化有所起伏，如酸、甜、辣、咸、鲜、香、复合味，菜品的味型不能重复。

(4) 色彩搭配应予协调，如赤、橙、黄、绿、青、蓝、紫。

(5) 烹调方法选择多种，如炒、烧、烩、烤、煎、炖、拌。

(6) 质感差异多加变化，如软、烂、嫩、酥、脆、滑、糯、肥。

(7) 器皿交错富有特色，如盘、碗、杯、碟、盅、象形器皿。

(8) 品种衔接需要配套，如菜、点、羹、汤、酒、果、甜品。冷盘、热炒、大菜与点心的比例(以100为整体)，一般宴会为10:45:45；中等宴会为15:35:50；高级宴会为15:30:55。

3. 宴会菜品讲究规格

宴会菜品的价格高低从侧面反映了宴会的档次、规格的高低。规格高的宴会，要求的服务水平也高；规格低的宴会，要求的服务水平也低。以菜品的种类为例，国宴规格为4菜、1汤、3点心、1冷菜、1水果；商务宴规格为6菜、1汤、3点心、1冷菜、1水果；朋友聚会宴规格为8～10道菜、1汤、3点心、1冷菜、1水果；普通婚宴规格为10～12道菜、1汤、3点心、1冷菜、1水果。

4.1.7 西餐主题宴会菜品的特点

西餐主题宴会的菜品也是围绕宴会主题设计的。菜品在色、香、味、形、养、器、价方面讲究配套组合，其中更注重色、香、形、器、价。西餐主题宴会菜品在味道、食材、烹调方法上与中餐相比具有以下特点。

(1) 西餐宴会菜品原料多样，主要是水产品、畜肉、禽类、鸡蛋、奶制品、蔬菜、水果、粮食、调味品、酒。烹饪方法以烩、焖、炸、煎、炒、烤、焗为主。菜品颜色丰富多彩。

(2) 调味不浓，多数不放调料，如需要可根据自己的口味调整。

(3) 多带奶油味。西餐食品原料中的奶制品包括牛奶(milk)、奶油(cream)、黄油(butter)、奶酪(cheese)、酸奶酪(yogurt)等，这些奶制品是西餐中不可缺少的原料，失去奶制品将使西餐失去特色。

(4) 肉类以牛肉为主，其次是羊肉和猪肉。西餐讲究菜品鲜嫩，尤其是肉常烹至半熟或七八成熟，有些顾客还喜欢三四成熟的牛排。

(5) 酒菜严格搭配，一道菜配一种酒。

实训

知识训练

(1) 菜品应怎样分类？

(2) 中餐主题宴会菜品命名有哪几种方法？

(3) 中餐主题宴会菜品烹调特点有哪些？

(4) 中国菜系分为哪几部分？地方菜系有多少种类？

(5) 外国菜系分为哪几部分？

(6) 中西餐宴会菜品各有哪些不同？

能力训练

案例4-1：中餐婚宴套菜菜单

某酒店中餐婚宴套菜菜单如表4-2所示。

表4-2　某酒店中餐婚宴套菜菜单

永结同心宴					
冷菜：					
哈尔滨红肠	酱牛腱子	山木耳彩椒	菜心黄瓜蜇皮		
热菜：					
卤水双拼	脆皮吊烧鸡	盐水明虾	酥香鱼排	清蒸鳜鱼	东坡肘子
四喜丸子	葱烧鲜红蘑	杭椒牛柳	风味鲜鱿	松仁玉米	葱油菜心
主食：					
红豆饭	金花卷				
水果：					
精美水果					
1188元/10人/桌					

根据案例4-1回答下列问题：

(1) 此菜单所列的婚宴菜品名称是怎样用写实方法命名的？请将这些菜品用寓意法命名(8字以内)。

(2) 此套菜品在原料、烹饪技法、品种方面是怎样组合的？

素质训练

以小组为单位到酒店进行调研，了解酒店的各种主题宴会菜单设置的菜品，熟悉它的种类、价格、品种、规格。参观菜品的实物展档，观察各种菜品的主料、配料、盛器、色彩，了解菜品的名称。进一步了解菜品味型、所属菜系及特点。写出调研报告，字数在800字以上。

通过案例分析应该了解，宴会菜品设计需要应用许多菜品方面的知识。菜品是餐饮文化精髓的体现，是各地区、各民族的饮食风格和习惯的体现。主题宴会菜品设计就是通过主题宴会菜品的色、香、味、形、养、器等满足客人对美食文化的需求，表现宴会主题，烘托宴会气氛，使客人在宴会中得到精神上的享受。

小资料

名人婚宴

根据新人职业、爱好的不同，饭店可设计别具特色的菜单以愉悦客人。据我国台湾记者报道，台湾旅日棒球手张志家在台中通豪大饭店举办婚宴，宴请了日本众多棒球明星。菜单是由饭店主厨精心设计的，菜品全部以棒球为主题，具体如下所述。

西武/中华(日本棒球队的队名)烛光拼
志家/明生(新人名字)龙凤卷
球孔牵红线
满场飞点翅
鱼耀中华
中继投手扒刺参
世棒珍宝拼
球中玉环
札幌乌骨人参鸡
前进雅典映双辉
花团奥运红圆汤
游击甜果

菜品食材

(1) 主料，包括动物性原料(燕窝、鲍鱼、鱼肚、鱼翅、海参)和植物性原料。

(2) 辅料，包括动物性原料和植物性原料。

(3) 调料，包括油、盐、酱、醋、糖、味精、酒、葱、姜、蒜、茶叶、胡椒、花椒、八角、芥末、甘草、杏仁、桂皮、陈皮、丁香、淮山、枸杞子、孜然。

咸味调料，包括食盐、豆豉、豆瓣酱、酱油、腐乳。

甜味调料，包括红糖、白糖、冰糖、砂糖、饴糖、麦芽糖、蜂蜜、糖精、甘草。

酸味调料，包括红醋、白醋、醋精、苹果醋、米醋。

苦味调料，包括茶叶、啤酒、苦瓜、苦菜、菊花、杏仁、陈皮、莲子、苦竹笋、可可豆、香椿。

辣味调料，包括辣椒、大葱、大蒜、生姜、胡椒粉、芥末粉、辣椒油、辣椒酱。

鲜味调料，包括味精、虾油、蛤油、蟹油、蚝油、蘑菇油、鱼酱油。

香味调料，包括花椒、丁香、八角、桂皮、小茴香、紫苏、肉豆蔻、草果、良姜、白芷、砂红、薄荷、花生酱、橘皮、香叶、香椿粉。

酒类调料，包括黄酒、啤酒、白酒、葡萄酒及各种酒糟。

资料来源：菜品食材[EB/OL]. (2019-05-06)[2021-12-02]. www.wenku.baidu.com.

任务4.2 中餐主题宴会菜品

引导案例 | 某酒店中餐婚宴套菜菜单

某酒店中餐婚宴套菜菜单如表4-3所示。

表4-3　某酒店中餐婚宴套菜菜单

佳偶天成宴		
冷菜：		
恩恩爱爱(夫妻肺片)	心心相印(蛋黄鸭卷)	
翠竹玉鸟(青瓜拌蜇头)	和睦相伴(凉拌木耳)	
热菜：		
合家欢乐(卤水拼盘)	鹏程万里(金牌吊烧鸡)	海誓山盟(白灼大虾)
大吉大利(吉列鱼排)	喜庆团圆(菜胆扒肘子)	天降四喜(四喜丸子)
鸳鸯双伴(鲜鹿筋烧红参)	一心一意(黑椒牛柳)	红红火火(葱烧鲜红蘑)
蒸蒸日上(清蒸鳜鱼)	百年好合(腰果西芹百合)	甜甜蜜蜜(拔丝两样)
主食：		
金银满堂(扬州炒饭)	恭喜发财(金花卷)	
水果：		
万紫千红(精美水果)		
1388元/10人/桌		

根据案例回答下列问题：

(1) 此中餐婚宴套餐由哪些菜品组成？

(2) 如何配备这些菜品的盛器？

案例分析：

(1) 此中餐婚宴套餐由冷菜、热菜、热炒菜、素菜、甜菜、主食组成。此婚宴套餐中有4道婚宴传统菜肴，即鸡、鱼、肘子、四喜丸子。从原料来看，既有鸡、鸭、鱼、虾、蛋、猪肉、牛肉，又有青瓜、木耳、红参、菜胆、红蘑、西芹、百合等各种蔬菜，营养均衡全面，色彩搭配鲜亮，品种齐全，味型不重，烹制方法各异。

(2) 冷菜由4个单盘组成，两荤两素，分别配备4个8寸圆平盘。热菜由12道菜组成。卤水拼盘是烧味菜肴，配备12寸圆凹盘；金牌吊烧鸡是烧味菜肴，它是整形菜，用12寸平盘装盘；头菜是白灼大虾，配备10寸平盘；吉列鱼排、菜胆扒肘子、四喜丸子、鲜鹿筋烧红参均配备10寸圆平盘；黑椒牛柳和葱烧鲜红蘑两个热炒菜配备12寸椭圆盘；清蒸鳜鱼是整形菜，配备14寸椭圆盘；素菜腰果西芹百合配备10寸圆平盘。甜菜是拔丝两样，配备10寸圆平盘。主食两道，配备12寸圆平盘。精美水果配14寸圆平盘。

相关知识

中餐主题宴会菜品组成

4.2.1　中餐主题宴会菜品组成

1. 中餐主题宴会菜品的类别

中餐主题宴会菜品由手碟、冷菜、热菜、汤、点心、甜菜、主食、水果组成。菜品设计是指围绕宴会主题和客人的要求对每道菜品的使用原料、烹饪方法、装盘式样、出菜形式进行具体设计。

中餐主题宴会菜品的上菜顺序是手碟、冷菜、热菜、汤、席点、甜菜、饭菜、主食、水果。

(1) 手碟。手碟是主题宴会正式开始之前接待宾客的配套小吃，一般由香茗、水果、蜜脯、糕饼、瓜子、糖果等灵活组配而成。如举办婚宴、寿宴、满月宴时，席前每桌都会摆放瓜子、糖果、香烟和茶水。

手碟要求质精量少，干稀配套。它可供宾主品茗谈心、缓解饥渴，还能缓解开席前焦急等待迟到客人的烦躁心情，使早来的客人得到应有的接待。西餐正式宴会前的鸡尾酒会服务，其作用也是如此。

(2) 冷菜。冷菜分为单盘、拼盘、花碟等。它的特点是讲究调味、刀工与造型，要求荤素兼备，质精味美。

① 单盘。一般使用直径5～7寸的圆平盘、腰盘(或条盘)，每盘只装一种冷菜，每盘配用100～150克净料。每桌根据宴会规格高低设计4、6、8个单盘，总数多为双数。各单盘之间菜品交错变换，荤素搭配，荤多素少，量少而精，用料、技法、色泽和口味皆不重复。高档宴会一般用单盘盛装冷菜。单盘是目前中餐主题宴会中最常用而又最实用的冷菜形式。

② 拼盘。由2种物料组成的冷菜称为“双拼”，由3种物料组成的冷菜称为“三拼”，由10种物料组成的冷菜称为“什锦拼盘”。装盘造型有“扇形”“风车形”“弓桥形”“馒头形”“条形”“菱形”“一颗印形”等，不同的造型皆能突出整齐的刀面。双拼通常选用7～9寸腰盘或圆平盘盛装，每盘配用150～200克净料，一般是一荤一素。

③ 花碟(彩拼、工艺拼盘、看盘)。花碟即主盘加6～10个围碟，这种形式多见于中、高档宴会冷菜。主盘主要采用“花式冷拼”，即挑选特定的冷菜制品，运用一定的刀工技术和装饰造型艺术，在盘中镶拼花鸟、山水、建筑、器物等图案。花拼的设计主要用于表现办宴主题，如婚宴多用“鸳鸯戏水”，寿宴多用“松鹤延年”，迎宾宴多用“满园春色”，祝捷宴多用“金杯闪光”。主盘选用12寸以上的圆盘、腰盘、方盘、菱形盘或异型盘。围碟，也就是上文提到的“单盘”，是主盘的陪衬，以形成众星捧月之势，通常选用5～6寸小碟，每盘配用100克净料。

(3) 热菜。热菜一般由热炒菜、大菜、素菜组成，它们属于宴会食品的“躯干”部分，质量要求较高。排菜应跌宕变化，好似浪峰波谷，逐步将宴会氛围推向高潮。

① 热炒菜。热炒菜一般排在冷菜后、大菜前，起承上启下的过渡作用。热炒菜多属速成菜，以色艳、味美、鲜热爽口为特点，一般是4～6道，有“单炒”(只炒一种菜)、“拼炒”(炒两种菜拼装)等形式。热炒菜的原料多用鲜鱼、禽兽或蛋奶、果蔬，主要取其质脆鲜嫩的部位，加工成丁、丝、条、片或花刀形状，采用炸、熘、爆、炒等快速烹法，大多是在30秒至2分钟内完成。为快烹速成，常采用旺火热油、对汁调味，使成菜脆美爽口。每道菜所用净料为300克左右，用8～10寸的圆平盘或腰平盘盛装。热炒菜可以连续上席，也可以在大菜中穿插上席，具体应根据各地的风俗习惯而定。一般质优者先上，质次者后上，突出名贵物料；清淡者先上，浓厚者后上，防止口味的互相干扰。

② 大菜。大菜又称“主菜”“正菜”，是宴会中的主要菜品，通常由头菜、热荤大菜(包括山珍菜、海味菜、肉畜菜、禽蛋菜、水鲜菜)组成，根据宴会的档次和需要确定数量，一般安排4～6道。大菜成本占食品总成本的50%～60%，有着重要的地位和作用。大菜原料多为山珍海味或鸡鸭鱼肉的精华部位，一般使用整件(如全鸡、全鸭、全鱼、全膀)或大件拼装(如10只鸡翅、12只鹌鹑)，置于大型餐具(如大盘、大盆、大碗、大盅)之中，菜式丰满、大方、壮观。烹制方法主要是烧、扒、炖、焖、烤、蒸、烩，需经多道工序，持续较长时间，方能制成。成品要求或香酥，或爽脆，或鲜嫩，或软烂，在质与量上都超出其他菜品。大菜一般讲究造型，名贵菜肴多采用“各客”的形式上席，可以随带点心、味碟，具有一定的气势。每盘用料一般都在750克以上。上菜有一定的程序，菜名也较讲究。

a. 头菜。头菜是整席菜品中原料最好、质量最精、名气最大、价格最贵的菜肴。它通常排在所有大菜的前面，统帅全席。常用烧、扒、炖、焖的烹制方法。头菜成本过高或过低，都会影响其他菜肴的配置。头菜的档次高，热炒菜和其他大菜的档次也随之提高；头菜的档次低，其他菜也不宜档次较高，所以宴会菜品的规格常以头菜为标准。

由于头菜的地位特殊，在设计头菜时应注意：首先，原料多选山珍海味或常用原料中的优良品种。头菜成本占热菜成本的20%～30%。其次，头菜应与宴会性质、规格、风味相协调，应满足主宾的口味，与本店的技术专长结合起来。最后，头菜出场应当醒目，盛器要大，用大盆、大碗、大盘，最好在12寸以上。头菜装盘要丰满，用整料制作或大件拼装时，应注意造型，服务人员要重点加以介绍。

b. 热荤大菜。热荤大菜是大菜中的支柱，宴会中常安排2～5道，多由鱼虾、禽畜、蛋奶以及山珍海味组成。它们与甜食、汤品联成一体，共同烘托头菜，构成整桌筵席的主干。

设计热荤大菜时，首先考虑热荤大菜的档次，不可超过头菜。其次要考虑各道热荤大菜之间应搭配合理，原料、口味、质地与制法相协调，要避免重复，其汤汁一般较宽，需选容量较大的器皿，有些热荤大菜还需配置相应的味碟。热荤大菜的编排通常是将炸、烤类菜放在头菜之后，然后安排山珍海味或畜禽蛋奶。在热荤大菜中允许穿插1～2道素菜，然后安排鱼菜、座汤。热荤大菜的量也要适中，通常情况下，每份用净料750～1 250克；整形的热荤菜讲究以大取胜，故用量一般不受限制，像烤鸭、烧鹅，越大越显得气派。

③ 素菜。素菜是宴会菜品中不可缺少的品种，包括粮、豆、蔬、果，其中不乏名贵品种(如竹笋、芦笋、野生菌类)，大部分是普通蔬果。素菜通常配2～4道，上席顺序大多偏后。素菜入席，一要体现时令季节，二要取其精华，三要精心烹制，四要适当配色。

素菜的制法也要视原料而异，炒、焖、烧、扒、烩均可。宴会中合理地安排素菜，能够改善宴会食物的营养结构，调节人体酸碱平衡，去腻解酒，变换口味，增进食欲，促进消化。

(4) 汤。汤种类甚多，宴会中有首汤、二汤、中、汤、座汤和饭汤之分。汤品的配置原则通常是：一般宴会仅配座汤，中、高档宴会加配二汤。

① 二汤。二汤源于清代，由于满族筵席的头菜多为烧烤类，为了爽口润喉，头菜之后往往要配一道汤菜。此汤在热菜顺序中排列第二，故名二汤。如果头菜为烩菜，二汤可以省去；如果二菜为烧烤类，那么二汤就移到第三位。

② 座汤。座汤又称“主汤”“尾汤”，是大菜中最后上的一道菜，也是最好的一道汤。座汤的规格一般较高，制作座汤可用整形的鸡鸭鱼肉，可加名贵辅料，清汤、奶汤均可。为了不使汤味重复，若二汤为清汤，座汤就应为奶汤，反之亦然。座汤可用品锅盛装。

(5) 席点。席点是中西宴会中不可或缺的面食，往往穿插在菜肴的中间或在宴会接近尾声时上菜。席点以口味讲究、造型别致、制法多样、色彩明快、富丽堂皇等特点著称，盛行于各种不同层次的酒会、宴会以及更为盛大的商宴、国宴等宴会。席点不仅注重表现色、香、味、形，而且能衬托出中西餐主菜菜肴的协调、精致、新颖，让客人赏心悦目，它注重营造满堂欣喜、吉祥如意、热烈欢快的浓情氛围。

宴会席点通常安排2～4道，随大菜、汤品一起编入菜单中，品种有糕、团、饼、酥、卷、角、皮、包、饺、奶、羹等，常用的制法为蒸、煮、炸、煎、烤、烘。席点一般需要造型(如鸟兽点心、时果点心、花草点心、器皿点心、图案点心)，制作精细、灵巧，具有较高的审美价值。上席点的原则是一般穿插于大菜之间，配置席点一定要少而精。

(6) 甜菜。甜菜包括甜汤、甜羹，泛指宴会中一切甜味的菜品，其品种较多，有干稀、冷热、荤素的不同。选择甜菜品类时，需视季节和席面而定，并结合成本因素考虑。甜菜的原料多选果、蔬、菌、畜、禽、蛋、奶。其中，采用高档原料的如冰糖燕窝、冰糖甲鱼、冰糖哈士蟆；采用中档原料的如散烩八宝、拔丝香蕉；采用低档原料的如什锦果羹、蜜汁莲藕。甜菜的制作方法有拔丝、蜜汁、挂霜、糖水、蒸烩、煎炸、冰镇等，每种制法都能派生不少菜式。甜菜可配1～2道，用于宴会之中，可起到改善营养、调剂口味、增加滋味、解酒醒目的作用。

(7) 饭菜。饭菜又称“小菜”，它与前面的冷菜、热菜、大菜等下酒菜相对应，专指饮酒后用以下饭的菜肴。宴会中合理配置饭菜有清口、解腻、醒酒、佐饭等功用。饭菜主要有名特酱菜、泡菜、腌菜、风干腊鱼等，一般在座汤后上席。不过，有些丰盛的筵席，由于菜肴较多，宾客很少用饭，也常常取消饭菜，而简单的筵席因正菜较少，可配饭菜作为佐餐小食。

(8) 主食。主食多由粮、豆制作而成，与冷菜和热菜搭配，补充以糖类为主的营养素，使宴会食品营养结构均衡。主食通常包括米饭和面食，一般筵席不用粥品。

① 米饭。可在宴会中配置炒饭，炒饭是在米饭中添加鸡蛋、虾仁、葱花等辅料炒制而成，一般以大盘或大盆盛装，上席后各人分取食用。

② 面食。宴会中配用当地的著名面食，能展示乡土气息和民族情韵，还能体现宴会主题，如寿宴必备面条或桃形馒头，称“寿面”或“寿桃”。

(9) 水果。宴会水果多用新鲜时令水果，如苹果、香蕉、橙子、梨、猕猴桃、哈密瓜等，对这些水果经过精细的刀工处理后，摆成拼盘，插上牙签(高档宴会用水果叉)，最后上席，表示宴会结束。

在高档宴会中，应对瓜果进行切雕，即运用多种刀具，按一定的艺术构思，将瓜果原料加工成具有观赏价值和象征意义的食用工艺品。瓜果切雕要求色彩组合鲜明，造型新颖别致，并进行命名，如“一帆风顺”“春满华堂”之类。瓜果切雕具有为宴会锦上添花的作用。

此外，还有辅佐食品，如蛋糕，多用于生日宴会、结婚宴会等。蛋糕上可搭配花卉图案和祝颂词语，如“新婚幸福”“生日愉快”等，一般重750～2 500克。

(10) 茶品。配置宴会茶时，通常选一种茶，有时也可准备数种，供宾客选用，开席前和收席后都可以上茶品，宾客一般在休息室品用。选择宴会茶时，一要注重茶的档次，二要尊重宾客的风俗习惯。例如，华北地区多用花茶，东北地区多用甜茶，西北地区多用盖碗茶，长江流域多用清茶或绿茶，少数民族地区多用混合茶。接待东亚、西亚和中非外宾宜用绿茶；接待东欧、西欧、中东和东南亚外宾宜用红茶；接待日本宾客宜用乌龙茶，并待之以茶道之礼。

中餐宴会菜品的组合大致可分为三个层次，即宴会的前奏、宴会的高潮、宴会的尾声，应有计划按比例地依次上菜，分层推进，使菜品前呼后应、一气呵成。宴会的前奏包括手碟、雕刻、冷拼等食品，以冷菜为核心。宴会的高潮通常由热炒菜、头菜、大菜、首汤和席点5部分组成。宴会尾声由甜菜、尾汤、素菜、主食、果盘、冰点和香茗等组成。

2. 中餐自助餐主题宴会菜品的类别

(1) 冷盘菜。冷盘菜主要是指卤水类的冷拼菜，一般讲究色彩的鲜亮，多为单盘盛装。

(2) 汤类。一般情况下只设一道汤，自助餐不宜设多种汤。

(3) 热菜类。热菜是以烧、炸、烤的烹调方法为主制作的菜肴，包括荤、素菜两类，品种较多。烹制时除注重口感外，还讲究色彩丰富，以吸引客人的视线，刺激客人的食欲。

(4) 甜点水果类。在宴会中，甜点必不可少。各种糕点及各种水果雕刻的造型各异，色彩斑斓，能够营造宴会菜品丰盛的气氛。

(5) 饮料类。在宴会中，饮料除了茶水以外，还包括果汁、汽水、可乐、雪碧等，以满足客人不同口味的要求。

总之，中餐自助餐主题宴会菜品的组成应突出菜品的新鲜质量、亮丽颜色、香味扑鼻、品种多样、造型美观，这样才能增进客人的食欲。

微课4.2.2

中餐主题宴会菜品设计与餐具设计

4.2.2　中餐主题宴会菜品设计

1. 影响中餐主题宴会菜品设计的因素

在设计中餐主题宴会菜品时要考虑宴会售价成本、规格类别、宾主喜好、风味特色、办宴目的、时令季节等诸多因素，如图4-1所示。下面重点介绍其中几个因素。

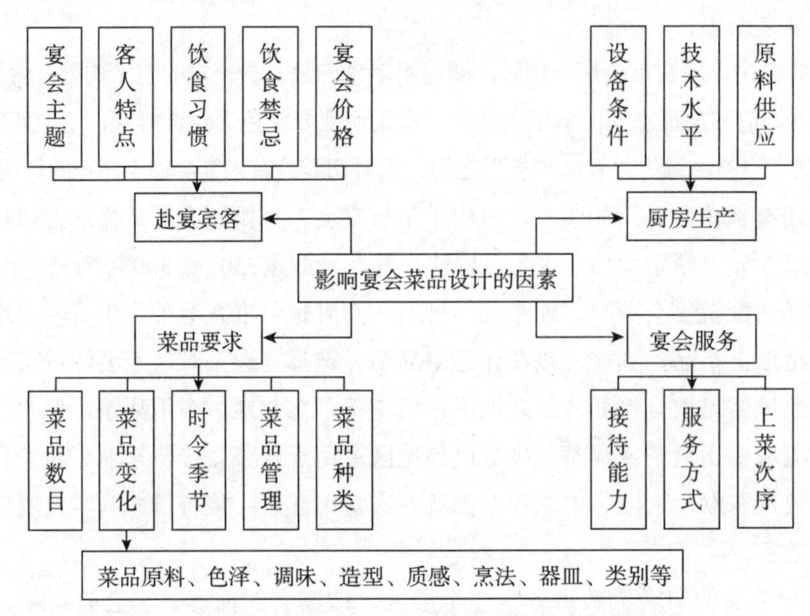

图4-1 影响中餐主题宴会菜品设计的因素

(1) 办宴者及赴宴宾客。宴会菜品设计涉及多个方面，需要考虑的因素很多，但其核心就是以客人的需求为中心，尽最大努力满足客人需求。准确把握客人特征，了解客人的心理需求、饮食习俗与禁忌，以及宴会主题、宴会价格，是宴会菜品设计工作的基础。因此，菜品设计要以宴会主题和参加宴会的客人的具体情况为依据，充分考虑宴会的各种因素，使整个宴会气氛达到理想境界，使参加宴会的客人都能得到最佳的物质和精神享受。

(2) 主题宴会菜品的特点和要求。不管宴会收费高低，其菜品都应讲究组合配套，数量充足，体现时令，注重原料、造型、口味、质感的变化。宴会菜品满足这些特点和要求，是满足客人需求的前提。因此，在设计宴会菜品时，这些特点和要求就成为影响设计的制约因素。

(3) 厨房生产。设计好的宴会菜品要由厨房部门的员工利用厨房设备进行生产加工。因此，厨师的技术水平和厨房的设备条件直接影响宴会菜品的设计，同时要考虑食品原料的供应情况。

(4) 宴会厅接待能力。宴会厅接待能力的影响因素主要包括两方面，即宴会服务人员和服务设施。厨房生产出菜品后，应配合服务员的正规服务，才能满足客人的需求。如果服务人员不具备相应的上菜、分菜技巧，就不要设计复杂的菜品。如果服务设施陈旧，则最好提供简单的膳食，但要服务周到。如果某道菜品需要某种服务设备，而酒店暂时又提供不了这种设备，无法按规定提供饮食服务，就不能设计这道菜品。以上这些都是设计菜品时应注意的问题，不能忽视。

(5) 服务方式。设计主题宴会的菜品时必须考虑服务的种类和形式，是采用中餐服务，还是西餐服务；是高档服务，还是一般服务。还要注意上菜的顺序，一旦确定菜品的顺序，就要依照排菜的顺序上菜，通常是先冷后热、先菜后点、先炒后烧、先咸后甜、先淡后浓。

此外，如果宴会厅以高档次为特色，餐具为金餐具和银餐具，则要设计高档宴会菜品。而有的宴会厅专营传统菜品，则应配以相应的餐具及服务方式。

虚拟仿真

中餐主题宴会菜品设计

2. 中餐主题宴会菜品设计方法

(1) 合理分配菜品成本。当宴会每桌菜品价格确定后，就可以分配各类菜品的大体成本。

① 一般主题宴会。冷菜成本约占宴会菜品成本的10%，热炒菜成本约占宴会菜品总成本的45%，大菜和点心成本约占宴会菜品总成本的45%。

② 中档主题宴会。冷菜成本约占宴会菜品总成本的15%，热炒菜成本约占宴会菜品总成本的35%，大菜和点心成本约占宴会菜品总成本的50%。

③ 高档主题宴会。冷菜成本约占宴会菜品总成本的15%，热炒菜成本约占宴会菜品总成本的30%，大菜和点心成本约占宴会菜品总成本的55%。

根据每一类菜品的数量、各个菜品的等级，每道菜品的成本大体上已确定，即可明确应该选什么菜，这样就可以明确菜品的取用范围。

一般主题宴会的菜品组配以实惠、经济、可口、量足为主，可使用一般材料，上大众化菜品，并增加配料用量以降低食物成本，保证客人吃饱吃好，菜品的数量不能过少，兼顾实惠和丰满。在口味的设计与加工方面，应本着粗菜细做、细菜精做的原则，适当调配菜品，以丰富的数量及恰当的口味，保证宴会效果。

中档主题宴会的组配以美味、营养、可口、实惠为主，菜品的数量、质量比较适中。

高档主题宴会的菜品组配要求以精、巧、雅、优等为主，使用高级材料，并在菜品中仅选用主料而不用或减少配料，菜品的数量不能过多，但质量要精，讲究菜品的口味和装饰。

(2) 确立核心菜品。核心菜品是每桌筵席的主角，没有它们，全席就不能纲举目张、枝干分明。哪些菜品是核心，各地看法不尽相同。一般来说，主盘、头菜、座汤、首点是宴会食品的“四大支柱”，甜菜、素菜、酒、茶是宴会的基本构成。主要原因：头菜是“主帅”，主盘是“门面”，甜菜和素菜具有缓解口味、调节营养及醒酒的特殊作用。座汤是最好的汤，首点是最好的点心。酒与茶能显示宴会的规格，应作为核心，优先考虑。

设计主题宴会菜品首先要选好头菜，头菜在用料、味型、烹法、装盘等方面都要特别讲究。头菜选定以后，其他菜品、点心都要围绕头菜的规格来组合，整体菜品要多样而有变化，其他菜品在质地上既不能高于头菜，也不能比头菜低得太多，只有做到恰如其分，才能起到衬托主题和突出主题的作用。

(3) 配备辅佐菜品。对于核心菜品而言，辅佐菜品主要应发挥烘云托月的作用。核心菜品一经确立，辅佐菜品就要“兵随将走”，使全席形成一个完整的美食体系。

配备辅佐菜品，在数量上要注意“度”，既不能太少，也不能过多，它与核心菜品可保持1:2或1:3的比例；在质量上要注意“相称”，其档次可稍低于核心菜品，但不能相差悬殊，否则全席就不均衡，显得杂乱无章。

配备辅佐菜品还须注意弥补核心菜品的不足。对于客人选择的菜品，能反映当地食俗的菜、本店的拿手菜、应时当令的菜、烘托宴会气氛的菜、便于调配花色品种的菜等，都应尽可能安排进去，使全席饱满、充实。待到全部菜品确定之后，还要进行审核。主要是再考虑一下所用菜品是否符合办宴的要求、所用原料是否合理、整个席面是否富于变化、质价是否相符。不理想的菜品要及时更换，重复多余的部分要坚决取消。

(4) 合理安排菜品口味。在安排菜品口味时，力争酸、甜、苦、辣、咸五味俱全。在口感上，要确保生、老、酥、嫩、脆都有。

(5) 突出酒店主要菜系的特色烹调方法，这些菜的比例可相对大一些。

(6) 考虑菜品数量结构。

① 确定菜品规格。菜品规格是指每道菜品的分量和适宜盛装此菜品的器皿的规格。不同规格的器皿盛装量的规格标准不同，菜品规格的确定应以满足不同消费者和不同就餐人数的需求为前提。

按菜品规格，可采用例盘(8寸盘)、中盘(10寸盘)、大盘(12寸盘)。

根据就餐人数确定的分量标准如下所述。

例盘菜品适合2～5位客人食用，每例盘菜品重量为250克左右。

中盘菜品适合5～7位客人食用，每中盘菜品重量为500克左右。

大盘菜品适合8～12位客人食用，每大盘菜品重量为750克左右。

② 确定菜品的数量。菜品的数量是指菜单中菜品的总数和每道菜的分量。菜品的数量应与就餐人数相一致，一般为12～18个，以平均每人吃到600克净料为宜，具体情况如下所述。

2～5人需3～4道菜、1道汤，汤为例盘，菜全部为例盘。

5～7人需5～7道菜、1道汤，汤为中盘，菜为4例盘、3中盘。

8～12人需8～12道菜、1道汤，汤为大盘，菜为6大盘、6中盘。

其中，1大盘菜=1.5中盘菜=3例盘菜。

(7) 设计营养结构。宴会整套菜品应含有蛋白质、脂肪、碳水化合物、维生素、粗纤维、矿物质、微量元素等营养。脂肪与蛋白质的比例为3:7；热菜中素菜与荤菜的比例为3:7；主食与副食的比例为3:7；冷菜中荤菜与素菜的比例为5:4。

(8) 按照上菜顺序排菜。排菜顺序应与上菜顺序相同，即先冷后热，先咸后甜，先菜后点，先淡后浓。冷菜的数量根据就餐人数可选择2～8道，要注意荤素搭配、口味搭配、色泽搭配；热菜的数量根据就餐人数的不同可选择4～10道或更多。

例如，某酒店针对某商务宴请设计了一份菜单，如表4-4所示。

表4-4　商务宴请菜单

类别	菜品寓意名	菜品实名	价格	口味
精美凉菜	顺顺利利	卤水鸭舌	48元	卤味
	和睦相处	苏子叶木耳	16元	酱香味
	百业兴旺	浇汁百叶	22元	辣味
	百家争鸣	哈尔滨凉拌菜	18元	咸鲜味
冰爽刺身	宏图大展	冰龙船刺身(有三文鱼、北极贝、草鱼片、基围虾)	128元	辣根调味
精选主菜	财源滚滚	鲍汁扣阿一鲍	228元/位×10人	鲍汁口味
精选热菜	年年有余	清蒸鳜鱼	140元	清淡口味
	海誓山盟	白灼基围虾	68元	本身鲜味
	金银满堂	金肘银芽	38元	肉香味
	合作共赢	山珍全家福	28元	鲜咸味
	碧波生辉	上汤松柳芽	28元	清鲜味
	笑口常开	桂花笑口枣	26元	甜味
滋补靓汤	吉祥如意	神菇煨乌鸡煲	68元	咸鲜味
主食	一箭三雕	(面类)凉拌三色面	26元	
	天地合一	(馅类)大白菜猪肉水饺	28元/500克	
	求同存异	(甜点)栗蓉小刺猬	25元	
水果	前程似锦	水果拼盘	12元	

注：标准为3 000元/10人/桌。

通过菜单可以看出，菜品数量为冷拼4道，冰爽刺身1道，主菜1道，热菜(包括甜菜)6道，以及1汤、3主食、1水果，这是最佳的数量组合。从菜品搭配来看，此套商务宴具有如下特点：①主菜突出。“鲍汁扣阿一鲍”是由高档食材制作的海味珍品，价位占宴席总价的76%。②排菜顺序和上菜顺序一致，其顺序为精美凉菜4道—冰爽刺身1道—名贵主菜1道—精选热菜6道—滋补靓汤1盅—主食3种—水果1种。③口味各异。冷菜和热菜不重味。④品种丰富。菜品中有冷盘、刺身、高档主菜鲍鱼；热菜的食材包括鱼、虾、肉、鸡、小炒、菌类和绿色时蔬，并有甜菜和靓汤类；主食丰富，有面类、馅制品类、甜点类；水果有由各式水果拼成的水果拼盘。⑤色泽丰富。在这套菜品中，食材颜色有红、黄、绿、白、金、黑色。⑥烹调方法多样。冷菜的制备方法各异，有卤、酱、拌、浇汁；其他8道菜的制作方法也不同，有生吃、鲍汁烧、清蒸、白灼、炒、上汤、拔丝等。

3. 中餐主题宴会菜品设计举例

“合家团圆”除夕宴主题宴会菜单

凉菜：精美四围碟

恭喜发财(五香牛肉)

招财进宝(金牌猪手)

幸福绵绵(捞汁西葫芦丝)

喜庆迎春(四喜开胃马蹄爽)

热菜：喜鹊报春(脆皮炸卤鸽)

竹报平安(白灼竹节虾)

五谷丰登(田园一拼什锦)

年年有余(葱油多宝鱼)

节节登高(官府一品排)

四喜临门(四喜丸子)

锦上添花(蟹黄西兰花)

洪福齐天(双色豆腐)

甜甜蜜蜜(奶香地瓜)

汤羹：合家团圆羹(时蔬贡丸)

主食：迎春接福(双色水饺)

黄金满地(扬州炒饭)

水果：什锦果盘

1588元/10人/桌

本菜单的设计分析说明：

除夕宴菜品丰盛，有凉菜4道、热菜9道、汤1道、主食2道和水果1道。除夕宴中必须有鱼，意味年年有余、生活富裕。当午夜钟声响起时，全家人要吃饺子。菜名重视“口彩”，每道菜围绕“合家团圆”这个主题来命名。配备白酒或红葡萄酒。

本菜单注重饮食营养的搭配，具有菜品丰富、季节分明、口味浓郁、讲究造型的特点。所选食材营养丰富，富含人体日常所需的各类营养物质，营养均衡。

本菜单的菜品设计能充分考虑成本等因素，整套菜单定价为1588元/10人/桌，毛利率约为55%，符合酒店经营实际。

4. 中餐自助餐主题宴会的菜品设计方法

中餐自助餐主题宴会按规定的客单价收取费用。在菜品设计上，讲究品种丰富多样，菜品色泽鲜亮、绚丽多彩。冷菜以单拼卤水类为主，烹调方法一般采用酱、卤、烧、熏，原料有牛肉、猪肉、鸡、蛋，蔬菜、水果较少。热菜以通过炸、烤、炒、烧等烹调方法制作的菜品为主，食材既有畜禽肉、蛋、海河鲜，又有各种蔬菜，口味多样。甜点水果类，应通过造型不同、颜色各异的水果、糕点、冰淇淋，及各种水果雕刻，来吸引人们的眼球。饮料类有啤酒、果汁、各种矿泉水、可乐。汤、粥的品类应设计得少一些。中餐自助餐主题宴会菜单如表4-5所示。

表4-5　中餐自助餐主题宴会菜单

冷盘类	**COLD ITEMS**
明炉烤鸭	crispy roast duck
玫瑰油鸡	soya chicken
五香牛腱	spicy beef tendon
鲜虾沙拉	fresh shrimps salad
红油耳丝	pork ear salad
热菜类	**HOT ITEMS**
中餐牛排	beef steak Chinese style
鼓椒鸡丁	diced chicken with black bean sauce
甜豆鲜鱿	fresh squid sauteed with sweet beans
京都子排	pork ribs in brown sauce
干烧明虾	braised prawn
炸鲳鱼排	deep fried pomfret
草菇荠菜	sauteed mustard green and straw mushrooms
什锦炒面	fried noodles with assorted meats
咸鱼鸡粒炒饭	fried rice with diced chicken and salted fish
汤类	**SOUP**
西湖牛肉羹	beef west lake broth
甜点类	**DESSERTS**
三式点心	assorted Chinese sweets
四色水果	fresh fruit platter
饮料类	**BEVERAGE**
中国茶	Chinese tea

4.2.3　中餐主题宴会餐具设计

1. 中餐主题宴会餐具设计方法

餐具，即食具和饮具的总称。食具包括盛食器和取食器；饮具包括酒具、水具和茶具。餐具有中餐和西餐之分，如按材质归类，可分为陶器、漆器、青铜器、竹木器、玉石器、象牙器、金银器、合金器、玻璃器、塑料器、钢铁器及瓷器等。

在中餐餐具中，瓷器的使用最为普遍。它的特点：成品吸水率低，质地坚硬，造型艳丽，花色品种众多。瓷质餐具的形状有盘、碟、盆、碗、杯、勺、壶、盅；釉色有白、青、黄、绿、蓝、红。此外，按花的浅满程度，可将其分为边花瓷和满花瓷；按边形，可将其分为平边、绳边与荷叶边；按边色，可将其分为镀金边、镀银边、孔雀蓝边、电边(黄边)、蓝边和白口边等。

在中餐主题宴会中，以象牙白骨质瓷器最为高档。此外，宴会所用餐具以同色为宜。

餐具搭配合理可以提高菜品的品位，使菜品产生美感，诱人食欲。在配器时应注意器皿的色彩、尺寸、形状、质感等与宴会主题及菜品的色泽、菜量、形状、质地等的有机结合。餐具的配备应服从菜品，对菜品起到陪衬、辅助和美化的作用。

(1) 圆盘。圆盘分平盘和凹盘，圆边或者荷叶边。圆平盘边浅底平，规格为5～32寸；凹盘边高底深，规格为5～12寸。平盘的用途：5～6寸的平盘做冷菜小碟；7～9寸的平盘用于盛装点心；8～10寸的平盘用作热炒或双拼、三镶；10寸以上的平盘做什锦拼盘、盛装烧烤大菜或盛放席点；16寸左右的平盘做垫盘或拼装花色冷盘。圆凹盘的用途：盛装宽汤汁的烧、焖、烩等菜类；10寸左右的圆凹盘用于盛装大菜。

(2) 腰盘。腰盘又称“腰圆盘”“鱼盘”，外形呈椭圆状，有深底和浅底、平圆边与荷叶边的区别。规格为6～32寸。腰盘的用途：7寸以下的腰盘多做单碟；9寸左右的腰盘可盛热炒或双拼、三镶；12寸左右的腰盘装全鱼、全鸭等大菜；14寸左右的腰盘拼装花色冷盘；20寸以上的腰盘多装烤乳猪、烤全羊或做托盘。

(3) 高脚盘。高脚盘底平口直，有脚，圆边或荷叶边。2～7寸的高脚盘多做味碟；3～4寸的高脚盘多装蜜脯；8～12寸的高脚盘盛装干果、鲜果、点心或者水饺之类的食品。

(4) 长方盘。长方盘形状方长，四角弧圆而腹深，宜于盛装扒菜和造型菜，也可充当冷碟。

(5) 碗。碗按形状分，分为庆口腕(碗形似喇叭)、直口腕(碗壁似桶形)和罗汉碗(碗肚鼓似罗汉)。按用途分，又可分为汤碗、菜碗、饭碗和口汤碗。汤碗口径在23cm以上，盛装二汤或果羹。菜碗又称“面碗”，口径为18～20cm，装宽汤汁的菜肴或面食小吃。饭碗口径为11～15cm，主要盛饭、粥，或做扣碗。口汤碗口径为5～9cm，可用来装佐料，代替接食盘，因盛汤后可一口喝完而得名。

(6) 锅。锅可作如下分类。

① 品锅。品锅形状似盆，但有耳有盖，边壁比碗厚实，分4种型号：一号品锅口径为25cm；二号品锅口径为23cm；三号品锅口径为21cm；四号品锅口径为19cm。品锅一般用来盛装座汤，保温性能好，多用于在春冬两季举办的宴席中。

② 火锅。火锅又称“暖锅”“涮锅”，是饮具与食具合一的餐具，质地有铜、铝、陶、不锈钢、搪瓷等，常以石蜡、酒精、液化气、煤油、板炭或电能作为燃料。火锅有5种型号，大型的火锅可分为特号和一号，中型的火锅可分为二号和三号，小型的火锅为四号。一般情况下，合餐制宴席多用大型或中型火锅，分餐制宴席多用小型火锅。有的火锅有隔挡，名曰“鸳鸯火锅”“四喜火锅”。火锅多用于冬季，有的是将烹好的菜肴转入火锅保温加热食用，有的是用生料或半成品边涮边食。

③ 砂锅。砂锅又称“砂钵”“炖钵”，陶制，分五种型号。四号为小型，三号和二号为中型，一号和特号为大型。有的砂锅中有隔挡，可焖炖不同的菜肴，如“砂锅鱼

头”“砂锅什锦”等。

④ 汽锅。汽锅与砂钵类似，带盖，中间有隆起的孔管。

⑤ 煲仔锅。煲仔锅是一种与砂锅类似但比砂锅浅的炊具，主要用于烩、烧带有较多汤汁的菜品，如“牛腩芋头煲”“乌鸡煲”等。菜品上桌后还能保持滚沸状态，起到了很好的保温作用。

⑥ 铁板。铁板是一种由生铁铸成的椭圆形盘子，常与定制的木托配套。使用前先将铁板烧至滚烫，然后垫上洋葱丝，再铺上烹制的菜品，如牛柳、海鲜等。上席后浇上兑好的卤汁，热气蒸腾，吱吱作响，能产生浓烈的香气，增添宴会的欢乐气氛。

(7) 餐位餐具。餐位餐具又称小件餐具、进食器，系指为每位客人单独配置的餐具。它通常数件组合，展示不同的规格。普通宴会一般配5件头餐具，中档宴会一般配7件头餐具，高档宴会一般配8～10件头餐具。常见的餐位餐具有以下8种。

① 骨碟。骨碟又名接食盘、卫生盘，为平底、圆形，口径为5～7寸，盛放骨刺或食渣，盛接剩物、杂物或汤汁。

② 看盘。看盘又称装饰盘、垫底盘，置于骨碟下面，比骨碟大2～3寸。在高档宴会中一般每人配备一个，宴会中不换，花纹漂亮，款式与花纹可以与整套餐具不同套。

③ 口汤碗。口汤碗口径为3.5寸，可代替勺托，内放小勺，供客人喝汤使用。

④ 汤匙。汤匙又名“汤勺”，规格为8～14cm长，主要供客人取食汤羹菜时使用。

⑤ 味碟。味碟主要供客人放调料时使用。底平口直，有圆形、方形、双格形。规格为2.5寸和4寸。

⑥ 筷子。筷子即夹食器，包括银筷、象牙筷、红木筷、乌木筷、漆筷、竹筷和木筷等，有方头和圆头、尖筷和平筷之分。

⑦ 酒杯。酒杯又名“酒盅”，有高脚和低脚之分，包括瓷杯、玻璃杯、玉杯、金杯、银杯、铜杯、木杯或竹杯等。其中，容量小的用来盛白酒，称为白酒杯；容量稍大的用来盛黄酒、果酒或药酒，称为色酒杯；容量最大的用来盛啤酒、矿泉水、可乐或果汁，称为啤酒杯。

⑧ 口汤杯。口汤杯形似小饭碗，口径为5～9cm，主要用来分食汤汁或装佐料。

⑨ 长柄勺。长柄勺用于取食摆放位置比较远的菜肴。

2. 中餐自助餐主题宴会餐具设计方法

中餐自助餐菜品的盛器主要有保温锅、不锈钢盆、象牙白瓷盆、玻璃盆、水晶盆，盛器多样、别致，能激起客人的食欲。一般会在每一种菜品旁边摆放餐盘或餐碗、菜夹、菜勺，在饮料区摆放玻璃杯。此外，还在餐桌上摆放餐巾花、小味碟、筷架、汤匙、筷子、水杯、葡萄酒杯、白酒杯。

实训

知识训练

(1) 中餐主题宴会由哪些菜品组成？

(2) 在设计中餐主题宴会菜品时应考虑哪些因素？

(3) 简述设计中餐主题宴会菜品的步骤。

(4) 中餐主题宴会餐具应怎样配置？

能力训练

将班级学生分成4组，给出A酒店的菜牌，根据项目3中的工作任务3.2中的能力训练案例3-3，第一组设计婚宴菜单，用寓意法命名菜品，写出所配备的菜品盛器。

给出B酒店的菜牌，根据项目3中的工作任务3.2的能力训练案例3-4，第二组设计寿宴菜单，用寓意法命名菜品，写出所配备的菜品盛器。

案例4-2：7月20日，在C大酒店的梅花厅举行同学毕业聚会宴，与会人员共120位。用餐标准为800元/桌，每桌10人，要求菜品中有1道主盘、6道围碟、8道热菜、1道汤、1道点心、1道水果拼盘。

给出C酒店的菜牌，第三组设计案例4-2中的同学聚会宴菜单，并用寓意法对每道菜命名。

案例4-3：某市政府为接待日本政府代表团来本市考察而举办欢迎晚宴，地点在D酒店樱花厅。时间是12月5日。用餐标准为1 500元/桌，每桌10人，共50人。菜品要求有1道主盘、8道围碟、5道热菜、1道汤、2道点心、1道水果。

给出D酒店的菜牌，第四组设计案例4-3中的欢迎晚宴菜单，并用寓意法命名菜品。

素质训练

通过设计婚宴、寿宴、同学聚会宴、欢迎晚宴菜单，能够掌握设计中餐主题宴会菜品的步骤和要领，了解主题宴会菜品的品种搭配规律和上菜顺序。走访及查阅相关资料，收集各种主题宴会常见菜品所含的营养成分、味型和艺术造型等资料，从而掌握科学搭配菜品的知识，并撰写调研报告(800字左右)。

小资料

常见菜品的计量单位

(1) 海鲜、肉类用斤、两做计量单位。1斤=500克，1两=50克。

(2) 盅，盛汤时使用，分大、中、小盅。大盅适合10人用，小盅适合1人用。

(3) 窝，分大、小窝，常用于盛粥、面、汤类。

(4) 鼎，有大、中、小之分。大鼎可供10～12人用，中鼎可供6～8人用，小鼎可供2～4人用。

(5) 碗，有大、中、小之分，常用于盛装汤、米饭。

(6) 位，即一位客人用量。

(7) 只，用于海珍品鲍鱼、蟹子、甲鱼、禽类的计量。客人可点半只。

(8) 份，即小分量，常用于火锅出菜的单位。

(9) 打，一打12个，常用于糕点、饼卷的计量。

(10) 笼，即蒸食品的笼屉。一笼指整笼。

(11) 煲，分大、中、小，主要用于煲饭、煲汤。

(12) 盘，可分为例盘、中盘、大盘3种。

例盘菜品适合2～5位客人使用，每例盘菜重量为250克左右。

中盘菜品适合5～8位客人使用，每中盘菜重量为500克左右。

大盘菜品适合8～12位客人使用，每大盘菜重量为750克左右。

(13) 碟，分大、中、小、超小碟及味碟。碟用于盛炒菜、蒸菜、冷盘菜等，一碟装入量为25～50克。

(14) 锅，即锅仔。

(15) 杯，即酒水的容器，主要用于盛装咖啡、茶、红酒等。

(16) 壶，主要用于盛装茶水、酒水。

(17) 席，一桌菜用一席。在菜单上注明“三席”字样，代表的意思是一位主人请三桌客人。

(18) 条，鱼类的计量单位。一般一盘只能放一条鱼。红烧鱼两条，即双盘量。活鲜鱼用克来计量，冰鲜鱼按盘来计算。

任务4.3 西餐主题宴会菜品

引导案例 | 西餐正餐宴会菜单SET MENU

苏格兰烟熏大马哈鱼	thinly sliced Scottish smoked salmon with traditional accompaniments
原味鸽汤	essence of pigeon and truffles poached quail egg
柠汁蒸明虾	steamed tiger prawn in lime-butter sauce with broccoli flan
美国菲利牛排	U.S. beef tenderloin — baked potato, grilled eggplant, zucchini, mushroom and onion, red wine with herb sauce

巧克力蛋糕　　gateau opera — a rich chocolate layer cake on an apricot coulis

咖啡或茶　　coffee or tea

小甜点　　pralines

根据此案例回答下列问题：

西餐正餐宴会由哪些菜品组成？

案例分析：

西餐主题宴会正餐菜品由开胃菜、面包、汤、前菜、主菜、沙拉、甜品、水果、咖啡、红茶组成。菜品食材有鱼、飞禽肉、明虾、牛排、水果等。

相关知识

微课4.3

西餐主题宴会菜品设计

4.3.1　西餐主题宴会正餐菜品设计

1. 西餐主题宴会正餐菜品组成

西餐主题宴会传统的正餐菜品由7道菜肴组成，即由开胃菜、汤、主菜、沙拉、甜品、水果、热饮、面包组成。

(1) 开胃菜(appetizer)。它又称头盘，一般在主菜之前上，有时也和主菜一起上。它主要用于开胃，一般量较少，多用清淡的海鲜、熟肉、蔬菜、水果制作，制作精良，通常以蔬菜、水果为主。

(2) 汤(soup)。西餐的第二道菜是汤。汤可分为冷汤类和热汤类，也可分为清汤类和浓汤类。汤属于开胃菜中的一道。

(3) 主菜(main course)。肉、禽类菜肴是西餐的第三道菜，也称为主菜。主菜又名主盘，是全套菜的灵魂，制作讲究，既考虑菜肴的色、香、味、形，又考虑菜肴的营养价值。

(4) 沙拉。蔬菜类菜肴在西餐中被称为沙拉，沙拉意为凉拌生菜，具有开胃、帮助消化的作用。还有一些蔬菜类是熟食，属于主菜中的一道。

(5) 甜品。主菜用完后一般食用甜点。甜点有蛋糕、派、冰淇淋等多种，可以算作第五道菜。

(6) 水果。甜品用完后上水果。

(7) 热饮。西餐的最后一道菜品是热饮，热饮主要有饮料、咖啡或茶。饮咖啡一般要加糖和淡奶油，饮茶一般要加香桃片和糖。

(8) 面包。一般在上开胃菜之前上面包。

2. 西餐主题宴会正餐菜品设计方法

西餐主题宴会通常分为三个阶段。

(1) 第一阶段。晚上6～8时为宴会的前奏，此时，可举行鸡尾酒会。餐品由小吃、小点、鸡尾酒、饮料组成。就餐方式有两种：一是客人在自助台自取；二是由服务员分派。就餐氛围比较轻松，客人可相互介绍认识。主办场地可选在花园、中厅等地方，此时不能进入主宴会厅。

(2) 第二阶段。晚上8～11时为正餐时间。古典式西餐宴会的菜品道数有12道之多，现今已大大减少，一般有头盘、面包、汤、副菜、主菜、沙拉、甜点7道。

① 头盘。常见的餐品有鱼子酱、鹅肝酱、熏鲑鱼、鸡尾杯、奶油鸡酥盒、焗蜗牛等。头盘有冷、热头盘之分。头盘常用中小型盘子或鸡尾酒杯盛装，装盘选型美观大方，主辅料拼摆合理，用蔬菜刻成花、鸟装饰，并根据餐具特点配用适当的盛器，使菜肴赏心悦目、诱人食欲。冷菜成本约占宴会总成本的20%，一般安排1道，传统的头盘多为冷菜，目前热头盘也很流行。

② 汤。汤的制作要求是原汤、原色、原味。热汤有清汤和浓汤之分，如牛尾清汤、鸡清汤、奶油汤、蔬菜汤等，具有开胃的作用。一些西餐便餐有时选用开胃品就不再用汤，或者用汤就不用开胃品。汤品应每人一份。

③ 副菜。副菜通常选用水产类菜肴与蛋类、面包类、酥盒类菜肴。

④ 主菜。主菜多用海鲜、牛肉、羊肉、猪肉和禽类做主要原料，如大虾吉列、西冷牛排、惠灵顿牛排等，制作方法多样，口味丰富，装盘造型美观。其中，较有代表性的是牛肉或牛排。牛排按其部位又可分为沙朗牛排(也称西冷牛排)、菲利牛排、“T”骨牛排、薄牛排等，通常将兔肉和鹿肉等野味也归入禽类菜肴。

上述汤品和热菜的成本共占宴会总成本的60%。热菜一般安排2道，每人1份，规格一般是零售量的70%。

⑤ 沙拉。沙拉可分为水果沙拉、素沙拉和荤菜沙拉三种。水果沙拉通常排在主菜之前；素沙拉可作为配菜随主菜一起食用；荤菜沙拉可单独作为一道菜品，一般由鱼、肉、蛋类制作而成，这类沙拉一般不加味汁，安排进餐顺序时，可以将其作为头盘食用。常见的沙拉有什锦沙拉、厨师沙拉等。

⑥ 甜品。甜品有冷热之分，是最后一道餐食。常见的甜品有冰淇淋(ice cream)、布丁(pudding)、酥福列(souffle)、派(pie)、各种蛋糕(cake)奶酪、水果等。甜点、饮料、水果的成本占宴会总成本的20%左右，也要安排每人一份，但分量不宜过多。

(3) 第三阶段。正餐时间结束后，进入餐后酒会部分，可在会客室进行，也可在餐桌边进行。该阶段提供的餐品有咖啡、红茶、力娇酒、巧克力等。

3. 西餐主题宴会正餐菜品设计举例

"The Appointment of Carnation" for the banquet on Mother's Day set menu

“康乃馨之约” 母亲节宴会菜单

appetizer

开胃菜

avocado Tartar and Canadian lobster

牛油果龙虾沙拉

with Jacob's Creek Riesling　AUSTRALIA

配杰卡斯雷　澳大利亚

soup

汤

wild mushroom cream soup

野菌奶油汤

first course

前菜

scallops ocean black pearl

香煎带子配黑鱼子酱

with Allegrini Corte Giara Chardonnay　ITALY

配威尼托科奇拉莎当妮　意大利

main course

主菜

lamb filet Provencal style

(羊扒200g)

普罗旺斯式羊扒

with Louis Jadot Pinot Noir　FRANCE

配路易亚都世家黑皮诺　法国

dessert

甜品

tiramisu

提拉米苏

with Chateau Timertlay, Semillion Sauvignon　FRANCE

配添百利　　　　　法国

coffee or tea

咖啡或茶

espresso or earl grey tea

特浓咖啡或伯爵茶

RMB 588 per person

每人：人民币588元

If you have any food allergen, special diet or food beverage specified by religion or belief, please advise us prior to 48 hours, so that we can prepare the food as per your requirement.

如果你有任何食物过敏源，特殊饮食禁忌及宗教饮食要求，请提前48小时通知酒店，以便我们提前为您备餐。

菜单设计分析说明：

本菜单注重饮食营养的搭配，具有菜品丰富、季节分明、口味浓郁、讲究造型的特点。所选食材营养丰富，富含人体日常所需的各类营养物质，营养均衡。

本菜单的菜品设计能充分考虑成本等因素，整套菜单定价为每人588元，毛利率约为55%，符合酒店经营实际。

4. 西餐主题宴会正餐餐具设计

西餐主题宴会正餐对于不同类别的菜品与盛装器皿的搭配有严格的规定。在西餐餐具中，瓷质餐具的特性与中餐餐具相似，其品种主要有如下6种。

(1) 小盘。小盘的规格为8～12英寸，传统规格为8英寸，现代也有用10英寸的小盘，主要用于冷盘，盛热开胃菜、副菜、甜品、水果。

(2) 汤盘。汤盘的规格与形状有3种：第一种是凹形盘，规格为8英寸，有带边与无边两种；第二种是汤碗类，规格为6英寸，分有耳和无耳两种；第三种是杯类，主要用于盛装鸡茶、牛茶等。

(3) 大盘。大盘是圆形的平盘，规格为10～12英寸，传统规格为10英寸，现代也有用12英寸的大盘，主要用于盛主菜。

(4) 其他餐具。其他餐具主要供烹制有特色的副菜时使用。有长腰形烤斗，用于焗鱼、焗虾等；有长腰形带盖的陶瓷盅，主要用于烩制野味类菜肴；有带小凹圆的圆形盘(蜗牛盘)，可分为瓷器与不锈钢两种，主要用于焗蜗牛。

(5) 咖啡杯，底盘。咖啡杯、底盘是配套使用的，咖啡杯分大号、中号和小号，按不同的用餐时间来选用。

(6) 面包盘。面包盘规格为6～7英寸，传统规格为6英寸，现代也有使用7英寸的面包盘，主要用于盛装面包。

西餐桌上的餐具很多，每一样菜品都要选用特定的餐具，不能替代或混用。通常情况下，菜品与餐具的搭配遵循如下原则：龙虾类菜配热盆或冷盆、鱼叉、鱼刀、鱼虾叉、龙虾签、白脱盘、白脱刀和净手盅；咸鱼子类菜配冷盆、鱼叉、鱼刀、茶匙、白脱盘和白脱刀；牡蛎类菜配冷盘、牡蛎叉、白脱盘、白脱刀和净手盅；蜗牛类菜配热菜盘、蜗牛叉、蜗牛夹、白脱盘、白脱刀和净手盅；水果类菜配甜点盘、水果叉、水果刀、剪刀、盛冰水的透明碗、香槟酒杯和净手盅；面包甜品类配黄油刀、黄油盘、点心匙、点心叉。

4.3.2 西餐冷餐酒会菜品设计

冷餐酒会的特点是以冷菜为主、热菜为辅，菜品的品种丰富多样，一般都在20种以上。以25种菜品为例，冷菜可安排15种，占60%；热菜安排4种，占16%；点心安排6种，占24%。具体内容如下所述。

(1) 冷菜。可安排各种沙拉、冷冻肉等菜肴；热菜可安排烩、焖类菜肴。

(2) 选用的原料要新鲜卫生，整形菜品要完整无损。

(3) 安排的菜品要有多种原料和不同的风格。

(4) 一些大型菜品要在客人欣赏后，再由服务员或厨师现场为客人派菜。

西餐冷餐酒会菜单如表4-6所示。

表4-6 西餐冷餐酒会菜单

沙拉类	**SALADS**
夏威夷凤梨鸡肉沙拉	Hawaiian pineapple chicken salad
美味金枪鱼沙拉	delicious dainty tuna fish salad
凯撒皇宫沙拉	Caesar salad
培根土豆沙拉	bacon potato salad
华尔道夫沙拉	Waldorf salad
沙拉调味酱	**DRESSING**
意大利汁	Italian dressing
法式汁	French dressing
千岛汁	thousand island dressing
冷餐类	**COLD CUTS**
帕尔玛火腿奶酪卷	Parma ham cheese roll

(续表)

三文鱼刺身	salmon sashimi
火腿玉米笋冷头盘	ham and baby corn cold plate
银鱼番茄蒜蓉面包	whitebait with tomato and garlic bread
美式牛柳酸瓜卷	American cowlicorice melon roll
四季豆培根卷	baked bacon rolls with french beans
甜品类	**Desserts**
提拉米苏	tiramisu
拿破仑蛋糕	Napoleon cake
奶酪蛋糕	cheese cake
黑森林蛋糕	black forest cake
西班牙蛋糕卷	Spanish cake roll
精美鲜果盘	**Fresh Fruit Platter**
美国脐橙	American orange
美国提子	American grape
香蕉	banana
火龙果	dragon fruit
猕猴桃	kiwi fruit
哈密瓜	hami melon
西瓜	watermelon
饮料与酒水	**DRINK AND WINE**
(1) 饮料/杯	
橙汁	orange juice
菠萝汁	pineapple juice
矿泉水	water
意大利特浓咖啡	Italian espresso
(2) 长饮鸡尾酒/杯	
蓝色夏威夷	blue Hawaii
特基拉日出	Tequila sunrise
自由古巴	Cuba libre
金汤力	gin tonic
螺丝刀	screwdriver
波斯猫	Persian cat
(3) 红葡萄酒/杯	
勃艮第红酒	Burgundy wine

4.3.3 西餐鸡尾酒会菜品设计

鸡尾酒会以饮为主、以吃为辅，除饮用各种鸡尾酒外，还备有其他饮料，但一般不用烈性酒。传统的鸡尾酒会菜品供应较少，主要是一些冷小吃。随着鸡尾酒会的形式在世界各地的普及，其菜品也逐渐丰富起来。

1. 鸡尾酒会菜品组成

(1) 鸡尾小点(canapes)。如小饼干加乳酪、小面包加鹅肝酱等。

(2) 冷盘类(cold cuts)。

(3) 热菜类(hot items)。

(4) 现场切肉类(carving item)。该菜品为酒会中必备的菜色，起码需设置一道此类食物，若多设几道也无妨。服务人员在切肉时，务必将肉块切得大小适中，以方便客人品尝。

(5) 绕场服务小吃(pass around or special addition)。如鸡尾小点、油炸小点心等，或者特别增加小吃类，如手卷、烤乳猪等。

(6) 甜点及水果类(pastries ＆ fruit plate)。

(7) 配酒料(condiments)，即佐酒食用餐点。如干果类、蔬菜条等，通常放置在酒会中必备的小圆桌上，以便客人自行取用。

2. 鸡尾酒会菜品设计方法

(1) 在酒会中，除非有特殊需要，否则一般都不设置桌椅，也就是说，客人通常以站立的姿势食用餐点。因此，酒会餐点在刀法上必须讲求精致、细腻，食物应切分成较小块，以方便客人拿取及入口，而不必再使用刀叉。

(2) 鸡尾酒会的菜品设计与自助餐有很大的不同。一般除烈性鸡尾酒(heavy cocktail)，酒会所提供的菜品并不像自助餐那样以让客人吃饱为目的，而是限量供应，讲究精致、简单、方便，所以食物的分量有限，吃完了便不再提供，除非客人另外要求增加分量。

(3) 在菜品的设计上，鸡尾酒会菜品讲究食物的精美，因此酒会中每道菜所包含的手工部分比平常菜式多，人事成本也不可避免地随之提高。鉴于此，其食物成本应相对降低，以控制宴会厅经营成本并维持宴会部门的盈利能力。

(4) 酒会不提供沙拉和汤类食物，以符合简单、方便的原则。

(5) 人数越多，菜品种类也会随之增加，与会人数是决定菜品设计的重要依据。

西餐鸡尾酒会菜单如表4-7所示。

表4-7 西餐鸡尾酒会菜单

鸡尾小点	**CANAPES**
烟熏鳗鱼	smoked eel on rye bread with horseradish
烟熏鲑鱼加鹌鹑蛋	smoked salmon with quail eggs
鹅肝慕司	finest goose liver mousse with walnuts
德式生牛肉	steak Tartar on mini buns
冷盘类	**COLD CUTS**
明虾船	king prawn barquette
冷鲑鱼块	medallion of salmon “en bellevue”
日式生鱼片及各式寿司	sashimi and assorted nigiri sushi with wasabi
大虾哈密瓜	tiger prawns with honey melon in cocktail sauce
什锦中餐冷盘	assorted Chinese cold cuts
热菜类	**HOT ITEMS**
白酒干贝卷	crepes with scallop ragout in white wine sauce
法国田螺洋菇盅	burgundy snails in mushrooms with garlic butter

(续表)

什锦水饺	assorted dumplings in bamboo basket
中餐香脆海鲜卷	Chinese crispy seafood roll
迷你鸡肉起酥盅	mini vol-au-vent with spring chicken in por-wine sauce
现场切肉类	**CARVING ITEM**
烧烤美国菲利牛排	U.S. beef tenderloin with goose liver stuffing
黑菌汁	black mushroom sauce
各式面包	bread basket
绕场服务小吃	**PASS AROUND**
香烤海鲜盅	grilled seafood skewers herb butter
甜点	**PASTRIES**
季节水果蛋挞	exotic fruit tarte letts
什锦小点心	croquembouche
法式小饼	mini French pastries
配酒料	**CONDIMENTS**
香烤松子、核桃	roast pine nuts,walnuts
腰果、薯片	cashew nuts,potato chips
乳酪棒	cheese straws
什锦蔬菜条加乳酪酱	relish platter with cream cheese dip

4.3.4 西餐自助餐主题宴会菜品设计

1. 西餐自助餐主题宴会菜品特点

在宴会厅供应的自助餐菜品的特点是花色品种多、布置讲究。冰雕摆件、黄油雕刻件、鲜花、水果或其他装饰常常能将自助食品衬托得更加色彩缤纷、富丽堂皇。由于自助餐提供的菜品范围很广，要变换花色品种是不难做到的。

普通宴会以每桌(席)为计价单位，自助餐会则不同，不管客人选用的品种数量多少，大多以每位客人为计价单位按规定的价格收取费用，零点餐厅自助餐的销售价格则较难确定，因为难以控制客人的选择及预计客人的数量。我国旅游饭店的自助餐菜品一般既有中餐菜，又有西餐菜，且菜品有冷有热，颇具特色。在设计自助餐菜单时，要预计目标客人所喜欢的菜品类别，提供相当数量的多种类的菜品，供客人自由选择。

2. 西餐自助餐主题宴会菜品组成

(1) 冷盘类(cold items)。

(2) 沙拉类(salads)。

(3) 汤类(soups)。

(4) 切肉类(carving board)。

(5) 热菜类(hot items)。

(6) 甜点水果类(desserts fruit plate)。

(7) 面包类(bread)。

(8) 饮料类(beverage)。

西餐自助餐选用的菜品品种多样，应充分展示食品的视觉效果，突出其新鲜且质量高的特点，做到精致、有品位，使其充满吸引力。在宴会中，冰雕鲜花、黄油或面包、糖果等可以作为补充食品。

3. 西餐自助餐主题宴会菜品设计方法

(1) 根据自助餐的主题和客人组成，拟订自助餐食品结构及比例。自助餐菜单要具有一定的特色和主题风味。例如，海鲜自助餐、野味自助餐、水产风味自助餐、中西合璧自助餐等。

(2) 根据自助餐消费标准，结合原料库存情况，分别开列各类菜品名称，开列每道菜品所用原料，核算成本，调整收支平衡，确定菜品盛器，规定装盘及盘饰要求。

(3) 选用能大批量生产且数量和质量变动较小的菜式品种；热菜尽量选用能加热保温的品种；尽量选用能反复使用的食品；选用较大众化、大家喜欢的食品；避免选用口味过度辛辣刺激或原料很怪异的菜式。

实训

知识训练

(1) 西餐正餐宴会由哪些菜品组成？

(2) 西餐冷餐酒会由哪些菜品组成？

(3) 在准备西餐鸡尾酒会菜品时应注意什么？

能力训练

案例4-4：某公司接待了一家台商投资公司，双方准备共同投资一个项目。会谈后，该公司举办了一场西餐冷餐酒会，地点在F酒店百合厅，时间是3月10日晚上，共100人，用餐标准为每位120元(含酒水)。菜品包括冷菜类、热菜类、点心类、面包类、水果类、现场切肉类、饮料类，一共有60个品种。

给出F酒店的菜牌，根据案例4-4设计西餐冷餐酒会菜单。

素质训练

通过设计西餐冷餐酒会菜单，能够掌握设计菜单的步骤和要领，了解宴会菜品搭配规律和上菜顺序。收集各种宴会常见菜品所含的营养成分及菜品味型和艺术造型等资料。以小组为单位到酒店参观西餐菜品，收集酒店各种西餐宴会套餐菜品的搭配组合情况，写出调研报告(600字以上)。

小资料

西餐的吃法

喝浓汤：勺子应横拿，由外向内轻舀，不要一掏到底，勺的外侧接触汤即可。喝时用嘴唇轻触勺子内侧，不要端起汤盆来喝。汤即将喝完时，可用左手靠胸前轻轻将汤盆内侧抬起，使汤汁集中于盆底一侧，右手用勺舀清。

吃鱼：不要将鱼翻身，吃完上层后用刀叉将鱼骨剔掉后再吃下层。吃鱼肉时，要切一块吃一块，肉块不能切得过大，或一次将肉都切成块。

吃肉：应从左边开始切，先用叉子从左侧将肉叉住，再用刀沿着叉子的右侧将肉切开，切开一口大小的肉。不可一开始就将肉全部切成一块一块的，否则美味的肉汁就会全部流出来。用于点缀的蔬菜也要全部吃完，蔬菜不只是为了装饰，同时也是基于营养均衡的考虑而添加的。点排餐时，会附带一杯调味酱。在正式的场合中，调味酱应自行取用，约以两汤匙为适量。取完调味酱后，应将汤勺放在调味酱钵的侧边，并传给下一个人。

吃鸡：多以鸡胸脯肉为贵。吃鸡腿时应先用力将骨去掉，不要用手拿着吃。

面包：在餐桌礼仪方面，有“左面包，右水杯”的说法，吃面包时应一手拿面包，一手撕下一小块放入口中，不要拿着整个面包咬。抹黄油和果酱时也要先将面包掰成小块再抹。

此外，吃鱼、肉等带刺或带骨的菜肴时，不要直接外吐，可用餐巾捂嘴轻轻吐在叉上放入盘内。如盘内剩余少量菜肴，不要用叉子刮盘底，更不要用手指相助食用，应以小块面包或叉子相助食用。吃面条时要用叉子先将面条卷起，然后送入口中。

任务4.4　主题宴会菜单

引导案例 | 某酒店丧宴菜单

某酒店丧宴菜单如表4-8所示。

表4-8　某酒店丧宴菜单

凉菜：	酱驴肉	千层脆耳	自制皮冻	葱油青笋	肉酱花生米	陈醋山木耳
热菜：	风味羊腿	清蒸鲈鱼	杭椒牛柳	薄饼卷鸭肉	东坡肘子	白灼菜心
	回锅双鲜	葱烧鲜红蘑	锅仔时蔬贡丸			
主食：	秘制大花卷	白米饭				
赠送：	虾皮拌豆腐					

注：宴会时间为1月4日，标准为666元/10人/桌

根据案例回答下列问题：

(1) 丧宴有哪些特点？

(2) 丧宴菜单中包括哪些菜品？

案例分析：

(1) 在中国，无论是喜事还是丧事都要设宴招待来宾。其中，丧宴的菜品设计应围绕答谢来宾、缅怀亲人这个主题，菜品口味宜清淡，颜色以白、绿、黑为主，豆腐必不可少。

(2) 此菜单是根据客人要求而设计的，包括6道凉菜、9道热菜、2道主食，并根据丧宴特点赠送一道虾皮拌豆腐。

相关知识

微课 4.4

主题宴会菜单设计

4.4.1 认识主题宴会菜单

1. 主题宴会菜单的含义

主题宴会菜单就是按照主题宴会菜品的组成和要求，按照上菜顺序编写的一整套菜品清单。

从形式上来看，主题宴会菜单是记录菜名的单子；从内容上来看，它是具有一定规格的一整套菜谱；从功能上来看，它是饭店厨师和服务员生产、服务的计划书。

主题宴会的种类较多，主题宴会菜单的设计具有专业性，一般针对菜品的内容、酒店自身的成本与利润、客人的需要与喜好进行多方面的搭配，制定合理的价格。宴会菜单讲究规格、传统、名菜、特色。

2. 主题宴会菜单的作用

主题宴会菜单具有以下作用。

(1) 菜单反映了酒店的经营方针。餐饮工作主要涉及原料的采购、食品的烹调制作、餐厅服务，这些工作内容都以菜单为依据，必须根据餐厅的经营方针来设计菜单，才能实现经营目标。

(2) 菜单标志着酒店菜品的特色和水准。根据菜单上菜品的选料、组配、烹制、排菜，客人很容易判断菜品的特色风味、酒店的经营能力及管理水平。同时，菜单也反映了厨房烹调技术和宴会服务艺术水平。

(3) 菜单是沟通消费者与接待者之间的桥梁。消费者是根据菜单选购他们所需要的食品和酒水的，而向客人推荐菜品则是接待者的服务内容之一，消费者和接待者通过菜单开始交谈，沟通信息。由这种“推荐”和“接受”产生的结果，使买卖行为得以成立。

(4) 菜单是研究菜品的资料。

(5) 菜单既是艺术品又是宣传品。设计精美的菜单既可以成为酒店的主要广告宣传品，又可以营造用餐气氛，反映宴会厅的格调，使客人对所列的美味佳肴留下深刻的印象，还可以作为一种艺术品来欣赏甚至留作纪念，给客人留下美好的回忆。

(6) 菜单是酒店开展餐饮业务活动的总纲。菜单是配备餐饮服务设施的基础，是餐饮服务生产和销售活动的依据，它以多种形式影响和支配着酒店的服务系统，具体体现在以下5个方面。

① 菜单是餐饮企业购置设备的依据和指南。餐饮企业在购置设备、炊具和餐具时，无论是它们的种类、规格还是质量、数量，都取决于菜单中菜式的品种、水平和特色。显然，每种菜式都有相应的加工烹制设备和服务餐具。菜式品种越丰富，所需设备、餐具的种类就越多；菜式水平越高越珍奇，所需的设备、餐具也就越特殊。总之，菜单决定了厨房餐厅所使用的设备的数量、性能与型号等，因而在一定程度上决定了餐饮企业的设备技术。

② 菜单反映了酒店员工的技术水平、工种和人数。餐饮企业应根据菜式制作和服务的要求，配备具有相应技术水平的厨师和服务人员。

③ 菜单的内容规定了食品原料采购和储藏工作的对象。菜单类型在一定程度上决定着采购和储藏的规模、方法和要求。例如，使用固定菜单的餐饮设施，由于菜式品种在一定时期内保持不变，企业所需食品原料的品种、规格等也相应固定不变，这就使得企业在原料采购方法、采购规格标准、货源、原料储藏要求、仓库条件等方面能保持相对稳定。如果企业使用循环菜单或变换菜单，则会产生不同的情况，食品原料的采购和储藏活动会变得烦琐复杂。

④ 菜单决定了餐饮成本的高低。菜单在体现餐饮服务规格水平、风格特色的同时，也决定了企业餐饮成本的高低。用料珍稀、原料价格昂贵的菜式过多，必然会导致较高的食品原料成本；而精雕细刻、煞费匠心的菜式过多，又会无端增加企业的劳动力成本。所以说，菜单制定得是否科学合理，各种不同成本的菜式数量所占的比例是否恰当，将直接影响宴会部盈利能力的高低。

⑤ 菜单影响厨房布局和宴会厅装饰。厨房内各业务操作中心的选址，各种设备、器械、工具的定位，应当以适合既定菜单内容的加工制作需要为准则。中餐与西餐厨房的布局安排往往大相径庭，这是因为它们烹制的内容不同、过程不同，所用的设备、工具不同。即使同是中餐厨房或西餐厨房，也会因各家菜单在菜肴特色、加工制作方法、品种数量比例等方面的差异而形成各自的特定布局。此外，宴会厅的装饰也应配合菜品的地方风味特色。

4.4.2 主题宴会菜单的种类

1. 按市场特点分类

(1) 固定性主题宴会菜单，即设计人员根据酒店的客源市场和客人的消费档次，事先设计的几套不同价格、不同类型、不同风味的宴会菜单。如婚宴套餐菜单、商务宴套餐菜单等。这种菜单的菜品已按既定的格式排好，其菜品排列组合和售价基本固定。在筹办同一档次同一类型的宴会时，会同时列出几份不同菜品组合的菜单供客人挑选。

这种菜单有利于宴会所需的烹饪原料的集中采购、集中加工，有利于降低成本，科学合理地选择和配置设备，有利于酒店员工安排工作和菜品质量的稳定和提高。固定菜单的不足之处在于：菜式固定不变，饭店必须无条件地购买烹制各道菜式所需的食品原料，即使食品原料价格上涨，也必须购买；固定菜单不够灵活，难以为客人提供多种风格的餐饮服务，也容易使厨房和服务员产生厌倦感。

某酒店婚宴套餐菜单如表4-9所示。这张宴会套餐菜单同时提供A单和B单两套菜品，其基本结构是相同的，只是对少数菜品做了调整。

表4-9 某酒店婚宴套餐菜单

A套菜品	B套菜品
凉菜：精美六围碟	凉菜：精美六围碟
捞汁三宝(海肠、木耳、黄瓜)	素鸡苏子叶蘸酱
头盘：风味羊腿	头盘：熏酱拼盘
热菜：脆鳞鲈鱼	热菜：脆鳞鲈鱼
盐水明虾	盐水明虾
林蛙焖土豆	香辣鸡中翅
葱烧红参	湘式小炒肉
杭椒牛柳	红参鲜鹿筋
长白山双珍	荷塘蛙鸣
风味鲜鱿	杏鲍菇炒花腩
奶香地瓜	蒜蓉娃娃菜
藕香时蔬	白灼芥蓝
大骨鸡榛蘑	时蔬贡丸
主食：扬州炒饭 1例	主食：六和面发糕 1例
肉三鲜饺子 1例	台南绿茶饼 1例
	赠：时令果盘 1例

注：1 000元/10人/桌。

(2) 循环性主题宴会菜单，即以一定天数为周期循环使用的菜单。使用循环性宴会菜单的宴会厅应根据预订的周期天数制定不同规格、不同档次、各不相同的宴会菜单，要求在预订周期天数内，每天的菜单都不一样，当这套菜单从头到尾用了一遍后，就算结束一个周期，然后再从头到尾继续使用这套菜单，使用循环周期为7～21天。这种循环菜单较易设计得丰富多彩，客人与员工都不会感到菜式单调，客人对菜式品种的需求容易得到满足。循环性菜单的不足之处在于：不能迅速适应市场需求的变化和反映原料供应的季节性变化；不能根据时令菜的上市或下市迅速变换菜单；在生产和人力安排方面较复杂；库存原料品种多，剩余食品不易处理；编制和印刷费用较高。

(3) 即时性主题宴会菜单，即根据客人的消费标准、饮食特点及本企业的资源情况结合客人的宴会需求即时制定的宴会菜单。这种菜单没有固定的模式，使用时效较短，灵活性强，能迅速适应客人需求、口味和饮食习惯的变化，并能根据季节和原料供应的变化及时变换菜单。即时性菜单的不足之处在于：菜品变化较大，给原料采购、食品生产、保持菜品质量稳定带来一定的难度。

2. 按主题宴会菜单格式分类

(1) 提纲式主题宴会菜单，即按照上菜顺序依次列出各种菜品的类别和名称，清晰分行、整齐排列的菜单。采用这种菜单，关于所用的原料以及其他说明则往往用附表作为补充。这种菜单在宴会摆台时可以放置在台面上，既可让客人熟悉宴会菜品又能充当装饰品和纪念品。酒店平时使用的菜单多属于这种类型，如“引导案例”中的某酒店丧宴菜单。

(2) 表格式主题宴会菜单。此种菜单既按上菜顺序分门别类地列出所有菜名，又在每一道菜名的后面列出主要原料、烹制方法、味型、色泽、刀工成形、烹调方法、配套餐具、成本、售价等。这种菜单属于酒店标准化菜单。厨师一看菜单，就知道如何选料、加工、切配、烹调、装盘、安排上菜顺序等，以确保菜品质量。客人看到这样的菜单也容易选定自己想要的菜品。如表4-10所示，为某酒店中餐婚宴套菜表格式菜单。

表4-10　某酒店美满良缘婚宴菜单

类别	菜名	味型	色泽	上菜顺序	刀工成形	烹调方法	主料
凉菜	夫妻肺片	麻辣、咸鲜	微红	1	片	白卤水煮	牛腱子、牛头肉、牛肚
	捞汁三宝	酸甜、咸鲜微辣	酱油色	2	丝、段	拌	黄瓜、木耳、海肠
	爽口贡片	咸鲜	绿色	3	片	拌	贡片
	蒜香凤爪	蒜香、咸鲜	自然色	4	段	拌	鸡爪
热菜	片皮鸭	稍辣	暗红	5	片	烤	鸭、饼
	风味羊腿	咸鲜、微辣	棕色	6	条	酱	羊腿
	清蒸鳜鱼	咸鲜	自然色	16	条	清蒸	鳜鱼
热菜	白灼基围虾	咸鲜	橘红	8	整只	白灼	基围虾
	蒜茸大连鲍	蒜香、咸鲜	金黄	11	十字花刀	清蒸	大连鲍
	菜胆扒肘子	咸鲜	暗红、绿边	10	块	扒	肘子
	四喜丸子	咸鲜	暗红	9	圆形	炸、蒸	猪肉馅
	葱烧辽参	咸鲜	暗红	12	条	烧	辽参
	彩椒鲜红蘑	咸鲜	红棕、红绿	13	丁段	炒	红蘑
	风味鲜鱿	咸鲜、辣	红色	14	条	炸	鱿鱼
	白灼芥蓝	咸鲜	绿	15	长段	白灼	芥蓝
羹	西湖牛肉羹	咸鲜	白	7	末	煮	牛肉末
主食	扬州炒饭	咸鲜	白、黄、绿、红	17	丁	炒	大米
	六和面发糕	微甜	柠檬黄	18	长方形	蒸	六和面

注：2 000元/10人/桌。

4.4.3 主题宴会菜单编制程序

1. 确定不同宴会标准

根据市场消费水平，确定不同宴会标准。例如，1 266元/10人/桌。

2. 确定菜单点菜数量

落实菜单结构，确定菜单点菜数量。

3. 拟定菜单菜品品种

根据原料情况，拟定菜单菜品。

4. 确定菜单菜品品种

结合技术力量和设备用具的实际情况，确定菜单菜品。

5. 确定装盘规格

结合菜品特点，落实菜品盛器，确定装盘规格。

6. 列出清单

规定每道菜品用料，开出标准食谱，核算整桌成本，进行相应调整，按照上菜顺序排列，形成一整套菜品清单。

7. 交厨房宴会厅进行培训

宴会预订员与行政总厨一同设计主题宴会菜单上的菜品，最后列出清单，行政总厨应召集厨房部的厨师开会，对客人要求的宴会菜品及菜品的色、香、味、形、养、器进行详细讲解，培训厨师的菜品加工工艺知识和技能。

8. 制作书面菜单

菜单中菜品方面的内容已在中餐、西餐主题宴会菜品设计中做过介绍，此处不再赘述。

4.4.4 制作书面主题宴会菜单的方法

1. 主题宴会菜单的内容编排

菜单内容通常包括以下3个部分。

(1) 宴会名称。根据宴会性质和类型来命名，如生日宴会菜单，一般写在宴会菜单的上方中间位置。

(2) 菜品的品名和价格。菜品名和价格应具真实性，既列出寓意名又列出写实名。菜品的寓意名要文雅、引人深思，写在菜单左半部分，右边写出写实名。宴会菜单要注明每桌可食用的人数及整桌的价格，写在宴会菜单名称的后面。还要列出酒店加收的服务费，写在宴会菜单的底部中间位置。无须列出每道菜的价格。菜名按照上菜顺序分门别类地排列，有横排和竖排两种，横排按类目编排，更适应现代人的识读习惯；竖排按每一道菜编排，具有古朴的韵味。

表格式宴会菜单不但要写出菜品名还要在其后注释真实的质量成分，包括主要原料的名称、产地、等级、分量、辅料名称、计价单位、味型、色泽、烹制方法、刀工成形、装盘、上菜顺序等内容，以便于厨房生产时使用。

(3) 告示性信息。每张菜单都应提供一些告示性信息。告示性信息应简洁，一般包含4方面内容：①酒店名称，通常安排在封面。②酒店地址、电话和商标记号，一般列在菜单的封底。有的菜单还列出酒店在城市中的地理位置。③酒店的特色风味，如果酒店具有某些特色风味而又无法通过酒店名反映，就要在宴会菜单封面的酒店名下列出其风味。④酒店经营时间，列在封面或封底。

2. 主题宴会菜单的纸张

应选择轻薄型胶版纸或铜版纸制作折叠型菜单卡，封面应印有店名、店徽，内页为空白，再把印好的菜单贴在菜单卡内页。此外，还有为某次宴会专门印制的整体菜单(连同封面)，以及为了达成促销目的而用精美的纸张印刷的彩色菜单。

3. 主题宴会菜单的尺寸

单页菜单尺寸以30cm×40cm为宜；对折式的双页菜单合上时的尺寸为25cm×35cm；三折式的菜单合上时的尺寸为20cm×35cm。另外，菜单页面上应保持一定的空白，这样可使字体突出、易读，避免产生杂乱感。菜单纸的折叠方法有许多，比较简单的方法是从中间对折，还可以切成各种几何图形和一些不规则形状。另外，菜单不一定都采用平面设计，也可以制成立体结构。菜单的式样应与宴会厅风格相协调，菜单的大小应与宴会厅的面积、餐桌的大小和座位空间的大小相协调，有一定规律可循。

4. 主题宴会菜单的文字

菜单中文字所占篇幅应为菜单面积的50%。菜单四边的空白宽度应相等，左边字首应对齐。菜单是借助文字向顾客传递信息的，因此，一份好的菜单文字介绍，应该做到描述详尽，令人读后增加食欲，从而起到促销菜品的作用。要设计、装帧一份阅读方便和具有吸引力的菜单，使用正确的字体是非常重要的。菜单正文一般使用仿宋体、黑体，菜品类别的标题说明可使用隶书。菜单应有相应的译文说明，一般用中、英文两种文字。其中，英文说明可使用印刷体，字号用二号字和三号字，三号字较为理想。

5. 主题宴会菜单的颜色

菜单颜色具有装饰作用，可使菜单更具吸引力，令人产生兴趣，能起到推销菜品的作用，还能显示宴会厅的风格和气氛，因此菜单的颜色要与宴会厅的环境、餐桌和餐具的颜色相协调。但菜单色彩越多，印刷成本越高，所以不宜使用过多的颜色，通常用4种颜色就能基本得到色谱中的所有颜色。一般情况下，鲜艳的大色块、五彩标题、五彩插图较适用于快餐厅的菜单；以淡雅优美的色彩如浅褐、米黄、淡灰、天蓝为基调设计的菜单，能使人觉得有档次。对于重点推销的菜品、特色菜品，用彩色照片配上菜名及介绍文字是一种极好的推销方式。尽管印制彩色照片的费用比单色或双色印刷费用高出许多，但一张优质的彩色照片胜过千言万语，许多菜品、饮料只有通过彩色的照片才能显示其质量。彩色照片能真实地展现令人食欲大增的菜品，能为菜单增加美观度，使客人加快订菜的速度，它是有效的菜品推销工具。

6. 主题宴会菜单的封面、封底

封面、封底是菜单的门面，设计精良、色彩丰富、得体、漂亮、实用的菜单封面和封底往往能显示酒店的档次和格调。因此，在设计菜单封面时应注意以下几方面：首先，封面图案要体现酒店的经营特色；其次，菜单的封面要清楚地列出酒店名称、特色风味；最后，封底应注明酒店营业时间、联系电话、地址、商标记号、支付方式等信息。

实训

知识训练

(1) 主题宴会菜单的作用有哪些？

(2) 主题宴会菜单有哪几种？

(3) 设计主题宴会菜单分为哪几个步骤？

(4) 怎样制作主题宴会书面菜单？

能力训练

根据本项目任务4.2中的能力训练中第一组设计的婚宴菜单，第二组设计的寿宴菜单，第三组设计的同学聚会宴菜单，第四组设计的公务欢迎晚宴菜单，分别制作装帧精美的书面菜单。要求：在内容排列、格式安排、菜单纸张颜色、纸张大小尺寸4个方面与宴会主题相协调。

以小组为单位，根据本项目任务4.3中的能力训练中所设计的西餐冷餐酒会菜单，制作装帧精美的书面菜单。要求：在内容排列、格式安排、菜单纸张颜色、纸张尺寸大小4个方面与宴会主题相协调。

素质训练

举行学生宴会菜单设计的展览讲评活动。组织学生到酒店参观装帧的主题宴会菜单，以增加感性认识。通过互联网搜集主题宴会菜单的图片资料，学生之间进行交流、鉴赏。

通过设计菜单，应意识到菜单设计工作的责任，树立自己的责任感；应具有广泛的食品原料知识，了解各种食品原料的性能、营养价值、制作方法等；具有一定的艺术修养，对于食物色彩的搭配与菜品外观、质地、温度等的配合，要有感性和理性的认识；善于捕捉信息，能及时了解客人需要、厨房状态；有创新意识和构思技巧，勇于尝试，有所创新，有致力于为客人服务的思想意识。

小资料

菜品与数字

(1)“一品”形容菜肴名贵。例如，一品大排、一品豆腐、一品火锅。

(2) 双喜临门，如双色虾球。

(3)“三鲜”由鲜美的烹饪原料组合而成。例如，海三鲜、素三鲜、肉三鲜；三星拱照(明珠扒海参)、三仙聚会(炸制的三种海鲜)。

(4)“四喜”是指菜品有四种原料、四种颜色，通常为四份。例如，四喜烧卖、四喜丸子、四喜虾饼。

(5)“五福”出自《尚书·洪范》，是指寿、富、康、德、善，通常用于寿宴。例如，五福肉、五子拜寿。

(6)“麒麟”是一种珍贵的动物，形状像鹿，象征吉祥。例如，麒麟鱼。

(7)“八仙”，传说中的八仙为汉钟离、张果老、韩湘子、铁拐李、吕洞宾、曹国舅、蓝采和、何仙姑。菜品中的“八仙”指由八种原料烹制的菜、羹或以八仙形象组成的一桌宴席。例如，八仙过海宴。

(8)“八宝”是指用八种干果、蜜饯或时蔬、笋菌烹制的菜肴。例如，甜八宝、咸八宝、八宝粥、八宝鸭子、八宝素烩。

(9) 九，如九色攒盒，它是一种将底盘分成九格，并在每一格里盛装一种冷菜的菜品。

(10) 什，如什锦拼盘、什锦水果盅。

(11) 百，如百花甲鱼。

(12) 千，如千层饼，形容饼的层次多，做工非常精细。

项目小结

1. 主题宴会菜品知识

中餐主题宴会菜品具有烹制方法多样，用料广泛、选料讲究，刀工精细、刀法多样，调味丰富、突出特味，精用火候，盛装讲究、盛装器皿品种多样等特点。中国菜系由地方菜、官府菜、宫廷菜、民族风味菜和有宗教意义的清真菜和素菜组成。西餐主题宴会菜品具有菜品原料多样、调味清淡、多带奶油味、菜品鲜嫩、酒菜严格搭配等特点。

2. 中餐主题宴会菜品

中餐主题宴会菜品由手碟、冷菜、热菜、汤、点心、甜品、主食、水果组成。

中餐主题宴会设计方法：合理分配菜品成本；确立核心菜品；配备辅佐菜品；合理安排菜品口味；突出酒店主要菜系的特色烹调方法；考虑菜品数量结构；设计营养结构；按照上菜顺序排菜。

3. 西餐主题宴会菜品

西餐主题宴会由开胃菜、主菜、甜点、饮料4部分组成。西餐主题宴会通常包括餐前鸡尾酒会、正餐、餐后酒会三个阶段。正餐有头盘、汤、副菜、主菜、沙拉、甜点6道。冷菜占宴会菜品总成本的20%，汤和热菜共占宴会菜品总成本的60%，其他菜品占20%。西餐正餐主题宴会菜品类别与盛器的搭配有严格的规定。

4. 主题宴会菜单

宴会菜单按市场特点分为固定菜单、循环菜单以及即时性菜单；按照主题宴会菜单格式可分为提纲式菜单和表格式菜单。一张菜单的内容通常由4部分组成，即宴会名称、菜品名、价格以及告示性信息。

项目5
主题宴会酒水与服务流程设计

项目描述

在宴会上，人们除了食用菜品，还需饮用酒水。饮酒是宴会活动中不可缺少的一个组成部分，要使酒水符合宴会主题且满足宴会客人需求，必须对酒水的色、香、味、形、养、器方面的知识有一定的了解，掌握酒菜之间、酒水之间、酒水与盛器之间的搭配规律，掌握酒水服务的技巧。本项目设置认识主题宴会酒水、主题宴会酒水搭配设计、主题宴会酒水用具设计、主题宴会酒水服务流程设计4个任务。

项目目标

知识目标：了解酒水种类，中餐宴会用酒香型及种类，西餐宴会用酒种类，宴会用茶以及其他软饮料的种类和特点；掌握酒水与菜肴、酒水与酒水的搭配规律。

能力目标：根据宴会主题和客人要求，能够设计出与宴会菜品相配套的酒水；能够做到酒水与菜肴的口味香型、色调搭配合理，在此基础上设计宴会酒水的盛器；能够具备宴会酒水服务技能，能够按照宴会酒水服务流程提供服务。

素质目标：了解酒水在色、香、味、形、养、器方面的知识；了解中国茶文化，积累茶文化知识，为客人提供个性化服务；会利用酒水烘托宴会气氛；了解宴会酒水服务的礼仪及习俗要求；养成良好的卫生习惯，培养规范、细致、准确、安全的职业操作意识。习近平总书记在党的二十大报告中提出："在全社会弘扬劳动精神、奋斗精神、奉献精神、创造精神、勤俭节约精神，培育时代新风新貌。"我们应积极响应这一要求，在宴会酒水服务中发扬劳动精神、奉献精神，满足客人的个性化需求。

任务5.1 认识主题宴会酒水

引导案例 | 啤酒有多少度

2010年6月5日晚，某校2007级毕业生在某酒店举办聚会宴。王宇和刘洋正在聊天，旁边的李明看到他俩在喝果汁，就说："来，你俩也喝点啤酒助兴。"说完，他便喊服务员小张来斟啤酒。王宇忙说："我不能喝酒，这酒多少度？"李明说："这酒没有度数，喝了没事。"服务员小张顺便看了一下啤酒瓶上的商标，说："11°，不高。"王宇一听连连摇头说："度数太高了，我不喝。"一旁的刘洋接过啤酒瓶看了看，说："这上面的'11°'不是酒精度，而是麦芽汁的浓度。"说完，他又指着下面一行小字告诉服务员小张："这才是啤酒的酒精度，是3.5°。"服务员小张站在一旁非常尴尬。

根据案例回答下列问题：

(1) 这瓶啤酒的度数到底是11°还是3.5°？

(2) 服务员小张为什么会感到尴尬？

案例分析：

(1) 通常啤酒的酒精含量为2%～5%，啤酒商标上标明的9°～11°是指所含麦芽汁的浓度。这是两个完全不同的概念。

(2) 服务员在宴会服务中不但要有热情、礼貌的服务态度，还必须具备丰富的业务知识和技能。服务员小张对酒水知识了解得少，不能准确地向客人介绍，不但容易引起客人的不满，而且不利于推销。可见，在宴会服务中掌握酒水知识是非常必要的。

相关知识

微课 5.1

认识主题宴会酒水

5.1.1 酒水分类

酒水就是人们日常生活中常说的饮料，它分为酒精饮料和无酒精饮料。酒精饮料是指酒精浓度在0.5%以上的饮料；无酒精饮料是指不含酒精的饮料或饮品，或酒精浓度不超过0.5%的饮料，又称软饮料。酒的种类多种多样，我们可以按不同标准进行分类。

1. 按照酒的生产工艺分类

1) 发酵酒

发酵酒又称原汁酒，是在含有糖分的液体中加入酵母进行发酵而产生的含酒精饮料。

发酵酒的主要原料是谷物和水果。它的特点是含酒精量低，属于低度酒。用谷物发酵的啤酒酒精含量为3%～8%，果类葡萄酒酒精含量为8%～14%。

(1) 谷类发酵酒。①啤酒，原料是大麦。②黄酒，原料是大米和黍米。它是通过发酵、霉菌、酵母和细菌的共同作用酿造而成的一种低度压榨酒，是中国特有的酒。

(2) 果类发酵酒。果类发酵酒是以植物的果实为原料酿造而成的酒。其中，以葡萄酒为代表。

2) 蒸馏酒

凡以糖质或淀粉质为原料，经糖化、发酵、蒸馏而成的酒，统称为蒸馏酒。白兰地、金酒、威士忌、伏特加、朗姆酒、特基拉酒被称为"世界六大著名蒸馏酒"。中国的白酒也属于蒸馏酒类。

(1) 谷类蒸馏酒。①威士忌，酒液呈琥珀色，口味微辣醇厚，酒度在45°左右。国际上习惯把威士忌按产地分为4类，即苏格兰威士忌、爱尔兰威士忌、美国威士忌、加拿大威士忌。②金酒，又称杜松子酒，酒液清澈透明，含有杜松子的清香，酒度在40°左右。比较流行的品种有荷兰金酒、英国伦敦干味金酒。③伏特加，以马铃薯或玉米、大麦、黑麦为原料生产的蒸馏酒精经活性炭处理而成，酒度在45°左右。④中国白酒，酒液洁白晶莹，无色透明；香郁纯净，余香不尽；醇厚柔绵，甘润清冽；酒体协调，变化无穷。按照香型，可将白酒分为酱香、清香、米香、浓香和兼香型五大类；按照使用的酒曲类型，可分为大曲酒、小曲酒。

(2) 果类蒸馏酒。白兰地是果类蒸馏酒的典型代表，是以葡萄酒为基酒蒸馏而成的。其中，以法国的科涅克和阿玛涅克较为著名。

(3) 果杂类蒸馏酒。主要品种有朗姆酒、特基拉酒。朗姆酒用甘蔗汁发酵蒸馏而成，经橡木桶陈酿，形成独特的香型。特基拉酒是墨西哥的国酒，它的主要酿酒原料是龙舌兰。

3) 混配酒

混配酒是一种由多种饮料混合而成的新型饮料。混配酒的主要代表是鸡尾酒。混配酒分5类，即开胃酒类、甜食酒类、利口酒类、露酒和山西竹叶青。

(1) 开胃酒。开胃酒适合餐前饮用，具有开胃功能。主要酒种：味美思、茴香酒、苦酒。

(2) 甜食酒。甜食酒又称餐后甜酒，是在西餐中佐助甜品的饮料，口味较甜。主要酒种：①波特酒。该酒是葡萄牙的国宝，有红、白波特酒两种。较著名的酒品有道斯、泰勒。②雪利酒。该酒分两种，有非诺和奥罗露素。

(3) 利口酒。利口酒又称香甜酒，是一种香气浓郁、酒度为30°～40°，多用于餐后甜酒或调制鸡尾酒的酒种。主要酒种：①果料利口酒。该酒具有口味清爽新鲜的特点，比较著名的有柑橘类利口酒和樱桃白兰地。②草料利口酒。该酒具有健胃、强体、助消化功能，著名的酒品有修士酒。

(4) 露酒。露酒是一种饮料酒，是我国具有独特风格的传统美酒，酒度为30°～50°。

为使其口味甜且柔和爽口，酿制露酒时需调入冰糖、蜂蜜等甜味剂。

(5) 山西竹叶青。中国混配酒以山西竹叶青最为著名。竹叶青酒味微甜清香，酒性温和，适量饮用有较好的滋补作用。它的酒精含量为45%，含糖量为10%。

2. 按照配餐方式和饮用方式分类

按照西餐的配餐方式分类，酒水可分为餐前酒、佐餐酒、甜食酒、餐后甜酒、烈酒、啤酒、软饮料和鸡尾酒8类。

(1) 餐前酒。餐前酒也称开胃酒，在餐前饮用，具有开胃功能。雪利酒的菲诺类酒，常常被用来作为开胃酒。

(2) 佐餐酒。佐餐酒也称葡萄酒，西方人就餐时一般只喝佐餐酒不喝其他酒。佐餐酒包括红葡萄酒、白葡萄酒、玫瑰红葡萄酒和汽酒。

(3) 甜食酒。甜食酒一般在佐助甜食时饮用，常以葡萄酒为酒基加葡萄蒸馏酒配制而成。常见的甜食酒有奥罗露素、雪利酒。

(4) 餐后甜酒。餐后甜酒是餐后饮用的糖分很多的酒类，具有促进消化的作用，有多种口味。常见的餐后甜酒有波特酒、雪利酒、利口酒。

(5) 烈酒。烈酒是指酒度在40°以上的酒。常见的烈酒有金酒、威士忌、白兰地、朗姆酒、伏特加和特基拉酒，一般作为佐餐酒。

(6) 啤酒。啤酒是佐餐用酒，主要包括鲜啤酒(也称作生啤酒或扎啤)和熟啤酒。

(7) 软饮料。软饮料包括汽水、果汁、矿泉水。

(8) 混合饮料与鸡尾酒，主要在餐前饮用。

3. 按照酒精度分类

(1) 低度酒，即酒度为15°及以下的酒品。

(2) 中度酒，即酒度为16°～37°的酒品。

(3) 高度酒，即酒度在为38°及以上的酒品。

我国将酒度为38°及以下的酒称为低度酒，而有些国家将酒度为20°及以上的酒称为烈性酒。

5.1.2 酒水属性

1. 色

酒液有各种颜色，如赤、橙、黄、绿、青、蓝、紫等。酒液的色泽如此繁多的主要原因：一是来自酿酒原料的颜色；二是在酿造过程中受温度变化的影响；三是人工增色。一般说来，高品质酒的色泽较为纯净。

2. 香

中国白酒的香型有以下5种。

(1) 酱香型，又称茅香型，以贵州茅台酒为代表。酱香型的白酒是由酱香酒、窖底香酒和醇甜酒等勾兑而成的。所谓酱香是指酒品具有类似酱食品的香气，酱香型酒的香气的组成成分极为复杂，至今未有定论，但人们普遍认为酱香是由高沸点的酸性物质与低沸点的醇类物质组成的复合香气。酱香型的酒香而不艳、低而不淡、醇香优雅、不浓不猛、回味悠长，倒入杯中过夜香气久留不散，且空杯比实杯还香，令人回味无穷。

(2) 浓香型，又称泸香型，以四川泸州老窖特曲为代表。浓香型的酒具有芳香浓郁、绵柔甘洌、香味协调、入口甜、落口绵、尾净余长等特点，这也是判断浓香型白酒酒质优劣的主要依据。构成浓香型酒典型风格的主体是乙酸乙酯，这种成分含香量较高且香气突出。浓香型白酒的品种和产量均居全国大曲酒之首，在中国八大名酒中，五粮液、泸州老窖特曲、剑南春、洋河大曲、古井贡酒都是浓香型白酒中的优秀代表。

(3) 清香型，又称汾香型，以山西杏花村汾酒为主要代表。清香型白酒酒气清香、芬芳醇正，口味干爽协调，酒味醇正、醇厚绵软。构成清香型酒典型风格的主体是乙酸乙酯和乳酸乙酯，两者结合形成该酒的主体香气，其特点是清、爽、醇、净。清香型风格基本代表了我国老白干酒类的香型特征。

(4) 米香型。米香型酒是指以桂林三花酒为代表的一类小曲米液，它是具有悠久历史的传统酒种。米香型酒具有蜜香清柔、优雅纯净、入口柔绵、口味怡畅的特点，给人以朴实醇正的美感。在米香型酒的香气成分中，乳酸乙酯含量大于乙酸乙酯，高级醇含量也较多，共同形成它的主体香。这类酒的代表有桂林三花酒、全州湘山酒、广东长乐烧等小曲米酒。

(5) 兼香型，通常又称为复香型，即兼有两种以上主体香气的白酒。这类酒在酿造工艺方面汲取清香型、浓香型和酱香型酒之精华，在继承和发扬传统酿造工艺的基础上独创而成。兼香型白酒之间风格相差较大，有的甚至截然不同，这种酒的闻香、口香和回味香各有不同，具有一酒多香的风格。兼香型酒以董酒为代表，董酒酒质既有大曲酒的浓郁芳香，又有小曲酒的柔绵醇和、落口舒适甜爽的特点，风格独特。

3. 味

酒的味道常常用酸、涩、苦、辛、咸、甜6味来评价。

(1) 酸。酸味给人以醇厚、甘洌、爽快、开胃、刺激等感觉，能使人感觉到干净、干爽，所以常以“干”字冠名。

(2) 涩。涩给人以麻舌、收敛、烦恼等感觉，对人的情绪有较强的干扰。

(3) 苦。苦味给人以净口、止渴、生津、除热、开胃等感觉，具有较强的味觉破坏功效，可导致其他味觉的麻痹。

(4) 辛。辛又称辣，给人以强烈刺激，有冲头、刺鼻、兴奋、颤抖等感觉。高浓度酒辛辣的感觉更加强烈。

(5) 咸。咸给人以浓厚的感觉，能增加味觉的灵敏度。

(6) 甜。甜给人以舒适、滋润、圆正、醇美、丰满、浓郁、绵柔等感觉。

5.1.3 中餐主题宴会酒水种类

1. 白酒种类

中国白酒是烈性酒，酒度为38°～67°。中餐宴会用酒一般有以下10种。

(1) 茅台酒。茅台酒属酱香型大曲白酒，酒色晶莹透明，酱香突出，优雅细腻，回味悠久，酒体丰满而醇厚，并具有独特的空杯留香的特点。传统酒度为53°。

(2) 汾酒。汾酒酒液晶莹透明，清香纯正，优雅芳香，绵甜爽净，酒体丰满，回味悠长，是我国清香型白酒的典型代表，故人们又将这一香型俗称为“汾香型”。酒度有38°、53°和65° 3种。

(3) 泸州老窖。泸州老窖酒液无色透明，窖香浓郁，清冽甘爽，饮后尤香，回味悠长，具有浓香、醇和、味甜、回味长的四大特色。酒度有38°、52°和60° 3种。

(4) 五粮液。五粮液酒液清澈透明，酒味醇厚甘美、柔和净爽，且各味协调。饮后无刺激感、不上头。开瓶时，喷香扑鼻；入口后，满口溢香；饮用时，四座飘香；饮用后，余香不尽。五粮液属浓香型大曲酒中出类拔萃之佳品。酒度有39°、52°和60° 3种。

(5) 西凤酒。西凤酒酒液无色清亮透明，酒味醇香芬芳，清而不淡，浓而不艳，集清香、浓香之优点于一体，优雅，诸味协调，回味舒畅，风味独特，被誉为“酸、甜、苦、辣、香五味俱全而各不出头”。西凤酒属凤香型大曲酒，被人们赞为“凤型”白酒的典型代表。酒度有39°、55°和65° 3种。

(6) 洋河大曲。洋河大曲酒液清澈透明，气味芳香浓郁，入口柔绵，鲜甜甘爽，酒质醇厚，余味圆净，回香悠长，以“甜、绵软、净、香”著称。酒度有38°、48°和55° 3种。

(7) 古井贡酒。古井贡酒酒液清澈透明，幽香如兰，黏稠挂杯，酒味醇和，浓郁甘润，余香悠长。酒度有38°、55°和60° 3种。

(8) 剑南春。剑南春酒质无色，清澈透明，芳香浓郁，酒味醇厚回甜，酒体丰满，香味协调，恰到好处，清冽净爽，余香悠长，以“芳、冽、甘、醇”闻名。酒度有28°、38°、52°和60° 4种。

(9) 郎酒。郎酒呈微黄色，清澈透明，酱香突出，酒体丰满，空杯留香长，以“酱香浓郁、醇厚净爽，优雅细腻，回甜味长”的独特风格著称。酒度有39°和53° 两种。

(10) 董酒。董酒无色，清澈透明，香气优雅舒适，既有大曲酒的浓郁芳香，又有小曲酒的柔绵、醇和、回甜，还有淡雅舒适的药香，爽口微酸，入口醇和浓郁，饮后干爽味长。由于酒质芳香奇特，董酒被人们誉为在其他香型白酒中独树一帜的“药香型”或“董香型”典型代表。酒度有38°和58°两种。

2. 黄酒种类

黄酒香气浓郁，口味鲜美，酒体醇厚。常用的黄酒有以下3种。

(1) 绍兴酒。绍兴酒具有色泽橙黄清澈、香气馥郁芬芳、滋味鲜甜醇美的独特风格。绍兴酒有越陈越香、久藏不坏的优点，人们评其有“长者之风”。绍兴酒有5个品种：①状元红酒，酒液橙黄透明，香气芬芳，口味干爽微苦，酒度在15°以上。家中添男丁时，一般用状元红酒庆祝。②加饭酒，酒液橙黄明亮，香气浓郁，口味醇厚，酒度在18°以上。③双套酒，酒色深黄，酒质醇厚，口味甜美，芳馥异常，酒度在14°左右。④香雪酒，酒色金黄透明，鲜甜、醇厚，酒度在20°左右。⑤女儿酒，风味香醇。家中生女孩时，一般用女儿红或女儿酒庆祝。

(2) 即墨老酒。酒液墨褐带红，浓厚挂杯，具有特殊的糜香气。饮用时醇厚爽口，微苦而余香不绝。

(3) 沉缸酒。酒液鲜红透明，呈红褐色，有琥珀光泽，酒味芳香扑鼻，醇厚馥郁，饮后回味绵长。此酒糖度高，但没有一般甜型黄酒的黏稠感，饮后可兼得糖的清甜、酒的醇香、酸的鲜美、曲的辛苦。

3. 啤酒种类

(1) 根据颜色分类。包括：①淡色啤酒，外观呈淡黄色、金黄色或棕黄色。②浓色啤酒，外观呈红棕色或红褐色。③黑色啤酒，外观呈深红色至黑色。

(2) 根据工艺分类。包括：①鲜啤酒，即包装后未经巴氏灭菌的啤酒。②熟啤酒，即包装后经巴氏灭菌的啤酒。

(3) 根据麦汁含量分类。包括：①低浓度啤酒，麦汁浓度为2.5°～8°，乙醇含量为0.8%～2.2%。②中浓度啤酒，麦汁浓度为9°～12°，酒精含量为2.5%～3.5%。③高浓度啤酒，麦汁浓度为13°～22°，酒精含量为3.6%～5.5%。

(4) 根据啤酒发酵特点分类。包括：①拉戈啤酒，外观呈浅色，是传统的德式啤酒。②宝克啤酒，外观呈棕红色，有醇厚的麦芽香，口感柔和醇厚，泡沫持久，酒精度为6°。③波特黑啤酒，比较著名的品牌有青岛啤酒、雪花啤酒、雪花纯生、雪花干啤、燕京8°等。其中，青岛啤酒属于淡色啤酒，酒液呈淡黄色，清澈透明，富有光泽，二氧化碳含量充足，当酒液注入杯中时，泡沫细腻、洁白，持久而厚实，并有细小如珠的气泡从杯底连续不断上升，经久不息。饮用时，酒质柔和，有明显的酒花香和麦芽香，具有啤酒特有的爽口苦味和杀口力。原麦汁浓度为8°～11°，酒精含量为3.5%～4%。

4. 葡萄酒种类

葡萄酒是以葡萄为原料经过发酵酿制而成的酒。通常酒中酒精含量低，酒度为10°～14°。葡萄酒主要用于佐餐。按不同的标准，葡萄酒可分为不同种类。

1) 国际葡萄酒组织的分类

(1) 葡萄酒。葡萄酒包括白葡萄酒、红葡萄酒、桃红葡萄酒(粉红、玫瑰红)3种，其酒度不能低于8.5°。①白葡萄酒，它是选择白葡萄或浅色果皮的酿酒葡萄，经过皮汁分离，取其果汁进行发酵酿制而成的葡萄酒。这类酒具有外观清澈透明、果香芬芳、优雅细腻、滋味微酸爽口的特点。饮用时与鱼虾海鲜及各种禽肉配合尤佳。②红葡萄酒，它是选择皮红肉白或皮肉都红的酿酒葡萄进行皮汁混合发酵，使果皮或果肉的色素浸出后，再将发酵的原酒与皮渣分离陈酿而成的葡萄酒。这类酒的色泽呈天然红宝石色，酒体丰满醇厚，略带涩味，适合与口味浓重的菜肴配合。③桃红葡萄酒(玫瑰红葡萄酒)，它是介于红、白葡萄酒之间，选用皮红肉白的酿酒葡萄，进行葡萄皮与葡萄汁短时间的混合发酵，达到色泽要求后进行皮渣分离，继续发酵陈酿而成的葡萄酒。该种葡萄酒的色泽为桃红色、玫瑰红色或淡红色。

(2) 特殊葡萄酒。该酒是以新鲜葡萄、葡萄汁或葡萄酒为原料制成的葡萄酒，它包括加汽葡萄酒、香槟、加强葡萄酒、加香葡萄酒。①加汽葡萄酒，酒中的二氧化碳是以人工方法加入到葡萄酒中的，也叫起泡葡萄酒。②香槟，它是以地区命名、经过自然发酵方法制成的含有二氧化碳的葡萄酒。③加强葡萄酒，它是在葡萄酒的发酵过程中或发酵后，添加白兰地或酒精制成的葡萄酒，此类酒的酒精含量较高，通常为15°～22°。如西班牙的雪利酒和葡萄牙的波特酒。④加香葡萄酒，它是在葡萄酒中加入果汁、草药、甜味剂等制成的葡萄酒，有的还加入酒精或砂糖，如味美思。

2) 按葡萄酒含汁量分类

(1) 全汁葡萄酒。酒中葡萄汁的含量为100%，不另外加糖、酒精和其他成分。

(2) 半汁葡萄酒。酒中葡萄汁的含量为50%，另一半可加糖、酒精、水等其他成分。

3) 按葡萄酒颜色分类

(1) 白葡萄酒。这类酒的色泽由金黄至无色不等，外观清澈透明。

(2) 红葡萄酒。这类酒的色泽呈天然红宝石色。

(3) 桃红(粉红、玫瑰红)葡萄酒。这类酒的色泽呈桃红色、玫瑰红色或淡红色。

4) 按葡萄酒含糖量分类

(1) 干葡萄酒。这类酒的含糖量在4.0g/L以下。

(2) 半干葡萄酒。这类酒的含糖量为4.0～12g/L。

(3) 半甜葡萄酒。这类酒的含糖量为12～45g/L。

(4) 甜葡萄酒。这类酒的含糖量在45g/L以上。

5) 按葡萄酒中二氧化碳含量分类

(1) 起泡葡萄酒。这种葡萄酒因含有二氧化碳而起泡，常被视为用于庆祝的酒，人们最熟悉的(也是最贵的)起泡葡萄酒是法国的香槟酒。

(2) 平静葡萄酒。多数葡萄酒属于这种类型，它们是静止的，也就是说，它们是不起泡的。酒度为8°～15°。例如，波尔多酒(bordeaux)、勃艮第酒(burgundy)、霞多丽(chardonnay)、色拉子(shiraz)。

(3) 利口葡萄酒。这种酒中加入额外的酒精，因而酒精含量要高一些，酒度达到15°～22°。西班牙的雪利酒(sherry)和葡萄牙的波特酒(port)都属于“利口葡萄酒”。

5.1.4 西餐主题宴会酒水种类

(1) 开胃酒。开胃酒适合餐前饮用，具有开胃功能。主要酒种有味美思、茴香酒、苦酒。

(2) 甜食酒。甜食酒适合餐后饮用，是在西餐中佐助甜品的饮料，口味较甜。主要酒种有波特酒(sort)、雪利酒(sherry)。

(3) 红葡萄酒。红葡萄酒用于搭配餐中的野味、红肉。主要酒种有加本力苏维翁(cabernet sauvignon，别名：解百纳)、梅乐(merlot)、桃红葡萄酒(syrah/shiraz，别名：色拉子)、香槟酒(brut champagne)、波尔多(bordeaux)、勃艮第(burgundy)、金粉黛(zinfandel)等。

(4) 白葡萄酒。白葡萄酒适合与鱼虾海鲜及各种禽肉菜品配合饮用。主要酒种有莎当妮(chardonnay)、长相思(又称白苏维翁，sauvignon blanc)、意斯林(italian riesling)、雷司令(riesling)、赛美蓉(semillon)等。

(5) 桃红葡萄酒。桃红葡萄酒不甜且口味粗烈，可与任何菜品配饮。

(6) 香槟酒。香槟酒具有独特、细致的气泡，浓郁芬芳的果香和花香，酒色呈黄绿色，清亮透明，口味醇美、清爽、醇正，果香浓于酒香，酒度为11°，可在任何场合与任何食物配饮。

(7) 软饮料。软饮料主要有咖啡和红茶，咖啡是以咖啡豆的提取物制成的饮料，可以单品饮用，也可以混合调配，味道或甘或酸，或香或醇，或苦或浓。著名的咖啡饮品有皇室咖啡、维也纳咖啡、意大利咖啡。

(8) 鸡尾酒。现场调制的鸡尾酒有五色彩虹酒、纽约、椰林飘香、新加坡司令、红粉佳人、特基拉日出等。

(9) 啤酒。它主要包括以下酒种：①嘉士伯，特点为知名度较高，口味较大众化。②喜力啤酒，特点为口味较苦。③比尔森啤酒，特点为麦汁浓度为11°～12°，色浅，泡沫洁白细腻，挂杯持久，酒花香味浓郁而清爽，苦味重而不长，味道醇厚，杀口力强。④慕尼黑啤酒，特点为外观呈红棕色或棕褐色，清亮透明，有色泽，泡沫细腻，挂杯持久，二氧化碳充足，杀口力强，具有浓郁的焦麦芽香味，口味醇厚而略甜，苦味轻。内销啤酒的原麦汁浓度为12°～13°，外销啤酒的原麦汁浓度为16°～18°。

(10) 烈酒。烈酒是指酒度在40°以上的酒，主要包括金酒、威士忌、白兰地、朗姆酒、伏特加和特基拉酒，一般作为佐餐酒。

5.1.5 中西餐宴会用茶

我国是最早把茶叶用于制作饮品的国家。茶叶具有保健作用。中餐宴会用茶的档次直接影响宴会的档次水平。一般来说，中餐宴会所用的茶叶都是口味色泽俱佳的高档次茶叶。主要品种有绿茶、红茶、乌龙茶、花茶、紧压茶、白茶、黄茶和黑茶等。

1. 绿茶

绿茶采用高温杀青等工艺，防止芽叶发酵，保持了鲜叶的天然翠绿色，冲泡后茶汤碧绿清澈，茶味清香鲜醇。绿茶名贵品种有以下8种。

(1) 西湖龙井茶，产于浙江杭州西湖区，具有“色绿、香郁、味醇、形美”4绝之美誉。

品质特点：形状扁平挺秀，光滑齐匀，色泽绿中显黄。冲泡后，汤色明亮，味甘鲜美，叶底均匀。

(2) 洞庭碧螺春，产于江苏吴县太湖的洞庭山，以碧螺峰所出产的品质为最好。

品质特点：外形条索纤细，卷曲如螺，茸毫披露，银绿隐翠。冲泡后，清香幽雅，滋味甘醇鲜爽，汤色碧绿，清澈明亮，叶底明绿均匀。

(3) 黄山毛峰，产于安徽歙县黄山，以香高、味醇、芽叶细嫩多毫为特色。

品质特点：外形细嫩稍卷曲，有锋毫，形似雀舌，奶叶(鱼叶)呈金黄色，色泽嫩绿油润，俗称“象牙色”。冲泡后，香气清鲜高长，汤色杏黄清澈，滋味醇厚回甘，叶底厚实成朵。

(4) 庐山云雾，产于江西庐山。

品质特点：外形条索壮实，色泽绿翠多毫。冲泡后，香气鲜爽持久，滋味醇厚回甘，汤色清澈明亮，叶底嫩绿匀齐。

(5) 南京雨花茶，产于江苏南京中山陵和雨花台一带。

品质特点：形似松针，条索紧结，长直圆浑，两端稍尖，白毫披露，峰苗挺秀，色泽墨绿，整齐均匀。冲泡后，香气浓郁高雅，滋味鲜醇回甘，汤色清澈碧绿，叶底匀嫩明亮。

(6) 信阳毛尖，产于河南信阳和罗山。

品质特点：条形细紧圆直，色绿光润，白毫显露，且有锋苗。冲泡后，香气高爽持久，滋味浓厚回甘，汤色绿翠，叶底绿亮。

(7) 都匀毛尖，产于贵州都匀。

品质特点：条索纤细，披白毫，香清高，色黄绿。冲泡后，香气清鲜，滋味鲜浓，汤色清澈，叶底匀绿泛黄。所以，都匀毛尖的品质风格有“三绿透三黄”之说，即干茶绿中带黄，汤色绿中透黄，叶底绿中显黄。

(8) 太平猴魁，产于安徽太平的猴坑一带。

品质特点：外形挺直壮实，叶裹顶芽，有“两叶夹一芽”之称。色泽苍绿匀润，茸毫披露。冲泡后，香气浓高持久，有兰花香。滋味浓厚鲜醇，汤色绿翠明亮，叶底肥壮嫩匀。

2. 红茶

经过萎凋、揉捻、充分发酵、干燥等基本工艺程序生产的茶叶称为红茶。红茶属于全发酵茶类(发酵度为100%)，其品质特点是“外形红、汤水红、叶底红”。 红茶是世界上消费量最大的茶类，国际市场上红茶的贸易量占世界茶叶总贸易量的90%以上。红茶主要有以下3类。

(1) 小种红茶。它是世界红茶的始祖，原产于福建省。

品质特点：外形紧结圆直，香气浓烈，汤色金黄且滋味醇浓。

(2) 工夫红茶。它是在小种红茶的基础上演变发展而成的一类红茶，按产地的不同可分为祁红(产于安徽)、滇红(产于云南)、宁红(产于江西)、闽红(产于福建)、湖红(产于湖南)、川红(产于四川)等不同的品种。其中，以安徽祁门出产的祁红和云南出产的滇红较为著名。

① 祁红。它是小叶种工夫红茶。

品质特点：条索细嫩、紧秀，色泽乌黑油润，汤色红艳明亮，香气高鲜嫩甜，具有类似玫瑰花的甘香，称为“祁门香”。

② 滇红。它是大叶种工夫红茶。

品质特点：条索肥壮、重实，显金黄毫，汤色红艳，滋味浓醇，带有花果香。

(3) 红碎茶。在红茶加工过程中，茶青经过萎凋、揉捻后再揉切或以揉切代替揉捻，然后经过发酵、烘干而制成的红茶称为红碎茶。

品质特点：茶汁浸出快，浸出量大，适合做成“袋泡茶”。

3. 乌龙茶

乌龙茶又名青茶，主要产区为福建、广东、台湾三省。乌龙茶既有绿茶的清香，又有红茶的浓醇，具有“绿叶红镶边”的美称。根据产地的不同，可将乌龙茶分为以下4类。

(1) 大红袍。大红袍是武夷岩茶中的极品。

品质特点：叶底稍厚，茶芽微微泛红，茶条壮实，色泽油润，内质香郁，味醇香甘，汤色橙红清澈，叶底绿叶红边。

(2) 安溪铁观音。安溪铁观音原产于福建安溪，当地茶树良种很多，其中以铁观音茶树制成的铁观音茶品质为最优。安溪铁观音以春茶品质为最好，秋茶次之，夏茶较差。

品质特点：条索卷曲、壮结、重实，呈青蒂绿腹蜻蜓头状，色泽鲜润，显砂绿，红点明，叶表起白霜。冲泡后，香气馥郁持久，有“七泡有余香”之誉，滋味醇厚甘鲜，有蜜味，汤色金黄，浓艳清澈，叶底肥厚明亮，有光泽。

(3) 凤凰水仙，产于广东潮州。

品质特点：条索挺直、肥大，色泽黄褐，且油润有光。冲泡后，香味持久，有天然花香，滋味醇爽回甘，耐冲泡，汤色橙黄清澈，叶底肥厚柔软，叶边朱红，叶腹黄明。

(4) 台湾包种。它是目前我国台湾地区乌龙茶中产量最多的一种。

品质特点：条索卷皱、稍粗长，色泽深绿，有青蛙皮状灰白点。冲泡后，香气芬芳，有兰花清香，滋味圆滑甘润，回甘有力，汤色清澈黄绿，具有“香、浓、醇、韵、美”五大特色。

4. 花茶

花茶主要有茉莉、珠兰、玉兰、桂花、玫瑰等，以茉莉花茶为上品。

品质特点：花茶冲泡后，茶汤清亮，香味浓郁。

5. 紧压茶

紧压茶是一种加工复制茶，按照不同规格拼配原料，经过蒸压处理，用压力把原来的散形茶压成不同形态的砖茶、饼茶、球状茶。其中，最为有名的是普洱茶。它是产于云南思茅、西双版纳、昆明、宜良的条形黑茶。

品质特点：普洱茶汤色红浓明亮，香气独特，叶底褐红，滋味醇厚回甘。普洱散茶条索粗壮，肥大完整，色泽褐红或带有灰白色。

6. 白茶

白茶是我国的特产，主要有以下三种。

(1) 白毫银针，产于福建的福鼎、政和等地。

品质特点：外形挺直如针，芽头肥壮，满身披白毫。由于产地不同，白毫银针的品质有所差异。其中，产于福鼎的白毫银针，芽头茸毛厚，色白有光泽，汤色呈浅杏黄色，滋味清鲜爽口。

(2) 白牡丹，产于福建政和、建阳、松溪、福鼎等县。

品质特点：外形不成条索，似枯萎花瓣，色泽灰绿或呈暗青苔色。冲泡后，香气芬芳，滋味鲜醇，汤色杏黄或橙黄，叶底浅灰，叶脉微红，芽叶连枝。

(3) 贡眉，又称寿眉，它主要产于福建的建阳、建瓯、浦城等地。

品质特点：外形芽心较小，色泽灰绿带黄。冲泡后，香气鲜醇，滋味清甜，汤色黄亮，叶底黄绿，叶脉泛红。

7. 黄茶

黄茶主要有以下两种。

(1) 君山银针，产于湖南岳阳的洞庭山。洞庭山又称君山，当地产茶形状似针，满披白毫，故称君山银针。

品质特点：外形挺直，芽头肥壮，满披茸毛，色泽金黄泛光。冲泡后，香气清鲜，滋味甜爽，汤色浅黄，叶底黄亮。

(2) 霍山黄芽，产于安徽霍山。

品质特点：形似雀舌，芽叶细嫩，色泽黄绿，多毫。冲泡后，香气鲜爽，有熟板栗香，滋味醇厚回甘，汤色黄绿明亮，叶底黄亮嫩匀。

8. 黑茶

黑茶属于后发酵茶，是我国特有的茶类。

品质特点：呈油黑或黑褐色，且外形粗大，粗老气味较重。其中，湖南黑茶条索卷折成泥鳅状，色泽油黑，汤色橙黄，叶底黄褐，香味醇厚，具有烟香。

5.1.6　其他酒水知识

1. 中西餐宴会用碳酸饮料

碳酸饮料是指含碳酸气体的饮料，其主要成分是二氧化碳、碳酸盐、硫酸盐。碳酸饮料种类很多，常见的有苏打水、矿泉水、柠檬汽水、干姜水、橘汁汽水、可乐等。

2. 中西餐宴会用果汁

果汁是用新鲜水果压榨出的液体。果汁分为带果肉的果汁和不带果肉的果汁。常见的有橙汁、西柚汁、苹果汁、青柠汁、雪梨汁、草莓汁、椰子汁、葡萄汁、黄梅汁、芒果汁、桃汁、甘蔗汁、西红柿汁、西瓜汁等。

3. 西餐宴会用咖啡

通常情况下，西餐宴会在餐后提供咖啡。在欧美国家，常见的特制热咖啡饮品主要有皇室咖啡、维也纳咖啡、意大利咖啡、爱尔兰咖啡。

4. 中西餐宴会用乳品饮料

乳品饮料是以牛奶为主要原料加工而成的，常见的有鲜牛奶、乳酸菌饮料、酸牛奶等。

实训

知识训练

(1) 中国酒的香型有几种？各自有哪些特点？

(2) 中餐宴会用十大名酒是什么？各自有哪些特点？

(3) 中餐宴会用黄酒、啤酒各有哪几种？各自有哪些特点？

(4) 中餐宴会用茶有哪些品种？各自有哪些口味特点？

(5) 西餐宴会用酒分为哪几类？各自有哪些特点？

能力训练

以小组为单位，到学校酒吧实训室进行酒水认知训练，观察酒瓶的商标、品名、外形、颜色和酒度。将每种酒液倒出来观察酒液的颜色，闻酒液的香味，品尝酒液的口感。经过训练，提高学生对酒的鉴别能力。观察茶叶的形状、颜色，冲泡后的茶汤颜色，茶叶在汤中展开、荡漾的姿色，品尝茶汤的味道，以提高对茶的品鉴能力。

案例5-1：干白与半干白

一天晚上，王先生要去参加一场同学聚会宴。到了酒店门口，领位员问询后，热情地将王先生领进了宴会厅。值台员小李立刻上前问好，送上茶和香巾。这时，旁边的同学小龙问王先生："你是先来点干白，还是先来点半干白？"王先生问："这有什么区别吗？"服务员小李愣住了，想了一下说道："葡萄酒标明的'干'字是表示酒精度数的，干白比半干白度数高。"王先生将信将疑。

以5人为一组，结合案例请分析回答：

葡萄酒中的"干"字表示什么？"半干"又表示什么？

素质训练

以班级为单位，组织学生到酒店参观调研酒廊里摆放的各种市面上流行的酒水品牌，了解它的价格；调研市面上流行的茶叶品种及价格，并写出调研报告(800字以上)。

了解各种酒水的产地和著名品牌，以及与酒水有关的历史典故。在为客人提供服务时，适当介绍这些典故，会增加客人对酒水的兴趣，从而也增加了推销成功的机会。

小资料

不同酒类质量的鉴别

1. 白酒质量的鉴别

白酒质量主要存在以下问题：酒液失去应有的晶亮光泽；新酒产生白色沉淀、棕色沉淀、蓝色及黑色沉淀；酒液出现乳白色浑浊和灰白色浑浊；酒液呈黄、棕红、黑、褐、蓝色；酒液腥臭；酒液有油味；酒液有霉变；酒液有苦涩味道。

2. 啤酒质量的鉴别

(1) 黄牌啤酒。色淡黄、带绿，黄而不显暗色。酒液透明清亮，无悬浮物或沉淀物。泡沫高而且持久(在8℃～15℃的气温条件下，5分钟内不消失)、细腻、洁白、挂杯。有明显的酒花香气，新鲜，无氧化气味、酒花气味、馊饭味、铁腥味、焦臭味、酸苦味、霉烂味。

(2) 黑牌啤酒。酒液透明清亮，无悬浮物或沉淀物。有明显的麦芽香，香味正，无老化气味、烟气味、酱油味。口味圆正爽滑、醇厚杀口，没有甜味、焦糖味、后苦味、杂味。

3. 葡萄酒质量的鉴别

第一步，察色。将酒注入郁金香形的透明高脚杯中，注入量约1/4或1/3杯，对着光线看酒色是否澄清、透明、晶亮。干红葡萄酒近似红宝石色或本品种的颜色(不应有棕褐色)，干白葡萄酒和甜白葡萄酒呈麦秆黄色。

第二步，闻香味。轻轻晃动酒杯后，酒液散发出香味，仔细观察，如果发现酒液如油脂一样，说明这种酒很醇厚。干红葡萄酒有令人感到新鲜愉悦的葡萄果香及优美的酒香，香气协调、馥郁、舒畅，不应有酸味。干白葡萄酒和甜白葡萄酒有令人感到新鲜愉悦的白葡萄果香，果香细致和谐，不应有酸味。

第三步，品味。干红葡萄酒的口味特点：酸、涩、利、甘、和谐、完美、丰满、爽利、浓烈幽香，不应有氧化感和橡木桶味及杂味。干白葡萄酒的口味特点：完整和谐、轻快爽口、舒适洁净，不应有橡木桶味和杂味。甜白葡萄酒的口味特点：甘绵适润、轻快爽口、舒适洁净，不应有橡木桶味和杂味。

任务5.2　主题宴会酒水设计

引导案例 | 茅台酒风波

有三位客人(两男一女)到餐厅进餐。在等待上菜的时间里，他们品着香茗，谈着生意经。在相距不远处，餐厅经理正向一群团队来宾举杯致词，表达对客人的欢迎，场面非常热闹。相形之下，方才来到的三位客人便觉得受到冷落，特别是看到服务员小姐为团队客人上菜的忙碌情景时，其中的女客认为饭店厚此薄彼，尤其不悦。

这时，三位客人点的菜陆续上桌，服务员为客人斟上了茅台酒，并站立在侧提供服务。过了一会儿，女客开始抱怨菜肴口味不地道，不及其他饭店。另一位客人忽然停住，看着手中的酒杯，说道："这茅台酒的味道不对啊！"旁边一位呷了一口，表示赞同，并拿起茅台酒瓶仔细看了起来，说道："这酒瓶表面有污渍，肯定是旧瓶装假酒。"气氛顿时紧张起来，女客提高了嗓门说："服务员，这酒是假货，我们不要了，请你的经理出来说话。"

风波骤起，引来堂内其他客人的注视，餐厅经理闻讯后即刻赶到。

经理很清楚，这批名酒都是经正规渠道进货的，经过层层严格把关，质量绝对可靠。客人对酒心存疑虑，大体有两个原因：一是客人对此种酒不熟悉；二是客人对菜肴或服务不满意。此外，餐厅酒价高出市场价一倍，客人稍有不满难免迁怒于酒上，而且媒体上关于假冒名酒的报道又确实太多。

果然，客人除了反映茅台酒有问题，对菜肴和服务也颇有不满。餐厅经理满怀歉意地说："关于菜肴，大家的口味不同，但我们保证原料新鲜。服务上怠慢了客人，责任在餐厅，我们一定改正，请多原谅。”经理转身对服务员小姐说：“客人用餐结束前，赠送水果拼盘一份。”

餐厅经理得知三位客人是住店客人后，接着说：“我敢用饭店的信誉担保，我们这里所有的酒绝不会有假货，如果你们不相信，我们可以请市食品质量监督部门做鉴定，这瓶茅台酒先放在一边，明天就会有结果，但今天你们还是要付这瓶酒的账，如果明天证明三位的判断是正确的，今天所有的费用悉数奉还。”客人面面相觑，只能同意。

“小姐，先生，是否需要继续用酒，如果对白酒不放心，那来一点洋酒怎么样？”经理问道。“我们是爱国主义者，也喝不惯洋酒。”另一位男宾说：“就来五粮液吧，五粮液是由五种粮食做成的，真假易辨。”“前几天有人送来两瓶五粮液，结果被我发现是冒牌货，后来才知道是用什么‘红楼梦’酒勾兑的，真是稀奇古怪。”“好，就上五粮液。”旁边的男客附和道。服务员随即取来五粮液，三位客人尝过之后没有异议，经理打过招呼后随即退下。

待到三位客人用餐结束时，经理亲自为客人端上水果拼盘。

经理说：“请先生将住宿证出示一下，便于茅台酒的鉴定结果出来后，及时转告你们。”客人闻言拿出住宿证。

经理紧接着又说：“其实茅台酒属酱香型，虽然醇香馥郁，味感醇厚，但不一定适合每位客人，它的酱香味很别致，酒足饭饱之后再尝一口，会有不一样的感觉。”

其中一位客人见状说道：“算了，你们也不必为一瓶酒去质量监督局来回折腾了，今天看你的面子，这瓶茅台的钱一起付清，这瓶酒就先存在吧台里，明天我们再来喝了它。”

就这样，风波终于平息了。

资料来源：现代酒店管理案例100则[EB/OL]. (2019-08-04)[2021-12-06]. www.mhjy.net.

根据案例回答下列问题：

(1) 茅台酒属于哪种香型？从色、香、味三个方面说明它的特点。

(2) 五粮液酒属于哪种香型？从色、香、味三个方面说明它的特点。

(3) 客人为什么说这瓶茅台酒是假酒？服务员在斟酒前应做好哪些工作？

(4) 当客人认为酒的质量有问题时，宴会部经理是怎样处理的？

案例分析：

(1) 茅台酒属酱香型大曲白酒，酒色晶莹透明，酱香突出，优雅细腻，回味悠久，酒体丰满而醇厚，并具有独特的空杯留香的特点。

(2) 五粮液清澈透明，酒味醇厚甘美，柔和净爽，各味协调。饮后无刺激感，不上头。开瓶时，喷香扑鼻；入口后，满口溢香；饮用时，四座飘香；饮用后，余香不尽。

(3) 客人认为这瓶茅台酒的味道不对，并拿起茅台酒瓶仔细检查，发现酒瓶表面有污渍，故判断为旧瓶装假酒。服务员在斟酒前应了解宴会用的中国酒的香型、品牌、各种名酒的特点，应会品酒；应能从色、香、味三方面鉴别酒的真伪，回应客人的各种问题；应不断提高应变能力；同时也应该在斟酒服务之前做好准备工作，将酒瓶擦净，并检查酒的质量。这样当客人对酒的质量产生疑问时，便可以从容不迫地回答，令客人信服。

(4) 在本案例中，宴会部经理首先向客人道歉，同时赠送水果拼盘一份，并提出请市食品质量监督部门做鉴定，以饭店的信誉作担保。此外，还对茅台酒的酱香味进行了解释。

微课 5.2

主题宴会酒水设计

相关知识

5.2.1　主题宴会酒水与菜品的搭配

1. 酒水与菜品的搭配原则

(1) 酒品的香型、颜色应与菜品的口味、颜色相适应。在餐桌上，酒杯中的酒液颜色各式各样，有浓艳的，也有淡雅的，而菜品的颜色也有深有浅，若以浓艳的酒色配颜色较深的菜品，就会显得菜品更加艳丽。

此外，色味浓郁的酒应配色调艳、香气馥、口味杂的菜品。如果菜品的味道香浓，则应配味道比较浓的酒水，但酒的口味不应该比菜品更浓烈。而色味淡雅的酒应配颜色清淡、香气高雅、口味纯正的菜品。

(2) 酒水的档次应与宴会规格相适应，高档宴会应配高档酒，低档宴会应配低档酒。例如，国宴所用酒品就是国酒茅台酒。

(3) 酒水的品牌应与宴会主题相适应，酒水的名字寓意最好能表达宴会的主题。例如，在举行满月宴时，庆祝男孩满月所用酒水为状元红酒，庆祝女孩满月所用酒水为女儿红酒。

(4) 酒水应与菜品的地域特色相适应，台面上的菜品具有不同菜系风味，各种菜系代表各地方不同菜品的口味特点，具有不同风格，所以在选择酒水时应考虑与菜系风格保持一致。选择在当地享有盛誉的酒水佐助宴会菜品，则更能体现不同的地域风情。例如，用黄酒中的状元红酒专配鸡鸭菜品，用竹叶青酒专配鱼虾菜品，用加饭酒专配冷菜冷盘，吃蟹专饮黄酒而不饮白酒等。

(5) 酒水应与季节气候相适应。夏天人们喜欢喝比较凉爽的冰镇啤酒，冬天常饮白酒，且喜欢饮烫酒。白葡萄酒应冰冻后饮用，而红葡萄酒应在常温下饮用。

2. 酒水与菜品的搭配规律

1) 中餐宴会酒菜搭配规律

(1) 颜色清淡、香气高雅、口味纯正的菜品应配色味淡雅的酒。

(2) 色调艳、香气馥、口味杂的菜品应配色味浓郁的酒。

(3) 牛肉菜宜配红葡萄酒。

(4) 咸鲜味的菜品应配干、酸型酒。

(5) 甜香味的菜品应配甜型酒。

(6) 香辣味的菜品应配浓香型酒。

(7) 中国菜选中国酒，西洋菜选西洋酒。

2) 西餐宴会酒菜搭配规律

(1) 白酒配白肉，红酒配红肉。

(2) 海鲜配干白葡萄酒。

(3) 肉、禽、野味配干红葡萄酒。

(4) 奶酪类菜品配较甜的葡萄酒。

(5) 甜品配甜葡萄酒或葡萄汽酒(香槟)。

(6) 餐前选用开胃酒，如味美思、鸡尾酒、软饮料；餐后选用甜食酒、蒸馏酒、利乔酒，也可选用白兰地、爱尔兰咖啡。

(7) 香槟酒在任何时候都可配任何菜品。

5.2.2 主题宴会酒水与酒水的搭配

主题宴会用酒一般不止一种，通常情况下，客人会先后饮用多种酒。由于这几种酒的口味特点不同，应该设计它们的先后顺序，使酒品起来更加有味道，从而使主题宴会的气氛越来越热烈，由低潮逐步走向高潮。酒与酒的搭配应遵循如下规律。

(1) 有汽酒在先，无汽酒在后。

(2) 新酒在先，陈酒在后。

(3) 普通酒在先，名贵酒在后。

(4) 甘冽酒在先，甘甜酒在后。

(5) 淡雅的酒在先，浓郁的酒在后。

(6) 白葡萄酒在先，红葡萄酒在后。

(7) 低度酒在先，高度酒在后。

(8) 软性酒在先，硬性酒在后。

5.2.3 主题宴会酒菜搭配方法

总体来说，主题宴会酒菜搭配方法是根据宴会菜单菜品的色、香、味的特点配备酒水。

1. 中餐主题宴会酒菜搭配方法

在多数情况下，办宴主人统一提供数种性质不同的酒水供客人选择。中国人赴宴饮酒时大多数喜欢饮用1～3种酒，没有特殊情况一般不会在宴席中途换酒。

在宴会开始前，客人进入宴会厅就座后，服务员立即斟茶水或软饮料，所用的茶有花茶、绿茶、铁观音；软饮料有水、可口可乐、百事可乐、雪碧、芬达、果汁、矿泉水等。

在宴会开始后，服务员斟倒白酒，如有人不喝白酒，则可以斟倒葡萄酒或啤酒。极少有客人自己另点酒水，一般都会听从主人的安排，而且每桌所选用的酒品相对统一。

在宴会结束时，客人一般会饮用茶水，茶水具有止渴、解酒和帮助消化的功效，所用的茶有红茶、花茶等。中餐宴会较少喝餐后酒。

1) 葡萄酒与中餐菜品的搭配

(1) 清淡口味的冷菜、河鲜及海鲜菜品搭配白葡萄酒。

(2) 浓郁口味的冷菜、辛辣口味的风味菜搭配红葡萄酒。

(3) 浓郁口味的河鲜、清淡口味的肉禽类、浓郁口味的海鲜类菜品搭配桃红葡萄酒和白葡萄酒。

2) 黄酒与菜品的搭配

(1) 干型状元红酒宜配蔬菜类、海蜇皮等冷盘。

(2) 半干型加饭酒宜配肉类菜品、大闸蟹。

(3) 半甜型的善酿酒宜配鸡鸭类菜品。

(4) 甜型的香雪酒宜配甜味类菜品。

2. 西餐主题宴会酒菜搭配方法

在西餐宴会上，每上一道菜，就跟上一种酒水。一种菜配一种酒，一般上7道菜配7种酒。

西餐宴会菜肴具有味道清淡的特点，所配酒水也应以清淡为主。如果餐前安排鸡尾酒会，则提供各式鸡尾酒、饮料；如果没有安排鸡尾酒会，则在正餐前在水杯内斟上冰水，正餐后提供咖啡、红茶、力娇酒等。正餐酒菜的搭配应遵循如下原则。

(1) 冷盆配干雪利酒。

(2) 汤配雪利酒。

(3) 热头盆配白葡萄酒。

(4) 野味热头盆配玫瑰红葡萄酒。

(5) 主菜肉配红葡萄酒。

(6) 沙拉、甜品配砵酒。

(7) 水果、咖啡、红茶配白兰地。

(8) 带糖醋调味汁的菜品配酸性较高的葡萄酒，如长相思。

(9) 对于鱼类菜品，主要根据调味汁来决定。奶白汁的鱼菜可选用干白葡萄酒；浓烈的红汁鱼则配醇厚的干红葡萄酒；熏鱼搭配霞多丽干白葡萄酒。

(10) 油腻和奶糊状菜品配中性和厚重构架的干白葡萄酒，如霞多丽。

(11) 辛辣刺激性菜品配冰凉的葡萄酒。

实训

知识训练

(1) 主题宴会酒水与菜品的搭配应遵循哪些原则？

(2) 中餐主题宴会酒菜的搭配规律和方法有哪些？

(3) 西餐主题宴会酒菜的搭配规律和方法有哪些？

(4) 主题宴会酒水与酒水的搭配应遵循哪些规律？

能力训练

根据项目3任务3.2能力训练中的案例3-3所设计的婚宴菜单，设计搭配的酒水。

根据项目3任务3.2能力训练中的案例3-4所设计的寿宴菜单，设计搭配的酒水。

案例5-2：吃西餐的学问

2013年9月10日，柳先生夫妇来到北京某高级宾馆的西餐厅用餐。入座后，服务员小王为他们端上冰水，接着问他们点什么小吃和鸡尾酒。柳先生说："我们都是教师，从来没有在高级饭店吃过西餐。今天正好是教师节，我们想借此机会体验一下吃西餐的感受，请帮我们介绍一些用餐细节，以免我们出丑。"

服务员小王微笑着向他们介绍："吃西餐一般要先喝一些清汤或清水，目的是降低喝酒对胃的刺激；然后可以按顺序点鸡尾酒和餐前小吃、开胃菜、汤、色拉、主菜、水果和奶酪、甜点、餐后饮料。但不必每个程序都点菜，可根据自己的喜好和口味任意挑选。"柳先生听罢忙用笔记录下来，并请小王告诉他们怎样用餐具、怎样点菜。小王先将一本菜单递给柳夫人，又将一本菜单递给柳先生，简要地介绍了菜单上的内容，然后送上酒单，告诉他们点菜后可以点酒，并耐心地介绍了相应的酒菜搭配知识。柳先生夫妇听得津津有味，还不时打断她，就不清楚的问题具体了解并做记录。

"还是请你为我们点菜吧！"柳先生说道。根据客人的要求和意愿，结合餐厅的特色酒菜，小王为他们按全部程序点了鸡尾酒、冷肉、法式小面包、黄油、汤、海鲜色拉、虾排、鹿肉、牛排、红葡萄酒、甜食、冰淇淋、咖啡等。餐后柳先生夫妇非常高兴地对小王说："今天我们不但得到了良好的服务，而且体会到了吃西餐的乐趣，以后一定再来这里讨教。"

资料来源：姜文宏，王焕宇. 餐厅服务技能综合实训[M]. 北京：高等教育出版社，2004. 有改动.

以小组为单位，根据案例5-2讨论：

(1) 服务员小王为柳先生夫妇点的菜与酒水是否搭配？

(2) 列出小王为柳先生点的菜应搭配的酒水(从色、香、味、度数4个方面来考虑)。

案例5-3：

如表5-1所示，为某酒店中餐婚宴菜单。

表5-1　中餐婚宴菜单

凉菜 锦绣风味六围碟 热菜 盐水虾、西湖牛肉羹、碧绿双冬烧蹄筋、豉油汁清蒸鲈鱼、一品山菌烩扣肉 美味香宫吊烧鸡、翡翠四喜伴新人、香芋菠萝咕噜肉、杭椒牛柳、冬菇扒棠菜 主食 火腿时蔬蛋炒饭、金银馒头 精美水果盘 每桌人民币900元　供10人食用

根据案例5-3中的中餐婚宴菜单的菜品，对应写出搭配的酒水名称、颜色、香型、味道、度数。

案例5-4：

如表5-2所示，为某酒店西餐正餐宴会菜单。

表5-2　西餐正餐宴会菜单

苏格兰烟熏大马哈鱼 原味鸽汤 柠汁蒸明虾 美国菲利牛排 巧克力蛋糕 咖啡或茶 小甜点

根据案例5-4中西餐正餐菜单的菜品，对应写出搭配的酒水名称、颜色、香型、味道、度数。

素质训练

在宴会中除了饮用主人事先定好的酒水，经常出现客人自己单点酒水的情况，这时如果能适当地向客人介绍一些与菜品搭配的酒水，客人必然高兴，同时也达到了营销酒水的目的。这就要求宴会服务员熟悉酒水与菜品、酒水与酒水的搭配规律，及各种常见类型的宴会菜品所搭配的酒水，从而在具体的宴会场合中为客人提供酒水服务时可以做到得心应手，不会出现错误。

小资料

茶的香气

茶的香气是茶叶冲泡后随水蒸气挥发出来的气味。由于茶类、产地、季节、加工方法的不同，就会形成与这些条件相对应的香气。如红茶的甜香、绿茶的清香、乌龙茶的果香或花香、高山茶的嫩香等。审评香气除辨别香型，主要应比较香气的纯异、高低、长短。香气纯异是指香气与茶叶应有的香气是否一致，是否夹杂其他异味；香气高低可用浓、鲜、清、纯、平、粗来区分；香气的长短也就是香气的持久性，香高持久是好茶。常用的评审香气术语有如下几个。

(1) 浓烈。香气丰富，一嗅再嗅直至冷却，尚有余香，或称之“浓”“浓烈”(适用于描述绿茶)、“浓甜”(适用于描述红茶)。

(2) 嫩香。清灵芬芳，恒久馥郁，令人有爽快感，一般绿茶称“嫩香”，红茶称“馥郁”，意义相同。

(3) 鲜爽。原料细嫩，制作得法，香气新鲜，或称“鲜嫩”。

(4) 鲜醇。香高，鲜爽，带有甜香，使人感到有充沛的生气和活力，一般适用于描述红茶。

(5) 清高。香气清爽持久，且刺激性较小，一般适用于描述绿茶。

(6) 纯正。香气纯，无其他异味。

(7) 平淡。香气较低，略有茶香。

(8) 低。香气淡薄，热嗅稍有感觉，而冷嗅时香气已消失。

(9) 粗老。老叶的粗老气。

(10) 青气。绿茶杀青不透，红茶“发酵”不足，就带有青气。

(11) 浊气。夹杂其他气息。

(12) 闷气。如新鲜毛竹浸在水里所发出的气味。

(13) 老火。能嗅到微带烤黄的锅巴气息。

(14) 异味。异味包括焦、烟、霉、馊、酸以及非茶叶本身具有的气味。其中，日晒气是一种青臭气息。

任务5.3 主题宴会酒水用具设计

引导案例 | 酒变了色还是杯子变了色

小张是某酒店宴会厅的新员工，负责值台。某天，餐桌上的客人们正在享受西餐美食，其中一位客人在用刀叉吃菜时，不小心碰翻了杯子，香槟酒洒在台布上，小张立刻收拾并想重新给客人斟酒。当他扶起杯子时，发现杯子沿有一个划口，于是便去吧台取了一个杯子，放在客人右侧，重新给客人斟倒香槟酒。客人透过酒杯仔细观察了一番，说："这个杯子里的香槟酒怎么变色了？"小张拿起杯子看了看，心里想，我斟倒的还是那瓶酒，不可能有变化啊。小张立刻说："对不起先生，我再给您换一个杯子。"小张把酒杯拿到吧台，按照原来的型号找出另一个杯子，送到客人面前，又给客人斟倒了一杯香槟酒，说："先生，请您原谅！现在这杯酒和以前一样了，请您慢用。"客人说："小伙子要细心喽。"小张脸红了。

根据此案例回答下列问题：

(1) 小张第一次换好杯子斟倒香槟酒后，为什么透过杯壁看香槟酒变了色？

(2) 当客人说小伙子要细心时，小张为什么脸红？

案例分析：

(1) 小张第一次换好杯子斟倒香槟酒后，透过杯壁看香槟酒变色，是因为小张拿来的杯子的颜色与碰翻的杯子不同，而不是香槟酒变色。

(2) 小张脸红是因为他为自己所犯的低级错误感到惭愧。在提供宴会酒水服务时，一定要根据酒水选择酒具，并且应保证酒具是同一材质、同一型号。

相关知识

主题宴会酒水用具设计

5.3.1　主题宴会酒具设计

中餐主题宴会通常配中国白酒，宾客所用杯具应为利口酒杯或高脚酒杯。对于较为传统的小型宴会，应配备陶瓷酒杯。

西餐宴会酒水服务的原则是宾客吃什么菜上什么酒、喝什么酒用什么杯，很有讲究，不能混用。需要注意的是，用烈酒杯时，标准用量为7分满。酒品不同，酒具设计也不同，具体情况如下所述。

酒水用具

1. 白兰地

宴会宾客饮用白兰地时，所用杯具应为白兰地杯。白兰地杯呈圆形，大肚窄口，似郁金香形状。其中，窄口设计能够起到阻止散味的作用，使酒香能够长时间回留在杯内。白兰地每杯的标准饮用量为一盎司，即白兰地杯容量的1/3左右，从而留出空间使酒香环绕不散。杯子大肚的作用是温酒，因白兰地的酒度在40°左右，酒香散发较慢，喝酒时应用手掌托杯，使掌心与酒杯肚接触，从而使热量慢慢传入杯中，这样有助于白兰地的酒香发散，同时还要摇晃酒杯，以扩大酒与空气的接触面，使酒的芳香溢满杯内。边闻边喝，才能真正地享受饮用白兰地的美妙。

2. 威士忌

宴会宾客饮用威士忌时所用杯具应为6～8盎司(对于英制液体，1盎司=28.41ml；对于美制液体，1盎司=29.57ml)的古典杯，又称老式杯，每杯的标准饮用量为40ml。使用这种宽大、短矮、杯底厚的平底杯，一是为了表现粗犷和豪放的风格，二是为了适应饮酒时喜欢碰杯的人。

3. 金酒

宴会宾客净饮金酒时所用杯具应为利口杯或古典杯，标准用量为25ml。

4. 伏特加

宴会宾客净饮伏特加时所用杯具应为利口杯或古典杯，一般标准饮用量为40ml。

5. 朗姆酒

宴会宾客饮用朗姆酒时所用杯具应为古典杯。可将一盎司朗姆酒倒入古典杯中，杯内放一片柠檬，也可加冰饮用。

6. 特基拉酒

宴会宾客饮用特基拉酒时所用杯具应为古典杯，标准用量一般为1盎司。古典杯呈直筒状，杯口与杯身等粗或稍大，无脚，容量为6～8盎司，以8盎司的居多。古典杯的特点为壁厚、杯体矮。

7. 利口酒

宴会宾客饮用利口酒时所用杯具应为利口酒杯。该种酒杯为容量为1盎司的小型有脚杯，杯身为管状。标准用量为25ml。

8. 香槟酒

宴会宾客饮用香槟酒时所用杯具应为香槟杯。它又分两种：浅碟形香槟杯和郁金香杯。前者指高脚、开口浅杯；后者指形似郁金香的收口杯。香槟杯的容量为3～6盎司，其中4盎司的香槟杯较为常见。

9. 白葡萄酒

宴会宾客饮用白葡萄酒时所用杯具应为白葡萄酒杯。白葡萄酒杯为无色透明的高脚杯，杯口稍向内，杯口直径约为6.5cm，容量为4～8盎司。

10. 红葡萄酒

宴会宾客饮用红葡萄酒时所用杯具应为红葡萄酒杯。红葡萄酒杯为无色透明的高脚杯，杯口稍向内，杯口直径约为6.5cm，容量为3～6盎司。

11. 啤酒

啤酒杯杯身较长，呈直筒形状，容量为10盎司以上，无脚或有墩形矮脚。要求杯容大，安放平稳。不同类型的啤酒需要用不同的杯子盛装。常见的啤酒杯有淡啤酒杯、生啤酒杯和一般啤酒杯。

12. 爱尔兰咖啡

宴会宾客饮用爱尔兰咖啡时所用杯具应为爱尔兰咖啡杯。冲泡咖啡的器皿以陶瓷杯或玻璃杯最为合适。爱尔兰咖啡杯是杯体长直的高脚杯，杯体底部呈圆形，并在侧方有把柄，容量为8～10盎司，常用来盛装热饮料，以杯把拿杯可避免烫手。

13. 其他软饮料

宴会宾客饮用其他软饮料时都用水杯。饮用果汁时用高筒直身杯，该杯比海波杯稍小一号，容量为6～8盎司。

14. 短饮鸡尾酒

宴会宾客饮用短饮鸡尾酒时所用杯具应为三角形鸡尾酒酒杯，也可用酸酒杯和古典杯盛装。

15. 长饮鸡尾酒

宴会宾客饮用长饮鸡尾酒时所用杯具应为水杯、海波杯、冷饮杯、利口酒杯、彩虹酒杯、柯林杯。

16. 雪利酒

宴会宾客饮用雪利酒时所用杯具应为雪利杯，该种酒杯类似鸡尾酒杯。

17. 波特酒

宴会宾客饮用波特酒时所用杯具应为波特酒杯，该杯较葡萄酒杯小一圈，容量为2盎司左右。

18. 甜酒

宴会宾客饮用甜酒时所用杯具应为白色甜酒杯。

常见的宴会用酒杯如图5-1所示。

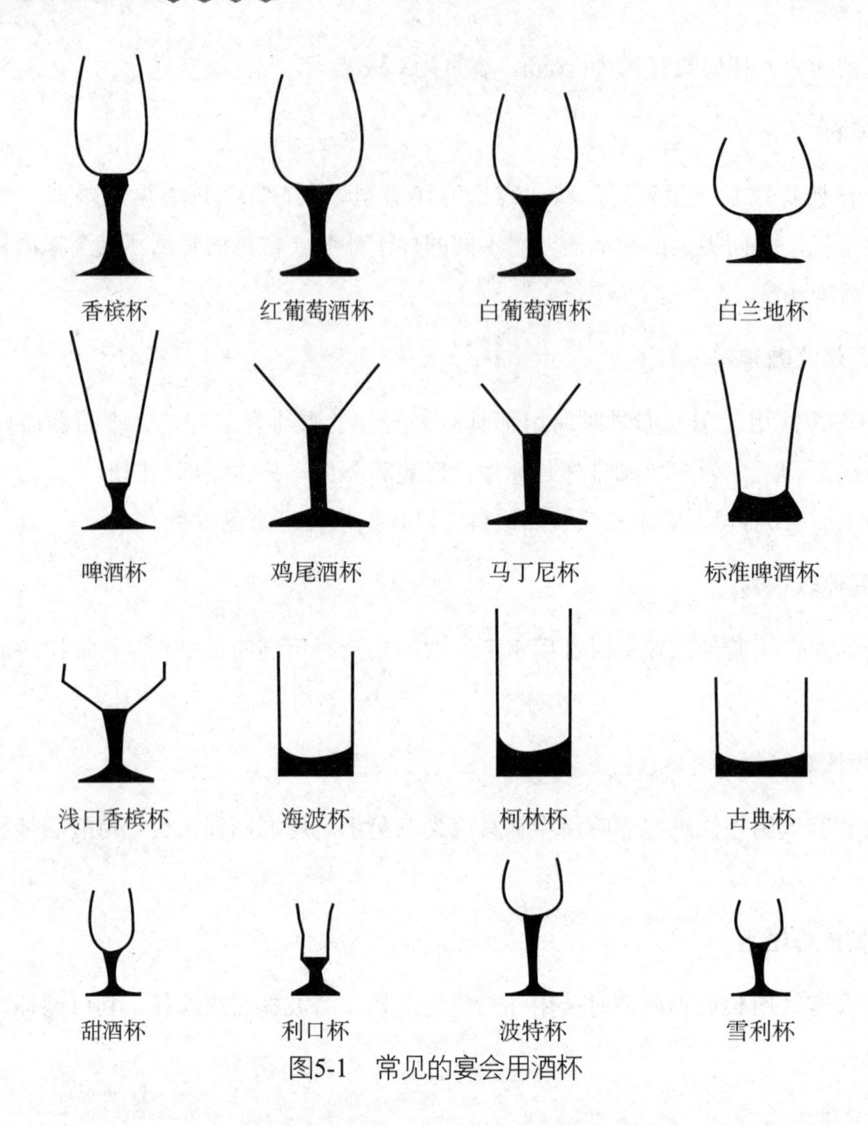

图5-1　常见的宴会用酒杯

5.3.2　主题宴会茶具设计

在我国，自古以来就很讲究茶具的选用。其中，以陶瓷制作的茶具较为常见。此外，还有以铜、银、锡、金、漆胎、玉、水晶、玛瑙、塑料等为原料制作的茶杯。正确选择宴会用茶具，能发挥茶叶的饮用价值，表现茶具的艺术性，陶冶人的心情，让人在品茶的过程中感受到乐趣。宴会用茶具有以下4种。

1. 玻璃器皿

玻璃器皿包括玻璃杯、茶盘等，如图5-2所示。其中，以水晶杯为最佳。

图5-2　玻璃茶具

2. 盖碗器皿

盖碗器皿包括茶船、盖碗、公道杯、品茗杯，如图5-3所示。在由不同材料制成的盖碗器皿中，以骨瓷为贵。

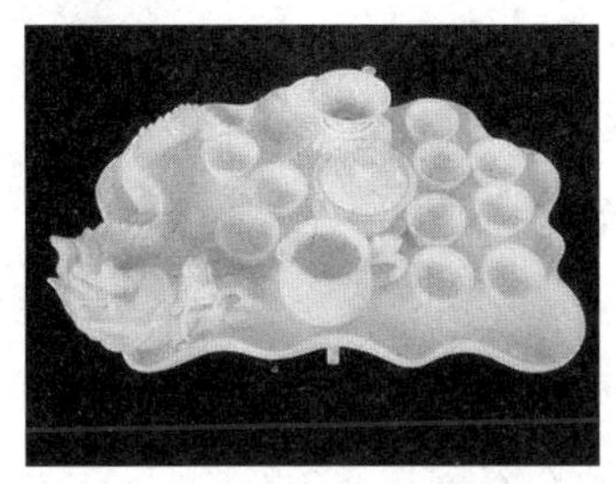

图5-3　盖碗器皿

3. 瓷壶器皿

瓷壶器皿包括茶盘、瓷壶、品茗杯，如图5-4所示。其中，以骨瓷为贵。

图5-4　瓷壶器皿

4. 紫砂器皿

紫砂器皿包括茶盘、紫砂壶、公道杯、闻香杯、品茗杯，如图5-5所示。紫砂茶具具有保味、吸收茶汁、耐寒、耐热的特点。

图5-5　紫砂器皿

5.3.3 主题宴会选用酒水用具应注意的问题

在主题宴会中选用酒水用具时，应注意以下问题。

(1) 选用酒杯时一定要擦拭干净，避免杯壁上有指纹。

(2) 每类酒的酒杯规格、型号应统一。

(3) 尽量选择透明无色的杯子，便于呈现酒液本身的颜色。

(4) 根据酒水的性质选择适合的酒杯，这样有利于酒水香气散发或保留。

(5) 在选用酒水杯具时，应先检查酒杯是否有破损、裂纹。

知识训练

(1) 中餐宴会用白酒一般用什么杯子盛装？容量是多少？

(2) 啤酒用几种杯子盛装？

(3) 西餐宴会用酒各用什么杯子盛装？容量各是多少？

(4) 西餐宴会六大蒸馏酒都用什么杯子盛装？容量是多少？

(5) 混配酒都用哪些杯子盛装？

(6) 香槟酒酒液呈什么颜色？应该用什么杯子盛装？

能力训练

根据项目3任务3.2能力训练中的案例3-3所设计的婚宴菜单，设计搭配的酒水用具。

根据项目3任务3.2能力训练中的案例3-4所设计的寿宴菜单，设计搭配的酒水用具。

根据项目5任务5.2能力训练中的案例5-3、5-4配备的酒水，设计搭配的酒水用具。

通过搜集酒水用具图片、到酒吧实训室观看酒杯实物，了解各种酒杯的颜色、形状、高度，掌握各种酒杯的功能和各种酒杯应盛装的标准容量。

在酒吧实训室摆出威士忌、白兰地、雪利酒、白酒、啤酒5种整瓶酒，给出16种酒杯，并在吧台上摆成四方形。让一名学生指出哪个杯子盛装哪种酒，并练习斟酒量，观察各种酒的颜色，要求在两分钟内完成。

素质训练

在练习中，能够准确指出与酒水配套的杯具，培养严谨、准确、注重细节的工作作风，这样才能为客人提供满意的服务，提高服务效率。

通过互联网搜集一些酒水用具图片，以拓宽视野。

小资料

茶的汤色

在专用的审茶杯中用沸水冲泡干茶，再将茶汤倒出，通过视觉、嗅觉、味觉、触觉等感官，先嗅香气，再看汤色，细尝滋味，后评叶底，对茶叶的质量进行综合评定。这是目前国际上对茶叶进行等级评定的通用方法。

汤色是指茶叶中的各种色素溶解于沸水之中而呈现的色泽。汤色变化较快，在审评中，为了避免色泽的变化，要先看汤色，或者闻香与观色相结合进行。汤色审评主要看色度、亮度、清浊度三个方面。常用的评审茶汤术语有如下几个。

(1) 清澈。茶汤清净透明有光泽。

(2) 明亮。汤色透明，稍有光彩，虽不够浓，但也不淡，或称“明净”。

(3) 浓艳。汤中物质丰富，汤色清澈明亮，新鲜艳丽，汤似琥珀色。

(4) 鲜明。汤色明亮，略有光泽。

(5) 红亮。红而透明，无杂色。

(6) 翠绿。翡翠色中呈黄色光泽。

(7) 黄绿。绿中呈黄，似半成熟的橙子的色泽。

(8) 橙黄。黄中带红色。

(9) 红亮。红而透明，无杂色。

(10) 混浊。茶汤中有大量悬浮物，透明度差，是劣质茶的表现。

任务5.4 主题宴会酒水服务流程设计

引导案例 | 开胃酒服务

一天，几位国内客人来到一家西餐厅，迎宾员表示欢迎，并引领客人来到餐桌旁。值台服务员小王立即拉椅让座，并按照服务程序询问客人是否需要点开胃酒。小王话音刚落，其中一位客人问道：“我们还没有点菜，怎么就要点酒了？”小王没有回答，为客人斟倒冰水。又有一位客人拦住小王，问道：“你倒的是什么？”小王回答：“是冰水。”客人示意不要冰水，并说：“我们什么都没吃，不想喝冰水。”客人点菜时，小王问牛排要熟点还是要生点。客人说：“我不太懂，你看着办吧。”点完菜后，小王问客人是否需要点甜食酒或利口酒，客人不耐烦地说：“不要不要。”吃完饭后，客人结账离去。在餐厅门口，客人看见一位穿西装的员工，通过胸卡得知他是餐厅经理。其中一位客人对经理说："你们的服务员是洋酒兼职推销员吧？提成不少吧？"餐厅经理问此话怎讲，客人说："我们还没点菜她就让我们点酒，我们没有点酒，点完菜后，她看我们没有点酒，又让我们点酒，工作热情挺高的嘛。"

资料来源：邓英，马丽涛. 餐饮服务实训——项目课程教材[M]. 北京：电子工业出版社，2009：128.

根据案例回答下列问题：

(1) 当客人说不懂西餐时，服务员小王是否应为客人做介绍？

(2) 客人不了解西餐的服务程序，服务员小王应怎样对客人做出解释，才能避免引起客人的误会？

案例分析：

(1) 当客人说自己不懂西餐时，服务员小王应该及时为客人做简单介绍。

(2) 服务员小王首先应向客人介绍西餐的菜品种类，上菜顺序，菜与酒、酒与酒的搭配规律；然后说明西餐的服务程序。当客人了解了西餐的相关知识，就会理解小王的服务，从而避免引起误会。

相关知识

5.4.1 主题宴会酒水服务流程

1. 准备酒水

开餐前，首先，服务员应当备齐各种酒水，并检查酒水质量，如发现瓶子破裂或有悬浮物、沉淀物应及时调换。其次，服务员将检查好的酒瓶擦拭干净，分类摆放在酒水服务台或酒水车上；将红葡萄酒酒瓶轻轻卧放于酒篮内，酒的商标朝外。

此外，酒水准备工作还包括对酒水温度的处理(冰镇或温烫)。服务员需了解宴会常用酒水的最佳饮用温度。在提供普通白酒服务时，服务员应先将酒液倒入温酒壶中，把温酒壶放入热水中，用热水烫至25℃左右，再请客人饮用。茅台、汾酒不用烫酒，常温饮用最佳。黄酒温烫至25℃左右。啤酒的适宜饮用温度是6℃～10℃。提供白葡萄酒服务时，服务员应在冰桶中放入相当于冰桶容量1/3的冰块，再放入相当于冰桶容量1/2的水，置于冰桶架上，并配一条叠成8cm宽的条状餐巾，把白葡萄酒放入冰桶冰镇，味清淡者冰镇至10℃左右，味甜者冰镇至8℃左右，商标朝上。红葡萄酒不用冰镇，室温常温饮用即可，温度为18℃～20℃。提供香槟酒服务时，服务员应先将清洗好的冰桶放在冰桶架上，装入相当于冰桶容量1/2～2/3的碎冰，然后装入水，将冰覆盖，再将8cm宽的餐巾横搭在冰桶上，把冰桶和冰桶架搬到客人桌旁，整齐摆放，将酒瓶放在碎冰内冷冻至

7℃～8℃时再开瓶。

2. 示瓶

当客人点完酒后，就进入斟酒程序。其中，示瓶是斟酒服务的第一道程序，它标志着服务操作的开始。示瓶是向客人展示所点的酒水，这样做的目的有两个：一是对客人表示尊重，请客人确定所点酒水无误；二是征询客人开酒瓶及斟酒的时间，以免出错。示瓶时，服务员应站立在主人的右侧，左手托平底，右手扶瓶颈，酒标面向客人，让其辨认，客人认可后，才可开瓶。如客人不认可，再更换酒水，直到客人满意为止。

3. 开瓶

开瓶时应注意以下事项。

(1) 开瓶时动作要轻，尽量减少瓶体的晃动。首先，服务员左手握住酒瓶，右手用开酒刀割开铅封，并用一块干净的餐巾擦净。其次，将酒钻垂直钻入木塞，注意不要旋转酒瓶，而是转动酒钻，待酒钻完全钻入木塞后，轻轻拔出木塞，木塞出瓶时不应有声音。开启软木塞瓶盖时，如发现有断裂危险，可将酒瓶倒置，利用酒液的压力顶住软木塞，同时转动酒钻拔出软木塞。最后，把木塞放入小调味碟中。

(2) 开启瓶塞后，要用干净的布巾擦拭瓶口。如软木塞断裂，服务员还应擦拭瓶口内侧，以免残留在瓶口的木屑顺着酒液被斟入客人的酒杯中。开启瓶塞后应检查瓶中酒液是否有质量问题，也可以通过嗅闻瓶塞插入酒瓶部分的气味是否正常来判断。

(3) 清理开瓶后留下的封皮、木塞、盖子等杂物，不要直接放在桌面上，应养成随手收拾的好习惯。

(4) 服务员应询问客人，在提供红酒服务前，是否需要为红酒醒酒。优质的红酒与空气接触后产生的变化非常丰富，能将酒的香味完全释放出来。如果客人同意，服务员应将酒瓶打开，先不倒酒。

4. 鉴酒

服务员左手握住一块洁净的餐巾，右手持用条状餐巾包好的酒瓶，将商标朝向客人，从主人右侧倒入1/5杯的白葡萄酒，请主人品尝酒质。主人品完酒表示认可后，服务员需征求客人意见，询问是否可以立即斟酒。

5. 斟酒

1) 斟酒的姿势与位置

(1) 斟酒一般分为徒手斟酒和托盘斟酒。

(2) 斟酒时，服务员右脚前跨，站在两把椅子之间，重心移至右脚，身体微前倾，两脚呈“T”字形站立。

(3) 服务员右手持酒瓶的下半部，商标朝向客人，右手持瓶距杯口1cm，但不靠在杯口上斟酒。

(4) 服务员徒手斟酒时，先将红葡萄酒、白葡萄酒用一条服务口布包瓶，将另外一条餐巾布折叠4次作为斟酒时的服务巾，左手持折叠好的服务巾并背于身后，每斟倒一次擦拭一次瓶口；托盘斟酒时，左手托托盘，餐巾布搭在手腕处或折成条形固定在瓶口，斟酒时左手自然拉开甩盘，注意掌握好托盘的重心。

(5) 斟倒时，酒液应徐徐注入酒杯内，当杯中酒量适度时，服务员应停下来，抬起瓶口，并旋转瓶身45°，然后收回酒瓶，做到一滴不洒。注意抬起小手臂时不要碰到旁边客人。

2) 斟酒量的控制

(1) 白酒斟酒量为八分满。

(2) 红葡萄酒应斟1/2杯，白葡萄酒应斟2/3杯，威士忌斟1/6杯为宜。

(3) 香槟会起泡沫，所以分两次斟倒，先斟1/3杯，待泡沫平息后再斟1/3杯，共斟2/3杯。

(4) 啤酒同样分两次斟倒，斟倒完毕时，酒液占八分、泡沫占二分为最佳。

(5) 黄酒斟八分满。

(6) 白兰地酒的斟酒量一般为白兰地杯容量的1/8。

(7) 鸡尾酒的斟酒量为杯子容量的3/4。

(8) 加冰块时，冰水的斟酒量为半杯，再加入适量冰块；不加冰块时，应斟满水杯容量的3/4。

当酒瓶中的酒只剩下一杯的酒量时，服务员需及时征求主人的意见是否准备另一瓶酒。

3) 斟酒的顺序

(1) 中餐宴会斟酒顺序。中餐宴会一般是从主宾右侧位置开始，按顺时针方向提供斟酒服务，也可根据客人需要从年长者或女士开始斟倒。对于正餐宴会，服务员应提前5分钟将烈性酒和葡萄酒斟倒好，当客人入座后再斟倒饮料。若是两名服务员同时操作，则一位从主宾右手位开始，另一位从主宾对面的副主宾右手位开始，均按顺时针方向进行，即按照“男主宾—女主宾—主人”的顺序斟酒。

(2) 西餐宴会斟酒顺序。西餐用酒较多也较讲究，比较高级的西餐宴会大约要用7种酒，菜品和酒水的搭配必须遵循一定的传统习惯，菜品、酒水和酒杯的匹配都有严格规定。西餐宴会应先斟酒后上菜，斟酒的顺序是先宾后主、女士优先，即按“女主宾—女宾—女主人—男主宾—男宾—男主人”的顺序沿顺时针方向提供斟酒服务。

(3) 斟倒酒水的顺序。在中餐宴会中，依次斟倒白酒、红葡萄酒、水；在西餐宴会中依次斟倒水、白葡萄酒、红葡萄酒。

6. 根据客人需要，随时添加酒水

当客人酒杯里的酒不足酒杯容量的1/3时，服务员应根据客人需要随时添加酒水。

5.4.2　西餐宴会鸡尾酒服务流程

实操 5.4.2

鸡尾酒调制服务流程1

实操 5.4.2

鸡尾酒调制服务流程2

1. 准备用具

(1) 摇酒壶(shaker)。它又称调酒壶，是用来调匀鸡尾酒各种原料的工具。常见的有两段式摇酒壶，包括两只锥形杯；也有三段式摇酒壶，由壶盖、壶颈、壶身三部分构成，容量有250ml、350ml、530ml等。

(2) 量酒器。它又称为盎司器，是量基酒或其液体原料的工具，通常有大、中、小三种型号，容量为30ml、45ml，一般使用一盎司杯。

(3) 装饰物，即对鸡尾酒起装饰点缀作用的物品。例如，柠檬、橄榄、樱桃、橙子等。

(4) 调酒棒，主要用于搅拌鸡尾酒，以控制酒的色彩。

(5) 冰夹，主要用于取冰。

(6) 吸管，主要用于饮用鸡尾酒。有些鸡尾酒需要，有些鸡尾酒则不需要。

(7) 基酒和辅料。基酒和辅料是用于调制鸡尾酒最重要的原料，不同的基酒可以调制出不同的风格。常见的基酒有朗姆酒(rum)、琴酒(gin)、龙舌兰(tequila)、伏特加(vodka)和威士忌(whisky)。辅助原料一般有果汁、牛奶、咖啡、雪碧、苏打水等。

(8) 不同形状的酒杯。鸡尾酒有很多种类型，不同的类型分别配备不同的酒杯，这样才能达到很好的效果。

(9) 各种配料。除了基酒，还有一些其他调制原料，如雪碧、苏打水、橙汁、盐等。

(10) 调酒匙。在调制鸡尾酒时，特别是使用高深杯时，要配备专用的调酒匙。

(11) 滤冰器。在使用调酒杯调酒、投放冰块时，必须用滤冰器过滤，留住冰粒后，将混合好的酒倒进酒杯。

(12) 榨汁器，主要用于压榨水果汁。

(13) 冰桶，主要用于盛装冰块。

(14) 冰铲，在往杯子内或调酒壶等容器中放冰块时使用。

(15) 搅拌机，主要用于专门调制分量多或材料中有固体实物难以充分混合的鸡尾酒。

(16) 砧板，用于切生水果和制作装饰品。

(17) 水果刀，用于切生水果片。

(18) 开瓶器、开塞钻，用于开酒瓶。

(19) 特色牙签，用于串插各种水果，起点缀作用。

(20) 杯垫、洁杯布。

(21) 调酒工作台。正方形，规格为120cm×120cm，高75cm。

(22) 调酒操作台。正方形，规格为120cm×120cm，高75cm。

2. 鸡尾酒调制

鸡尾酒的调制主要包括以下12个步骤。

(1) 备好原料。不同的鸡尾酒需要用不同的原料。

(2) 选杯。不同类型的鸡尾酒分别配备不同的酒杯才能达到很好的效果。

(3) 冰杯。有些鸡尾酒在调制中，需要使用冰杯，这样口感才能达到最佳。在调制之前，可用冰夹选取一些冰块放入杯中，将酒杯冷却后准备盛酒。这些冰块应在倒酒之前倒掉。

(4) 在调酒壶里加入冰块，鸡尾酒一般都需要使用冰块，在制作前把制作好的冰块放入冰壶，在调制时，夹取一些冰块放入调酒壶中。

(5) 传瓶、示瓶、开瓶、量酒。服务员把酒瓶从操作台传到手中，并将酒瓶展示给客人，然后右手拿住瓶身，左手中指沿逆时针方向向外拉开酒瓶盖，用右手将酒倒入量杯，用量杯把原料倒入调酒壶。需注意，基酒或其他液体原料用量酒杯量过才能倒入调酒壶，目的是按合适的比例选取，以免因某一种原料加得过多或过少而影响酒的口感。

(6) 摇晃调酒壶。服务员将所需原料加入调酒壶之后，盖上盖子，开始摇晃调酒壶。摇晃调酒壶的方式有两种：一种方式是单手摇，即用食指钩住调酒壶的头部，其他手指抓住调酒壶中间部位；另一种方式是双手摇，即用右手大拇指摁住调酒壶头部，右手其他手指抓住调酒壶，左手的小拇指勾住调酒壶底部，其他手指均匀抓住调酒壶，上下摇动即可。

(7) 倒入酒杯。在调酒壶里调完酒之后，可直接把调酒壶里的酒倒入酒杯，一般倒至酒杯容量的3/4处即可，剩余在调酒壶里的冰块，可视个人喜好选择是否倒入酒杯。

(8) 用调酒棒搅拌。有的鸡尾酒是使用调酒壶制作的，就不必再使用调酒棒。但有的鸡尾酒是直接倒入酒杯中调制的，需要用调酒棒搅拌一下。

(9) 制作装饰物。装饰物的制作比较随意，可以是一个樱桃，也可以是橙子加樱桃或者仅仅是一个山楂等，主要视酒的颜色及口味而定。

(10) 放入吸管。有的鸡尾酒需要放入吸管，这个视具体情况而定。

(11) 调两杯及以上同类型的酒时，要排成一排，从左到右再从右到左反复平均注入，保证饮品的规格。

(12) 为客人服务。

3. 操作要求

(1) 服务员在操作过程中应举止大方、注重礼貌、保持微笑，仪容仪态、着装等符合行业规范和要求。

(2) 调酒材料、酒杯选配正确、合理；酒品颜色协调、口感舒适、味道纯正；装饰物制作合理、搭配有致；操作程序正确、动作规范、卫生安全；调酒器具使用得当，保持干净、整齐；酒水使用完毕应复归原位。

4. 常见鸡尾酒的调制

1) 名称：五色彩虹酒(pousse-café)

材料：红石榴糖浆、绿色薄荷酒、黑色樱桃白兰地、无色君度利口酒、棕色白兰地。

制法：必须使用吧匙调制，在利口酒杯内依次将上述原料缓慢注入即可。

要求：酒杯总容量约为30ml。酒液量占酒杯八分满，间隔距离均等。

2) 名称：纽约(New York)

材料：威士忌 3/4

青柠汁 1/4

石榴糖浆 1/2茶匙

制法：将冰块和上述材料放入调酒壶(容量为250～500ml)中摇匀，倒入冰冻过的鸡尾酒杯；再将几滴橙皮油滴入酒中。

3) 名称：椰林飘香(pina colada)

材料：白朗姆酒 1/3

椰浆利口酒 2/3

菠萝汁 3～4盎司

制法：将适量冰块加入柯林杯中；将白朗姆酒、椰浆利口酒加冰块摇匀后滤入柯林杯中；加入菠萝汁搅匀即可，用菠萝条挂杯装饰。

4) 名称：新加坡司令(Singapore sling)

材料：金酒 1/3

柠檬汁 3/6

石榴糖浆 1/6

苏打水 1听

樱桃白兰地 10ml

制法：将适量冰块加入柯林杯中；将金酒、柠檬汁、石榴糖浆加冰，用摇酒壶摇匀后滤入柯林杯中；将樱桃白兰地淋入杯中；用柠檬片、樱桃装饰。

5) 名称：特基拉日出(Tequila sunrise)

材料：特基拉酒 1/2

白橙皮利口酒 1/4

柠檬汁 1/4

橙汁 3～4盎司

红石榴糖浆 0.5盎司

制法：将特基拉酒、白橙皮利口酒、柠檬汁加冰块摇匀后滤入酸酒杯中；加入橙汁；用吧匙沿杯边倒入红石榴糖浆；用柠檬角、樱桃装饰。

6) 名称：白兰地亚历山大(brandy alexander)

材料：白兰地 1/3

深色可可酒 1/3

淡奶 1/3

制法：将上述材料放入调酒壶中，加入冰块摇匀后滤入鸡尾酒杯中，撒入豆蔻粉装饰。

5.4.3 主题宴会冰水服务流程

1. 准备用具

(1) 服务员应将服务用的水扎、冰桶、冰夹打磨光亮，并保持其无污迹、无水迹、无指印。

(2) 将冰桶放在叠好的餐巾花内。

(3) 在托盘上垫放干净餐巾。

2. 准备冰水

在开餐前15分钟准备好冰块和冰水，并放在服务边柜上。

3. 服务冰水

(1) 服务员应将冰桶置于托盘左侧，将冰夹置于冰桶边靠服务员一侧，将冰托置于托盘内右侧，并使把柄朝向服务员一侧。

(2) 服务员根据“女士优先，先宾后主”的原则，按顺时针方向从客人的右侧进行服务。

(3) 服务员在服务时动作宜轻缓，勿使水溅出杯外。

(4) 斟倒冰水量以主水杯的八分满为宜。

(5) 根据客人需要，随时添加。

5.4.4 主题宴会茶水服务流程

1. 预热茶壶

(1) 服务员在茶壶里添加热水进行预热。

(2) 将茶壶放在托盘上，泡热茶一般要用到两个茶壶。

2. 装盘

(1) 服务员将奶油、糖放在托盘上，在托盘内放一只干净的小勺于餐巾上。

(2) 将餐巾和小碟、杯子放在托盘里。

(3) 将茶包、柠檬片放在小碟里，再放入托盘。

(4) 如果所在酒店不使用茶包，应在小碟里准备两种不同的茶叶。

3. 添加热水

服务员在另一个壶里倒入热水，也可以将第一次预热过的壶清空后，添加热水。

4. 将壶放在托盘上

(1) 服务员在热水壶下垫一块毛巾。

(2) 将热水壶和毛巾放在托盘上，宽底的陶瓷茶壶可以不使用垫布。

5. 服务倒茶

(1) 服务员将托盘送到桌上。

(2) 将餐巾和杯子放在客人正前方，杯子把手朝向客人右手边三点钟的位置。

(3) 将茶壶和垫布放在茶杯的右边，如果客人需要使用勺，服务员可为客人提供一只新勺。

(4) 将奶、糖、茶袋和柠檬片摆放在桌上。

(5) 服务员服务时首先示意客人，然后用右手从客人右侧按顺时针方向斟倒，按“先宾后主，女士优先”的基本原则操作。茶倾倒至八分满即可。壶嘴与茶杯的距离应保持在40cm以上。

6. 向茶壶内添加热水

(1) 观察客人杯中的茶水，当茶水少于一半时要为客人续杯。

(2) 如茶壶内的水不够，服务员应及时添加热水。

实操 5.4.5

咖啡制作与服务流程

5.4.5　西餐主题宴会餐后咖啡、酒服务流程

1. 西餐主题宴会餐后咖啡服务流程

1) 准备用具

西餐主题宴会餐后咖啡服务所涉及的用具有咖啡机、咖啡壶、咖啡粉、奶油、糖盅、咖啡杯、咖啡碟、咖啡勺。

2) 检查咖啡机和咖啡壶

清洁咖啡机和咖啡壶，避免用脏餐具服务客人。

3) 服务咖啡

(1) 将咖啡机开机。插上电源，以指示灯亮为准。

(2) 倒入咖啡粉。将咖啡粉倒入滤纸中，一般一次不能超过滤纸面积的2/3。避免制作中由于咖啡粉过多导致咖啡外溢。

(3) 加水。用一个容器盛水，从咖啡机的上方开口处倒入水，冷、热水均可，冷水制作咖啡的时间要长于热水制作咖啡的时间。

(4) 接咖啡。接咖啡的容器必须干净，将一个咖啡壶或不碎壶放在滤斗下面，咖啡在自行制作后会缓缓流下。根据食用人数重复制作，在装成品咖啡的温热装置下点燃酒精炉，以保持咖啡的热度。

(5) 整理。完成上述操作后，关掉电源，将滤斗中的滤纸及咖啡残渣倒掉，认真清洗这一部分，方便下次使用。

(6) 提供服务。服务员将干净的咖啡壶放在托盘上，摆放到客人台面上，并从客人右侧服务，将咖啡杯放置在咖啡碟上，摆在客人的正前方。如果客人同时食用甜食，杯具应放在客人右手侧，咖啡勺把朝向右侧。

(7) 服务时首先示意客人，然后用右手从客人右侧按顺时针方向进行，按“先宾后主，女士优先”的基本原则操作。咖啡倾倒至八分满即可。

4) 爱尔兰咖啡制作服务流程

(1) 点酒精炉，烘爱尔兰咖啡杯。

(2) 在爱尔兰咖啡杯中放入咖啡黄糖，加热。

(3) 加入1盎司爱尔兰威士忌，继续加热。

(4) 燃焰。

(5) 加入热咖啡，熄灭酒精炉。

(6) 在咖啡上添加鲜奶油，后将咖啡杯置于咖啡碟中。

2. 西餐主题宴会餐后酒服务流程

(1) 酒车准备。服务员清洁酒车后，在车的各层铺上干净的垫布，清洁酒杯和酒瓶的表面、瓶口和瓶盖，确保无尘迹、无指印。将酒瓶整齐分类码放在酒车的第一层上，酒标朝向一致，再将酒杯放于酒车的第二层上。检查酒车上的酒和酒杯是否齐全，将酒车推到宴会厅内指定的位置。

(2) 餐后酒服务。当服务员服务完咖啡和茶后，将酒车推到客人桌前，酒标朝向客人，建议客人品尝甜酒，并积极推销名牌酒。如客人不了解甜酒，服务员应详细讲解有关知识。服务员斟酒时使用右手从客人右侧服务，不同的酒倾倒的量不同，视具体情况而定。

实训

知识训练

(1) 主题宴会酒水服务流程包括哪几个步骤？

(2) 主题宴会常用酒水的最佳饮用温度是多少？

(3) 在主题宴会酒水服务中，斟酒量应控制在多少？

(4) 中餐主题宴会在斟酒方面有哪些礼仪？

(5) 主题宴会冰水服务包括哪些步骤？

(6) 主题宴会茶水服务包括哪些步骤？

(7) 西餐主题宴会在斟酒方面有哪些礼仪？

(8) 简述西餐主题宴会餐后咖啡服务流程。

(9) 爱尔兰咖啡制作服务包括哪些步骤？

(10) 简述常见鸡尾酒的调制方法。

能力训练

以11人为一组，其中一位学生扮演服务员，其他人分别扮演男主人、男主宾 、副主人、第二宾，第三宾、第四宾、第五宾、翻译(一位)、陪客(两位)。在中餐和西餐实训室练习宴会酒水(白酒、啤酒、葡萄酒、鸡尾酒、冰水、茶水、咖啡)的服务程序。其他学生观察其操作是否合乎宴会酒水服务规程的要求，然后进行评价。通过训练，使学生逐渐能够按照宴会酒水服务流程为客人提供服务，注重细节，不断适应客人的要求，从而提高服务质量和效率。

素质训练

不断练习宴会酒水服务流程是酒店服务员必须做的一件事情。这个流程不是人为制造的，而是在长期的宴会酒水服务实践中总结提炼出来的，是对宴会酒水服务存在的客观步骤所进行的归纳。只有按照流程为客人提供服务，才能使客人感到满意，这也是提高宴会酒水服务质量和工作效率的具体措施。通过学习，学生应该认识到按照流程服务的重要性，从而减少工作失误。

小资料

茶的滋味

一般情况下，纯正茶汤的滋味有浓淡、强弱、醇；不纯正茶汤的滋味有苦涩、粗青、异味。好的茶汤应浓而鲜美、刺激性强，或者富有收敛性。常用的评审茶的滋味的术语有如下几个。

(1) 回甘。回味较佳，略有甜感。

(2) 浓厚。茶汤味厚，刺激性强。

(3) 醇厚。茶味纯正浓厚，有刺激性。

(4) 浓醇。浓爽适口，回味甘醇。刺激性比浓厚弱而比醇厚强。

(5) 纯正。清爽正常，略带甜味。

(6) 醇和。醇而平和，带甜味。刺激性比纯正弱而比平和强。

(7) 平和。茶味正常，刺激性弱。

(8) 淡薄。入口稍有茶味，以后就淡而无味。

(9) 涩。茶汤入口后，有麻嘴厚舌的感觉。

(10) 苦。入口即有苦味，后味更苦。

项目小结

1. 认识主题宴会酒水

按照酒的生产工艺可将其分为发酵酒、蒸馏酒、混配酒；按照酒的配餐方式和饮用方式可将其分为餐前酒、佐餐酒、甜食酒、餐后甜酒、烈酒、啤酒、软饮料和鸡尾酒8类；按照酒精度可将其分为低度酒、中度酒、高度酒。不同的酒水在色、香、味的属性方面各不相同。中餐主题宴会用酒水有白酒类、黄酒类、啤酒类和葡萄酒类。西餐宴会用酒有开胃酒、甜食酒、红葡萄酒、白葡萄酒、桃红葡萄酒、香槟酒、咖啡和红茶、鸡尾酒、啤酒、烈酒。中西餐宴会用茶主要品种有绿茶、红茶、乌龙茶、花茶、紧压茶、白茶、速溶茶和袋泡茶等。中西餐主题宴会用其他饮品主要有碳酸饮料、果汁、咖啡和乳品饮料。

2. 主题宴会酒水搭配设计

主题宴会酒水要根据宾客的要求，同时遵循酒水与菜品的搭配规律、酒水与酒水的搭配规律进行设计。主题宴会酒菜搭配方法总体来说是根据宴会菜单菜品的色、香、味的特点配备酒水。

3. 主题宴会酒水用具设计

中餐主题宴会用中国白酒，宾客饮用时所用杯具应为利口酒杯或高脚酒杯，较为传统的宴会用小型陶瓷酒杯。啤酒、葡萄酒用的杯具与西餐宴会相同。

西餐宴会酒水用具遵循喝什么酒用什么杯的原则，不能混用。

4. 主题宴会酒水服务流程设计

主题宴会酒水服务流程包括准备酒水、示瓶、开瓶、品酒、斟酒、根据客人需要随时添加酒水等步骤。西餐鸡尾酒、冰水、茶水、咖啡以及餐后酒的服务流程包括准备用具、酒水调制以及服务酒水等步骤。

项目6

主题宴会环境设计

项目描述

在现代社会中，人们参加宴会不仅关注菜品质量，还关注就餐环境。优美的用餐环境能给客人留下深刻的印象，使客人产生认同感与舒适感、积极的态度和愉悦的心情。宴会环境和台型设计是指围绕宴会主题，对宴会厅进行场地布置，营造宴会的气氛，从而达到合理利用宴会厅的现有条件，表达主办人的意图，体现宴会的规格标准，便于客人就餐和服务员提供宴会席间服务的目的。本项目设置了主题宴会台型与服务流程设计、主题宴会席次设计、主题宴会环境设计流程3个任务。

项目目标

知识目标：了解宴会厅的基本状况；了解台型、席次设计要考虑的因素；掌握台型设计应遵循的原则；掌握安排宴会席次应遵循的一些原则和习俗；了解宴会环境设计的作用；掌握色彩、灯光、装饰物、音乐在营造宴会氛围中所起到的作用。

能力目标：能够设计合理美观的台型，会画台型图，标识准确；席次设计能遵循礼仪要求，能够画出席次图；能够根据宴会厅状况、主办人的需要设计宴会场景，达到营造宴会气氛的目的；能够写出宴会场景设计说明书。

素质目标：通过环境、台型和席次设计，能够懂得环境设计是一个艺术创造过程，是将中华民族文化内涵表现在环境要素中的创新过程，具备一定的美学知识和画图能力；培养整体布局意识及严谨扎实的工作作风，注重细节；台型设计非常辛苦，要贯彻落实习近平总书记在党的二十大报告中提出的“在全社会弘扬劳动精神、奋斗精神、奉献精神、创造精神、勤俭节约精神，培育时代新风新貌”的要求，要有不怕脏、不怕累的精神；懂得中西宴会的礼仪；具有环保意识，能采用绿色环保材料，为客人打造自然、温馨、和谐的宴会环境。

任务6.1 主题宴会台型与服务流程设计

引导案例 | 某酒店宴会厅台型图

某酒店宴会厅台型图如图6-1所示。

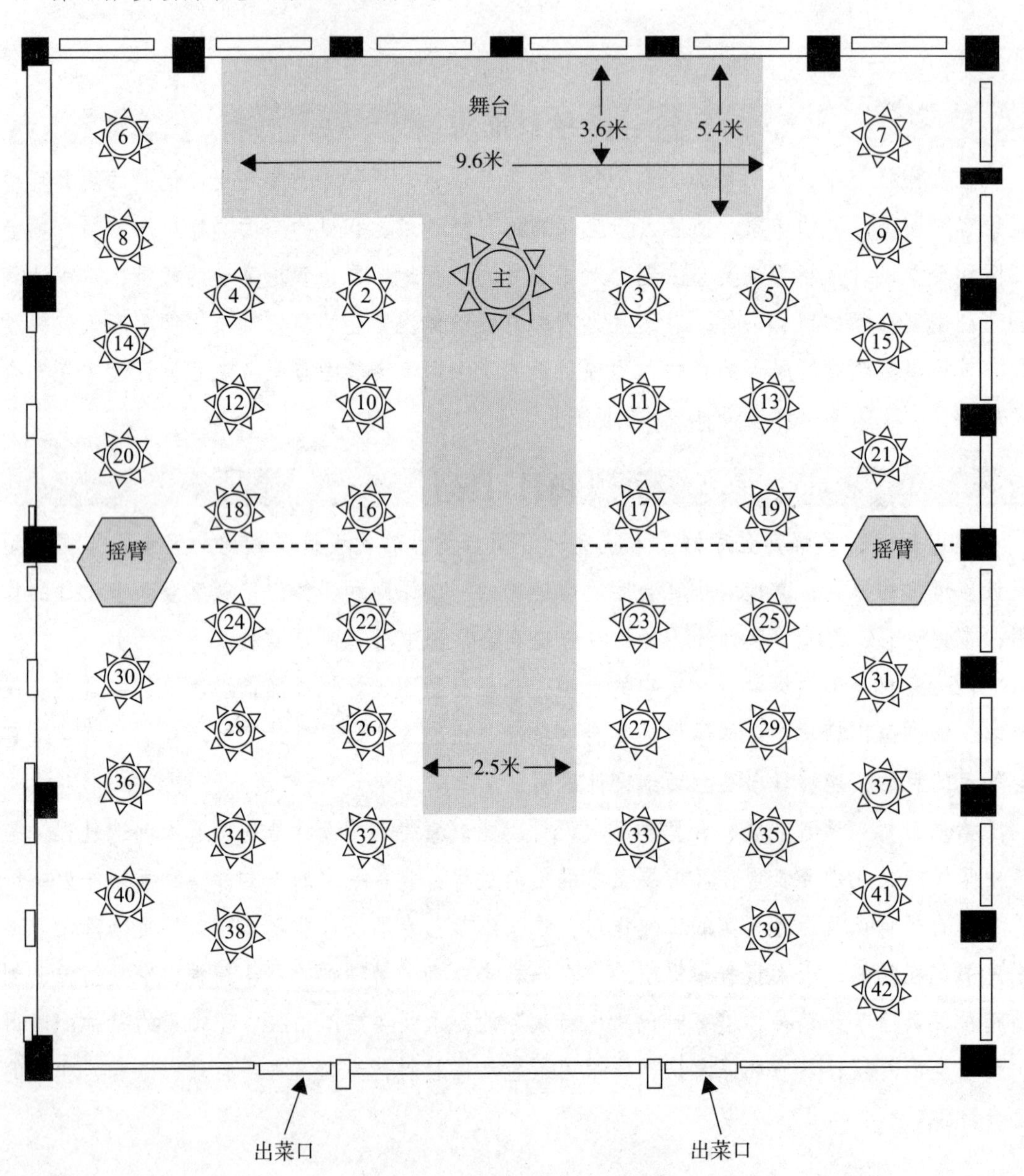

图6-1 某酒店宴会厅台型图

根据案例回答下列问题：

(1) 请描述此宴会厅的整体布局。

(2) 此宴会厅主桌摆放在什么位置？主桌台面尺寸与其他桌有何不同？

案例分析：

(1) 此宴会厅两个出菜口对着宴会舞台，宴会厅中间设置主通道，延伸至舞台正中间。主通道两侧摆放其他41张圆桌，排列整齐，摇臂隔断位于主通道两侧中间位置。

(2) 在舞台前的主通道上摆放主桌，单独成排。主桌台面比其他桌台面大出10人台的尺寸。

6.1.1 认识宴会厅

1. 宴会厅

一般情况下，直径为1.8m的圆餐桌，占地面积约为$3m^2$；椅面规格为45cm×45cm，占地面积约为$0.2025m^2$。那么，一张圆餐桌，围10把椅子，占地面积共为$10m^2$～$12m^2$。在宴会厅的房型中，比例为1.25∶1的长方形房型的有效利用率最高，正方形、圆形的房型次之。宴会厅房门的位置、数量、大小、开启方向也对宴会厅面积的有效利用产生影响。大宴会厅的餐桌之间要留有主、辅通道。主通道的宽度不小于1.1m，辅通道的宽度不小于70cm。确定通道宽度时，一个人通过为70～90cm，两个人通过为110～130cm，3个人通过为180cm，长度越小越好。椅子背离桌边大约76cm，移动间距约90cm，座椅所需宽度为65cm。两张餐桌的椅背拉开后间距不应小于75cm。5桌以下的宴会应安排在小宴会厅，5桌以上的宴会应安排在多功能厅。

2. 宴会厅的辅助区域

除了宴会厅，还有一些与宴会厅配套的区域，具体如下所述。

(1) 会见厅，主要用来摆放沙发、茶几。

(2) 衣帽储存处，主要用来摆放衣架、寄存箱。

(3) 备餐室。传菜员把菜品传到备餐室后，由值台员把菜品端上餐桌。

(4) 布件保存处，主要用来储备宴会期间所用的各种台布、口布、小毛巾、台裙、椅套等物品。

大中型宴会厅，当摆放餐桌数量较少时，可以用屏风、摇臂隔断和大型植物隔开。宴会的档次高，餐位与餐位之间的距离要大一些，桌与桌之间的距离也应大一些，宴会厅摆放的餐桌总数就会相应减少；宴会档次低，餐位与餐位之间的距离应小一些，桌与桌之间的距离也应小一些，宴会厅就会显得稍微拥挤，宴会厅摆放的餐桌总数就会相应增加。餐桌摆放形式也会影响对宴会厅面积的利用，一般来说，采用“主”字形摆放比较节约空间。另外，宴会服务方式也会影响宴会厅餐桌的摆放位置和数量。

除此之外，宴会厅还有以下设施：舞台，舞台两侧的VIP出入口，位于舞台一侧的乐台，舞台上的讲台，围绕舞台摆设的鲜花，靠在宴会厅边墙的若干个服务桌，在宴会厅入口右侧的接待台，以及在宴会厅四角摆放的大型绿色植物，从宴会厅大门通往舞台应留出的主通道，餐桌与边墙之间留出的辅助通道，宴会厅两侧若干个边门以及为了渲染气氛而摆放的花台，有的宴会厅内还有柱子。这些都会影响餐桌摆放的占地面积和餐桌的摆放形式。在举办自助餐宴会和冷餐酒会的场地上，如果设座，菜台、吧台的位置也会影响餐桌的摆放形式。

6.1.2 中餐主题宴会台型设计

微课 6.1

主题宴会台型与服务流程设计1

虚拟仿真

中餐主题宴会台型设计

选择主题宴会台型分会议和宴会两种情况。会议台型有课桌式、U形台、回形台、董事会式、鱼骨式、圆桌会议式、剧院式、会见式；宴会台型有中餐普通宴会、中餐VIP分餐宴会、西餐坐式自助餐、西餐VIP分餐宴会、西餐站式自助餐、酒会、茶歇、外卖。在设计主题宴会台型时，应遵循以下流程。

1. 确定摆放要求

1) 确定主题宴会主桌或主宾席区

主桌是供宴会主宾、主人或其他重要客人就餐的餐桌，通常称为1号台，在台型图上标出“主”字，是宴请活动的中心部分。主桌只设置1张，安排8～20人，中餐用圆形台面或环形台面，西餐用条形台面。主桌台面比其他餐桌的台面要大一些。主桌或主宾席区应单列一排，安排在最显眼的位置，以便把握宴会全局。

主桌的摆设位置应遵循“中心第一，以右为尊，近高远低，面对大门，能观景，背靠主体(主席台)墙面为上”的原则。

(1) 中心第一。主桌应位于上首中心，要突出其设备和装饰，台布、餐椅、餐具的规格应高于其他桌，位于环形桌中间的看台要特别鲜艳突出。主桌桌面应大于其他餐桌，台面直径为1.5m时坐8人，台面直径为1.8m时坐10人，台面直径为2～2.2m时坐12～15人。台面直径超过1.8m时应安装转台，特大餐台中间应铺设鲜花。

(2) 以右为尊。主桌可以安排在宴会厅舞台前右侧的位置。如果主桌设两张桌，可称为主宾席区，位于舞台前右侧中间的那张餐桌是主桌，位于左侧的那张餐桌为副桌。如果主宾席区有三桌，那么中间桌则是最好的位置，其次是右侧摆放的副桌，再次是左侧摆放的副桌。

(3) 近高远低。将身份高的人安排在离主桌近的餐桌位置，将身份低的人安排在离主桌远的餐桌位置。

(4) 面对大门，能观景，背靠主体(主席台)墙面为上。这一原则包括以下三方面内容。

① 面对正门为上座，背对正门为下座。主桌应安排在面对宴会厅正门的位置，受厅房格局限制，也可安排在主要入口的大门左侧或右侧的中间位置。

② 面对观景为上座。主桌应安排在主人、主宾能看到窗外景色的位置，让客人在享用美食的同时，观赏到宴会厅窗外的景色，愉悦心情。

③ 主桌应安排在背靠主体墙面的位置。主人的椅背离主席台边缘不小于1.5m，距演出台不小于2m。若宴会不设主席台(舞台)，则应在主桌的右侧放两支立式话筒，供主人和主宾祝酒时使用。

2) 其他餐桌的排列

宴会厅中的其他餐桌应整齐美观，排列时应保持桌脚一条线、椅子一条线、花瓶一条线。

(1) 副台。参加宴会的贵宾较多时，可设1～4个副台，摆放在主台两侧，形成一排，称为主宾席区，它以圆台面为主，其大小应在主桌与普通桌之间。每桌坐8～12人，在台号图上，在主桌右侧靠近主桌的餐桌上标注“2”号，在左侧标注“3”号，以此类推。

(2) 一般餐桌。除了副台，就是一般餐桌，即标准的10人台。一般餐桌与主桌或主宾席区之间应留出主通道，主通道的宽度为1.1～1.5m，是辅助通道宽度的两倍。一般情况下，主桌背靠主题墙面，主桌前面是主通道，以主通道为中心分为左右两大区域，用来摆放一般餐桌。在标注台号时，以主位面向全场的方向为基准，应先标注右侧中间靠近主桌的餐桌号，然后标注左侧中间靠近主桌的餐桌号，以此类推，形成右边区域都是双号、左边区域都是单号的格局。大型宴会都设有备桌，应摆放在台型图的右下角，标注“备”字。桌与桌之间应留出辅助通道，宽度不小于2m。一桌的餐椅之间相距50～60cm，桌与边墙之间应留出辅助通道，宽度不小于70cm，以便宾客进出和服务员提供上菜、分菜、撤换碟碗等席间服务。如有伴宴乐队使用的乐台，应安排在舞台左右两侧或主桌对面的宴会来宾席区的外围，应小于并低于主台，配有演奏员使用的坐椅、话筒。

3) 其他摆放要求

(1) 在摆放餐桌时应考虑合理设置备餐服务台(边台或服务台)。每2～4个餐桌配备1个服务台，规格不要小于90cm×45cm，靠墙边摆放。服务台有许多规格，应根据具体情况来拼接。

(2) 临时酒吧台。大型宴会可设若干个临时酒吧台，一般搭设在宴会厅门两边。

(3) 宴会厅的出菜口(或称走菜口)应与宴会厅其他出入口分开。

(4) 应留出VIP客人的专用出入口。

(5) 在宴会厅入口处右侧摆放接待台。有时在舞台上摆放讲台，并在舞台前面摆放礼品台。

(6) 大型植物应摆放在宴会厅四角。

(7) 餐椅。宴会餐椅以靠背椅为主，主桌餐椅可特殊一些，还应准备一些备用餐椅。

2. 确定摆放形状

1) 小型宴会

小型宴会桌数较少，可以摆放成各种形状。

(1) 桌数为3桌时，可摆成横向“一”字形或三角形，如图6-2所示。主桌面对门，背靠背景墙。其他桌的排列，要先排主桌右边再排左边。

(2) 桌数为4桌时，可排列成四方形或菱形，背靠主题墙面且面对大门的一桌为主桌，如图6-3所示。

(3) 桌数为5桌时，可排列成“立”字形或“日”字形。排列成“立”字形时，位于上方的一桌为主桌，如图6-4所示；排列成“日”字形时，则位于中间的一桌为主桌。

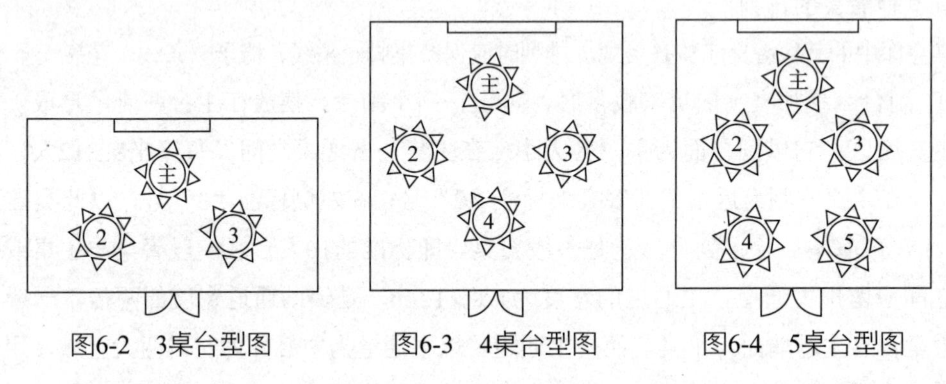

图6-2　3桌台型图　　图6-3　4桌台型图　　图6-4　5桌台型图

2) 中型宴会

中型宴会一般摆放10～30桌。根据宴会厅面积，可将餐桌摆放成各种形状。如桌数为12桌时，可按如图6-5、图6-6所示的台型摆放。主宾席区为两桌，包括一张主桌、一张副桌。如果贵宾很多，可设置一张主桌、两张副桌。

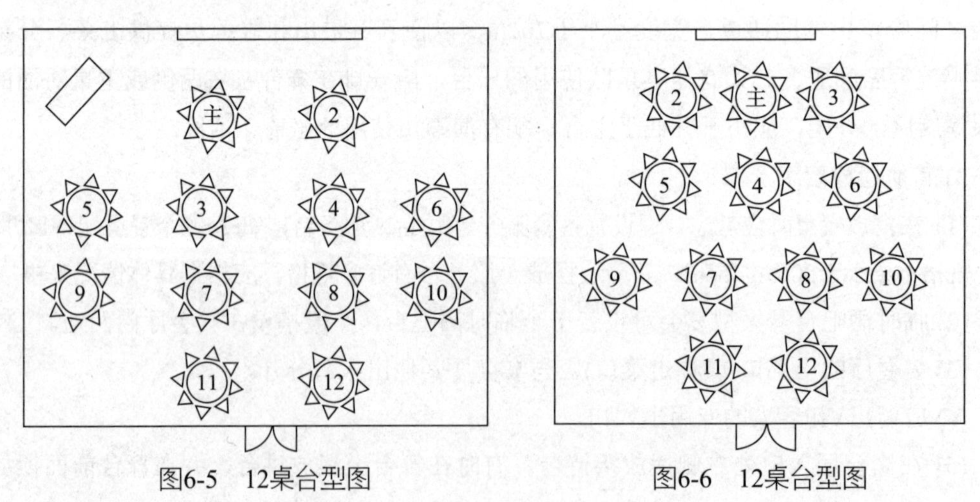

图6-5　12桌台型图　　图6-6　12桌台型图

3) 大型宴会

大型宴会的餐桌一般呈“主”字形摆放。主桌(主宾席区)可参照“主”字形排列，其他桌则根据宴会厅的具体情况排列成方格形即可，也可根据舞台位置确定主桌的摆设位置。主宾席区一般设一张主桌、两张副桌，或一张主桌两边各有两张副桌。主桌台面要略大于其他副桌。其他来宾桌可分为来宾一区、来宾二区、来宾三区。主宾席区与来宾席区之间应留有一条通道，宽度为2m以上。在舞台的右侧设立讲台，如有乐队可安排在舞台两侧或主宾席区对面的宴会区外围。大型宴会35桌台型图如图6-7所示。

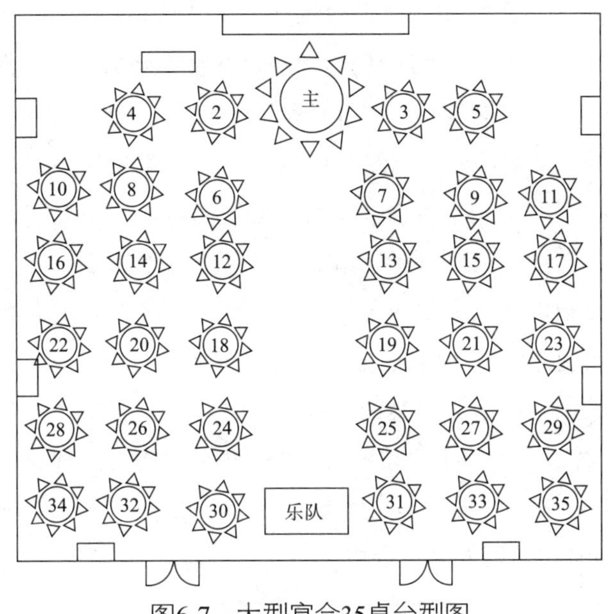

图6-7　大型宴会35桌台型图

3. 编制台号

餐桌摆放完毕，要编制台号。如宴会主桌为1桌(不标“1号”而标“主”)，然后按照“离主桌最近、以右为尊、中心第一”的原则，将主桌右侧的中间餐桌标示“2号”，将主桌左边的中间餐桌标示“3号”；然后将2号桌右边的餐桌标示“4号”，将3号桌左边的餐桌标示“5号”，以此类推，即主桌右边为双号，左边为单号。如宴会设主桌1桌、副桌1桌，按照“以右为尊、中心第一”的原则，主桌应安排在舞台前方2m以上的右边中间位置，主桌左边为副桌。来宾桌仍然按照先排主桌右手位距主桌最近的右边中间位置，然后排副桌左边距副桌最近的左边中间位置的顺序，依次排号。如果主桌为1桌，副桌为2桌，主桌在中间，其右边的副桌为2号桌，左边的副桌为3号桌。然后排来宾餐桌的台号，仍然遵循“以右为尊、中心第一”的原则。

台号的设置必须符合宾客的风俗习惯和生活禁忌，如有欧美宾客参加的宴会必须去掉台号“13”。台号一般高40cm，高于桌面所有用品，一般用镀金、镀银、不锈钢等材料制作，使客人从餐厅的入口处就可以看到。此外，制订任何排位计划都要为可能突然出现的额外客人留出10%的座位。

4. 画出宴会台型平面图

根据宴会台型摆放要求画出台型平面图，要求标识明确、排列合理。

6.1.3 中餐自助餐主题宴会台型设计

在自助餐主题宴会中，通常在宴会厅中间位置摆放一个中心自助餐菜台和几个分散的食品陈列桌、现场制作菜台和临时吧台。菜台上分区摆菜，便于客人围绕菜台四周取菜。宴会厅场地的四周摆放客人的餐桌，菜台与餐桌之间应留出一定宽度的通道。

在实际操作中，应根据宴会厅场地条件选择自助餐菜台的形状。常见的台面形状有长方形、圆形、椭圆形、半圆形和梯形。在自助餐菜台的中央一般布置一个较大的花篮，用雕塑、烛台、鲜花、水果、冰雕等饰物点缀，以填补空白、增强效果。另外，可在自助餐菜台铺台布，在四周围上台裙，这样会显得更加华丽、整洁，也更受客人的欢迎。

中餐自助餐主题宴会台型摆放的要点主要包括以下两个方面。

(1) 在宴会厅中，自助餐菜台要布置在显眼的地方，使客人进入宴会厅后第一眼就能看到，可以用聚光灯照射台面，但切记勿用彩色灯光，以免使菜肴颜色改变。

(2) 在设计自助餐菜台和客人餐桌的摆放位置时，应以方便客人取菜为出发点，确定菜台的大小时要考虑客人人数和菜肴品种的多少，也要考虑客人取菜时的人流走向，避免客人取菜时出现拥挤和堵塞的现象。自助餐宴会台型设计完毕后要画出台型平面图。如图6-8所示，为北京贵宾楼自助餐宴会台型。

图6-8 北京贵宾楼自助餐宴会台型

6.1.4 西餐主题宴会正餐台型设计

微课 6.1

主题宴会台型与服务流程设计2

西餐宴会以中小型为主，中小型宴会一般采用长台型，大型宴会采用自助餐形式。西餐宴会餐桌为长条桌，多是用小方台拼接而成的。

1. 餐桌摆放要求

(1) 必须突出主桌。西餐大型宴会需要分桌时，要将主桌定在明显且突出的位置上，餐桌的主次以离主桌的远近而定，右高左低，以客人职位高低定桌号顺序，每桌都要有主人作陪。大型宴会餐桌主桌为长桌，其他餐桌大多采用台面直径为1.8～2m的圆桌。

(2) 以右为尊，右高左低。

(3) 近高远低。

(4) 面对大门、可观景、背靠主体(主席台)墙面的座位为上等座。

(5) 其他桌的排列应整齐美观，保持桌脚一条线、椅子一条线、花瓶一条线，左右对称，餐台之间的间隔距离不得小于2m。

2. 西餐宴会餐桌的基本组合

(1)“一”字形或直线形台型。如图6-9所示，为某西餐宴会餐桌。

图6-9　某西餐宴会餐桌

当来宾不超过36位时，宜采用直线型台型。长桌两头分为方形和圆弧形两种，如图6-10、图6-11所示，圆弧形多为豪华型台型。按照西餐宴会的礼节，正、副主人坐在长桌两头，主宾坐在他们的两边。而大型宴会的主桌，主人与主宾坐在长桌的中间，因此无须选用圆弧形，而选用方头的长条桌。

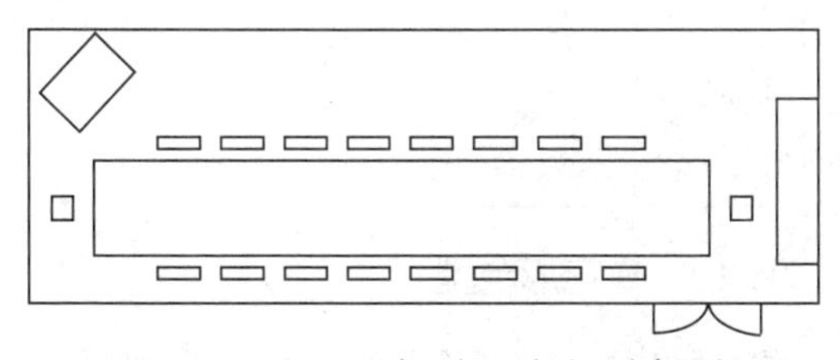

图6-10　“一”字形两头方形台型

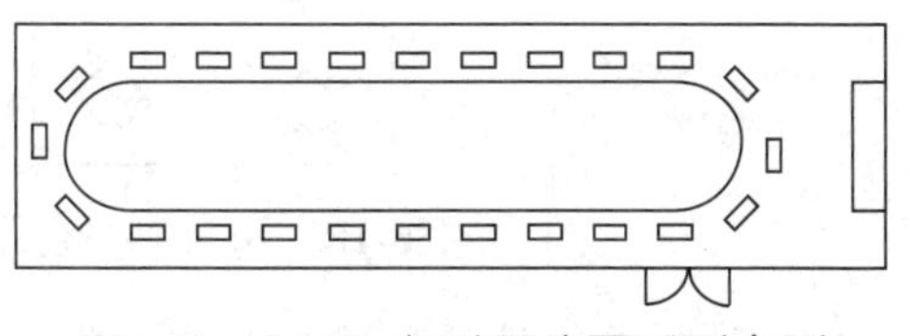

图6-11　“一”字形两头圆弧形台型

(2)“U”形台型。当来宾超过36位时，宜采用“U”形台型，中央部位可布置花草、冰雕等饰物，适用于主宾的身份高于或平行于主人的情况。圆弧形部位或方头部位是主要部分，摆放5个餐位，便于主宾观看花草、冰雕。“U”形台型如图6-12、图6-13所示。

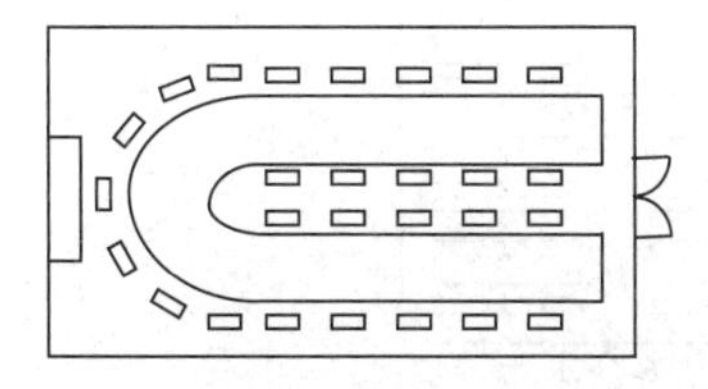

图6-12　“U”形台型(圆弧形)

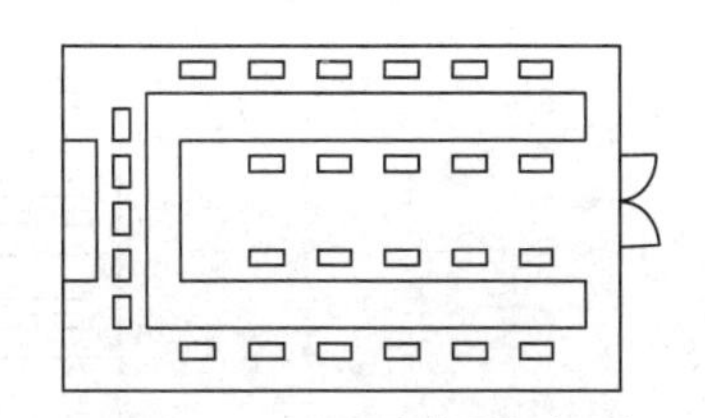

图6-13　“U”形台型(方形)

(3) “T”形和“M”形台型。“T”形台型如图6-14所示，“M”形台型如图6-15所示。当来宾超过60位时，可摆成“M”形台型。

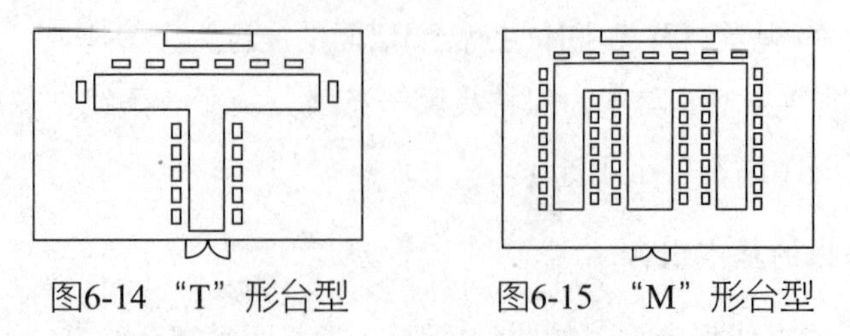

图6-14 “T”形台型　　图6-15 “M”形台型

(4) “口”字形和“回”字形台型。“口”字形台型如图6-16所示，“回”字形台型如图6-17所示。

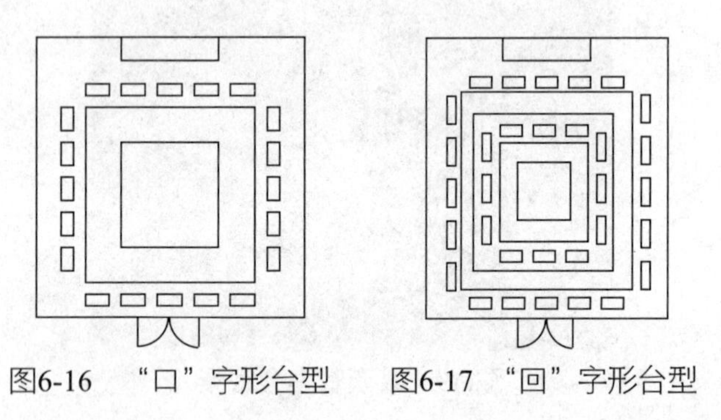

图6-16 “口”字形台型　　图6-17 “回”字形台型

(5) 鱼骨刺形和梅花形台型。鱼骨刺形台型如图6-18所示，梅花形台型如图6-19所示。

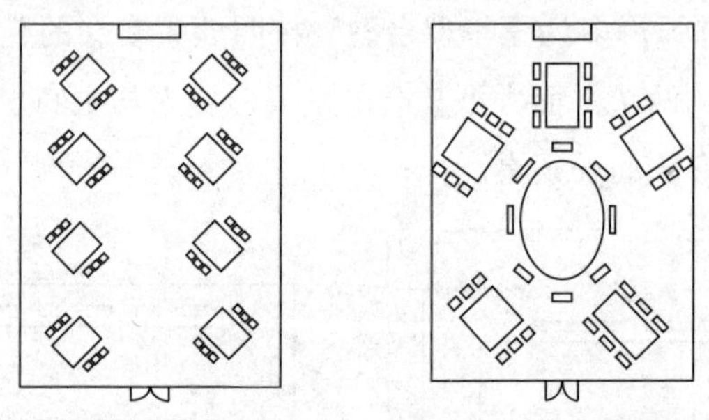

图6-18 鱼骨刺形台型　　图6-19 梅花形台型

(6) 课桌式台型或鸡尾酒会课桌式台型，如图6-20所示。为了方便主桌贵宾观看舞台上的节目，主桌按课堂式安排，面向舞台。

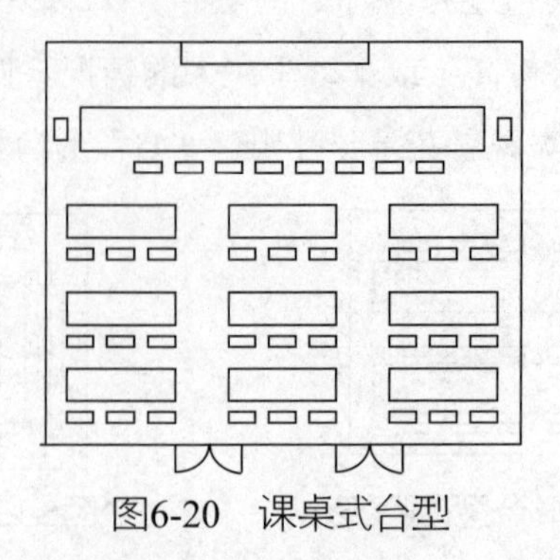

图6-20 课桌式台型

3. 标出台号，画出西餐宴会台型平面图

西餐宴会台号的标注与中式宴会相似。主桌标出“1号”，以主位面朝全场的方向为基准，按“右高左低，近高远低”的原则确定其他桌的台号。

6.1.5 西餐鸡尾酒会台型设计

在举办鸡尾酒会时，通常不摆放桌椅，不设置主宾席，也不设菜台，只摆设酒台以及一些小圆桌或茶几，宾客在酒会中以站姿进餐。在酒会的场地设计中，舞台、酒吧台、小圆桌是重点。

(1) 舞台的灯光，各种装饰物，背景墙的风景以及突显宴会主题的书画等，可显示鸡尾酒会的档次和营造酒会气氛。酒会会场不需要太亮的灯光照明，毕竟保持酒会的气氛非常重要，而微暗的灯光恰好可营造适宜酒会的气氛。

(2) 在酒会中，餐台的摆设方式主要取决于酒吧台的位置。酒会通常采用活动式酒吧台，摆设时以尽量靠近入口处为原则，并且要摆放一些辅助桌以放置酒杯。布置餐台时，不仅需配合宴会厅的大小，还应将其摆设在较显眼的地方，一般摆设在距门口不远的地方，让客人一进会场就可清楚看到。如果参加酒会的客人很多，应尽可能在会场最里面另设一个酒吧台，并引导部分客人进入该吧台区，以缓解入口处人潮拥挤的状况。若要使餐台看起来更有气氛，可以使用透明的白色围布围绕餐桌，并在桌下设置各种颜色的灯光，增添酒会浪漫唯美的气氛。在摆设餐台时，可用银架垫高，使餐点的摆设呈现立体效果。

(3) 酒会会场除了要放置餐台及酒吧台，还需摆设一些辅助用的小圆桌。小圆桌中间可摆一盆蜡烛花，并将蜡烛点燃以增添酒会的气氛。小圆桌上可放置一些花生、薯片、腰果等食品，供客人取用。同时，小圆桌也具有让客人放置使用过的餐盘、酒杯等功用。西餐鸡尾酒会台型如图6-21所示。

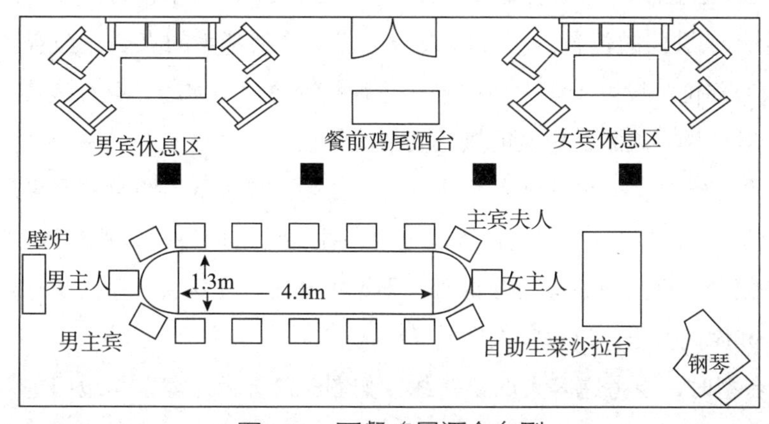

图6-21 西餐鸡尾酒会台型

6.1.6 西餐冷餐酒会台型设计

如图6-22所示，为西餐冷餐酒会台型。在对西餐冷餐酒会进行台型设计时，需注意以下5个方面。

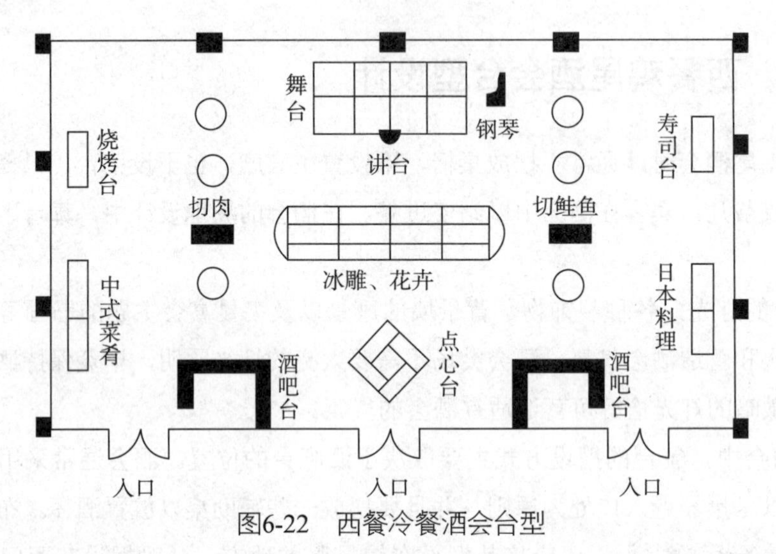

图6-22 西餐冷餐酒会台型

(1) 要保证有足够的空间布置菜台。通常情况下，每80～120人设一组菜台；来宾人数超过500人时，可每150人设一组菜台。

图6-22中按照菜肴类别设置了中式菜肴、日本料理、寿司台、烧烤台4个菜台，放置在宴会厅周围。菜台的摆设要以菜单上菜肴的道数为依据，过大或过小的餐台都是不适当的布置。所以服务员必须事先了解厨师推出的菜肴分量，以此作为布置依据，有时也需配合特殊餐具的使用情况来进行摆设。

(2) 对于现场制作的菜品，应设置独立的供应摊位，如图6-22中的烧烤台单独设在宴会厅左边。

(3) 台型应突出主题，可在主要位置布置一张装饰台(点心水果台)。如图6-22中的点心台安排在宴会厅一进门的位置，可使客人一进门便看到精美的点心。在舞台与点心台之间，是宴会中心部位，设置一座大型冰雕、花卉装饰台，用冰雕、花卉装饰台面，设计出不同的造型，既可供客人欣赏，又能烘托宴会的气氛。

(4) 冷餐酒会分为设座和不设座两种方式。如图6-22所示的酒会是不设座的西餐冷餐酒会，在两个边门入口左、右首位设置酒吧台，往舞台方向每边设置3个小圆台和现场切肉、切鲑鱼的菜台。舞台前设置一张讲台。不设主宾席。在舞台右手边摆放一架钢琴，可提供背景音乐和席间音乐，以供客人欣赏。

(5) 设计台型时，要考虑客人取菜路线。如图6-22所示，客人从边门进入，在吧台取酒，然后往前走就可拿取左边的鲑鱼、右边的日本料理及寿司，酒喝完后可把酒杯放在小圆台上，在穿过讲台时可以欣赏大型冰雕、花卉，在宴会厅左手边可以取现场烧烤的菜肴和切肉，再往宴会厅左边门走，可以拿取中餐菜肴，然后拿取酒水，到点心台取些小点心。可见，客人的取菜路线非常顺畅。

6.1.7　西餐自助餐主题宴会台型设计

在对西餐自助餐主题宴会进行台型设计时，应注意以下7点内容。

(1) 在餐台的设计布置方面，通常可以选定某一主题来发挥。譬如，以节庆为设计主题(例如，在跨年夜时以营造新年气氛为出发点来布置会场)，或取用主办单位的相关事物(例如产品、标识等)来设计装饰物品(如冰雕等)，均可使宴会场地增色不少。自助餐菜台要布置在显眼的地方，使宾客一进入餐厅就能看见，但不应让宾客看见桌腿，可铺台布并围上桌裙或装饰布。西餐自助餐台型如图6-23所示，西餐自助餐台型实景如图6-24所示。

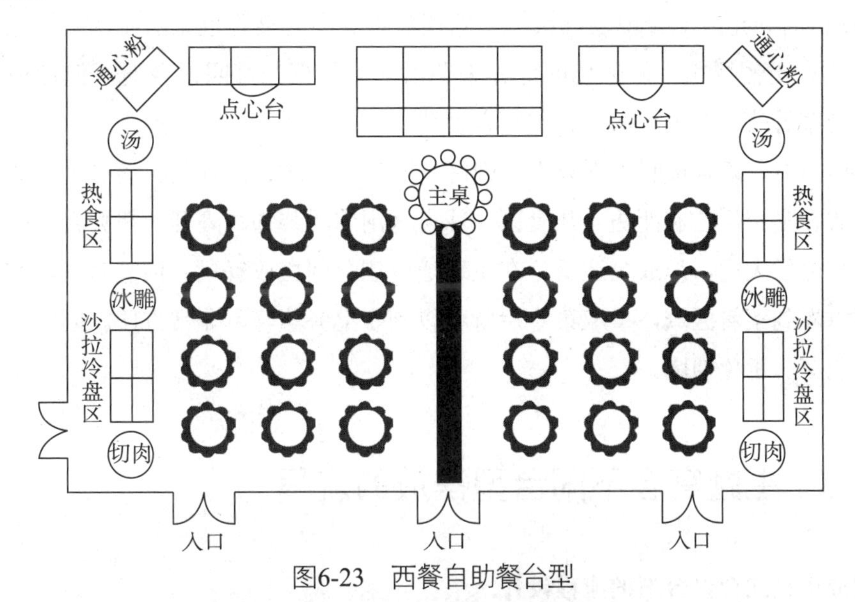

图6-23　西餐自助餐台型

图6-24　西餐自助餐台型实景

(2) 菜肴的摆设应具有立体感，色彩搭配要合理。装饰物品的摆放要错落有致，可在自助餐菜台中央摆放大型装饰物，再选用一些小型装饰品，如鲜花植物、工艺品等，巧妙地布置在菜肴之间，但不要过于拥挤。

(3) 菜肴的摆放应遵循一定的规则。例如，冷盘、沙拉、热食、点心、水果等应依顺序排好。如果宴会场地够大，可再细分成沙拉冷盘区、热食区、切肉面包区、水果点心区等。

(4) 自助餐菜台应设在客人进门便可看到且方便厨房补菜之处，确保客人容易到达且不阻碍通道。

(5) 在来宾人数很多的大型宴会中，可以采用能够两面取菜的菜台。最好是每150～200位客人共享一个两面取菜的菜台，这样可以节省排队取菜的时间，以免客人等时太久。

(6) 设置自助餐菜台的大小要以宾客人数及菜肴品种的多少为出发点，并要考虑宾客取菜的路线，避免拥挤和堵塞。

(7) 餐台的灯光应配合现场气氛，否则摆盘再漂亮的菜肴也无法显现其特色。尤其是冰雕装饰物，更需要用不同颜色的灯光来照射。可用聚光灯照射台面，但切忌用彩色灯光，以免使菜肴改变颜色，从而影响宾客食欲。

在图6-23中，菜肴按照类别分为切肉区、沙拉冷盘区、热食区、汤区、通心粉区、点心区，安排在宴会厅左右两边。热食区与冷盘区用冰雕装饰物隔开。在舞台正前方摆放主桌，正对宴会厅大门，形成主通道。在主通道两侧分别摆放餐桌，横竖对齐。客人一进宴会厅就可以看到菜肴区域，拿取菜肴后就可以到餐桌旁落座，非常方便。同时，也便于后面的客人取菜，避免拥堵。

6.1.8 主题宴会不同台型摆放的流程

1. 摆放课桌式会议台型的流程设计

(1) 根据会议任务单的人数、场地摆放桌子。根据任务单人数计算需摆放多少排，排与排之间保持平行，每行间距90cm。选定第一排课桌的位置，用小长条桌定位，根据每排的人数摆放长条桌(可用小长条桌做尺)。

(2) 摆放椅子。按1张长条桌3人、2张长条桌7人、3张长条桌10人的标准摆放椅子，椅子必须等距摆放。

2. 摆放剧院式会议台型的流程设计

(1) 根据会议任务单的人数、场地摆放桌子。选定第一排桌子的位置，用小长条桌定位，根据每排的人数摆放长条桌(只摆放第一排，参照课桌式摆台)。

(2) 摆放椅子。从第二排开始每排只摆放椅子，位置与第一排椅子对应。根据人数计算摆放几排，每排之间的间距为一把椅子的宽度。

3. 摆放董事会台型的流程设计

(1) 根据会议任务单的人数、场地摆放桌子。选定会议厅的中心位置，根据会议人数摆放大长条桌，将大长条桌竖直并排摆放。

(2) 摆放椅子。按1张长条桌3人、2张长条桌7人、3张长条桌10人的标准摆放椅子，椅子必须等距摆放。

4. 摆放"U"形台型的流程设计

(1) 根据会议任务单的人数、场地摆放桌子。选定会议厅的中心位置，根据会议人数摆放大长条桌，使台型呈"U"形。

(2) 摆放椅子。按1张长条桌3人、2张长条桌7人、3张长条桌10人的标准摆放椅子，椅子必须等距摆放。

(3) 摆放绿色植物。将低于桌面高度的绿色植物放置在"U"形台里面，形成规律的图案。

5. 摆放鱼骨形会议台型的流程设计

(1) 根据会议任务单的人数、场地摆放桌子。选定第一排桌子的位置，用小长条桌定位，根据每排的人数摆放长条桌，在第一排长条桌的一侧垂直摆放一个长条桌，挪动第一排长条桌，使两个长条桌形成夹角，角度为0°～30°。根据任务单人数计算需摆放多少排，排与排之间保持平行，每行间距90cm。

(2) 摆放椅子。按1张长条桌3人、2张长条桌7人、3张长条桌10人的标准摆放椅子，椅子必须等距摆放。

6. 摆放"回"形会议台型的流程设计

(1) 依据客人人数在宴会厅的中央摆放"回"形台，准备好相应的摆台用具，如大长条桌、椅子、台尼、台裙等。

(2) 沿着"回"形台摆放椅子。椅子之间的距离相等，不要太拥挤。

(3) 摆放绿色植物。在"回"形台的中间摆放与桌子高矮相同的绿色植物。

7. 摆放会见台型的流程设计

(1) 根据实际要求布置会见厅。突出主位，使主人位在右、主宾位在左(主宾座位在主人的右手边)。依次摆放沙发，按左右顺序摆放。

(2) 在主人和主宾沙发之后，摆放翻译用椅子。

(3) 在随同人员沙发后，摆放记者用椅子(靠后摆放)。

(4) 会见厅内要有植物装饰，要有“背景”。

实训

知识训练

(1) 宴会场地台型设计受哪些因素的影响？

(2) 中餐宴会台型设计应符合哪些要求？

(3) 中餐宴会台型设计分哪几个步骤？

(4) 常见的西餐宴会台型有几种？各有什么特点？

(5) 在鸡尾酒会台型设计中哪些是重点部位？

(6) 自助餐宴会台型设计有哪些特点？

能力训练

根据项目3任务3.2能力训练中的案例3-3、3-4分别设计并画出婚宴、寿宴台型图。要求标出台号，标识准确。

案例6-1：

某酒店牡丹宴会厅面积为700m²，是长方形。厅内有长为9m、宽为5m的舞台，主通道宽度为2.5m，摆放一个长4m、宽2m的大服务台，4个小服务台，另有一个讲台、一个接待台。宴会厅有两个正门，正对舞台。两侧边墙分别有一个客人出入口，在舞台两侧有VIP出入口。5月20日将在这里举办一场商务宴会，共28桌。

请根据案例6-1设计并画出此商务宴会的台型图，并标注台号，要求标识准确。通过设计训练，学生能够从整体出发设计宴会台型，最大限度地提高宴会厅面积的使用效率，同时便于客人出入和服务员提供席间服务。

素质训练

通过画台型图，使学生形成“处处为客人着想，宾客至上”的服务理念，能从宴会厅总体布局出发，因地制宜地设计台型，注重细节。此外，在标注台号时要尊重客人的禁忌。

学生参观酒店宴会厅，了解宴会厅状况。在宴会课程实训中到酒店参加宴会服务工作，体验宴会开始前台型设计与摆放服务工作内容，培养吃苦耐劳的精神。

小资料

数字喜忌

我国香港地区的人喜用“6”“8”“3”，忌用“5”“4”“9”，因为“6”谐音

“路”，“8”谐音“发”，“3”谐音“生”，这是吉利的谐音。例如，“168”谐音为“一路发”，“38”谐音为“生发”。而“5”谐音“唔”，“4”谐音“死”，“9”谐音“苦”，这是不吉利的谐音。

在欧美和一些信奉基督教的国家，人们普遍认为“13”这个数字不吉利。另外，西方人认为“1”寓意完美、优等、起始；“3”寓意逃亡、不祥；希腊、埃及人认为“3”寓意神性、尊贵、祥瑞。泰国人认为“4”寓意宠爱、好感、美感；中国人认为“4”寓意不平安；而阿拉伯人认为“4”寓意长生不老、重视。西方人认为“9”寓意神性、神圣之至；中国人认为“9”寓意祥瑞、长久。多数欧洲人认为奇数寓意消极、偶数寓意积极。

资料来源：叶伯平. 宴会设计与管理[M]. 北京：清华大学出版社，2007：279.

任务6.2 主题宴会席次设计

引导案例 | 女士优先

去高档餐厅就餐时，男士应着装整洁，女士要穿套装和高跟鞋。男士如果穿正式服装，应打领带。进入餐厅时，男士应先开门，请女士进入，并请女士走在前面。入座、享用餐点时，都应让女士优先。特别是团体活动，要让女士走在前面。

西餐宴会中的位置排列与中餐有相当大的区别，中餐多使用圆桌，而西餐一般使用长桌。如果男女两人同去餐厅，男士应请女士坐在自己的右边，还需注意不可让女士坐在人来人往的过道边。若只有一个靠墙的位置，应请女士就座，男士坐在对面。如果是两对夫妻就餐，夫人们应坐在靠墙的位置，先生们则坐在各自夫人的对面。如果两位男士陪同一位女士进餐，女士应坐在两位男士的中间。如果两位同性进餐，那么靠墙的位置应让给其中的年长者。西餐还有个规矩，即每个人入座或离座时，均应从座椅的左侧进出。

在西餐宴会上，女主人居主导地位，女主人不坐，别人是不能坐的。女主人把餐巾铺在腿上就说明大家可以开餐；女主人把餐巾放在桌子上，则象征宴会已结束。

根据案例回答下列问题：

在西餐宴会中，在哪些环节体现了尊重女士的风尚？

案例分析：

在进门、入座、点餐、宴会开始等环节，遵循“以右为上，中间为尊”的原则来安排女士位置，体现了西餐宴会尊重女士的风尚。

相关知识

微课 6.2

主题宴会席次设计

6.2.1 主题宴会席次安排原则

席次安排是宴会服务的一项重要工作，席次安排不仅关系礼节，而且关系服务质量。在预订宴会时，如果客人没有提出由宴会部服务员安排宾主席次的要求，可由主人自行安排。但在签订宴会合同时，酒店方应主动征询客人的意见，事先确定。如果需要服务员安排席次，服务员要事先了解主人、副主人、主宾、副主宾以及其他宾主的名单，并按照各桌的座次，及时制定宾主席次排列方案，然后送主办人过目，并制作席次卡放在席次上。宴会席次安排应遵循如下原则。

(1) 前上后下。在宴会中座位在前是上座，座位在后是下座。

(2) 右高左低。位于主人右手边的座位比左手边的座位要尊贵。

(3) 中间为尊。位于餐桌中间的座位为尊贵的座位。

(4) 面门为上、观景为佳、临墙为好。面对门的座位为上座，能观赏景色的座位以及靠近背景墙的座位是较好的座位。在宴会中为了表示对客人的尊重，应以主人座位为基准，把主宾安排在恰当的座位上。

对于正式宴会的席次安排，按照国际惯例，同一桌上，席次高低以离主人座位的远近而定，近者为尊。

在其他一些国家的习俗中，如需穿插安排男女席次，以女主人为准，主宾在女主人右上方，主宾夫人在男主人右上方。为了便于谈话，我国一般按客人职务排列，如夫人出席，通常把女士排在一起，即主宾坐在男主人右上方，其夫人坐在女主人右上方。

在外交活动宴会中，礼宾次序是设计宴会细节的主要依据。在安排席次之前，首先要把确定出席的主宾双方名单分别按礼宾次序开列出来。除了礼宾顺序，在具体安排座位时，还要考虑其他因素，如多国客人之间的政治关系等。

动画 6.2

主题宴会席次设计
中餐

6.2.2 中餐主题宴会席次设计

1. 方桌

在中餐宴会中，方桌每边安排两个席次，也称八仙桌，以方桌上方即靠宴会厅正面墙的座位为上座，右边为主宾、左边为主人。通常将主人安排在餐桌左上方的席次上，其他客人按照从上至下、从右至左的顺序安排，如图6-25所示。

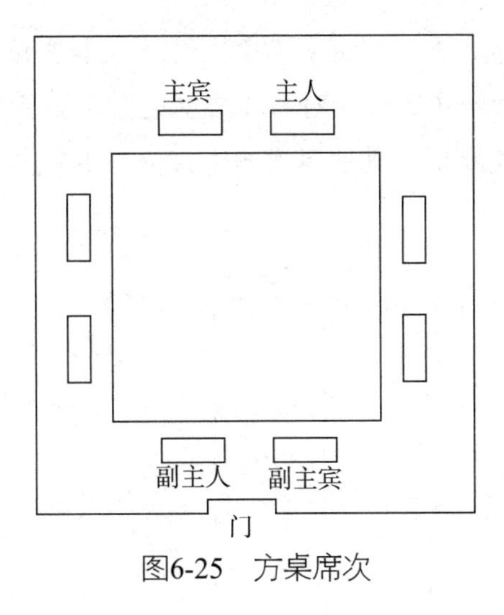

图6-25 方桌席次

2. 圆桌

圆桌席次没有统一的安排方法，通常遵循西餐席次的安排规则，以右为尊，主客穿插安排。每桌安排10个席次。

(1) 把主人安排在餐桌上方的正中间，将主宾席次安排在主人的右边，将副主宾席次安排在副主人的右边，其他客人则按照从右至左、从上至下的顺序依次安排，如图6-26所示。

(2) 主人右上方为主宾位，左上方为副主宾位，如图6-27所示。

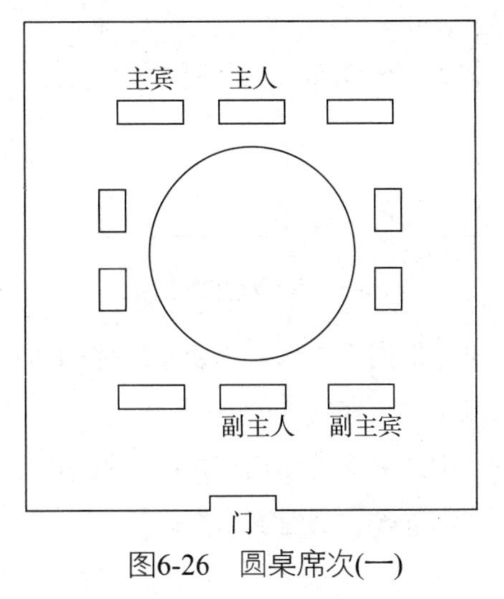

图6-26 圆桌席次(一)

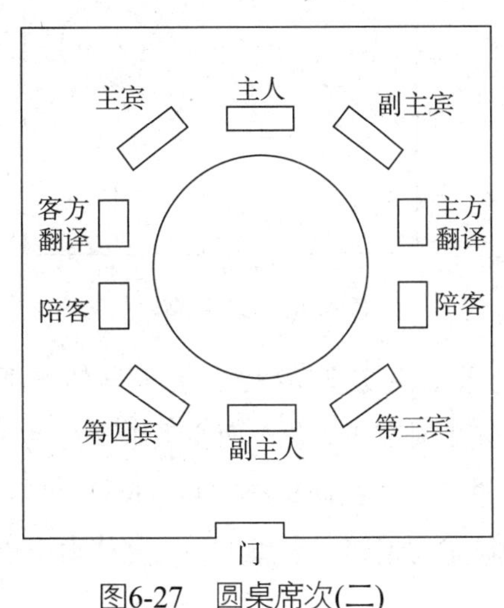

图6-27 圆桌席次(二)

如果客人是外宾，有翻译陪同，翻译应安排在靠近主宾右边的席次，这样可便于宾主在宴会中交谈，如图6-28所示。

(3) 如果主宾带夫人，主人也带夫人，则席次排列如图6-29所示。

(4) 对于多桌宴会的席次安排，其重点是确定各桌的主人位。以主桌主人位为基准点，各桌第一主人(主办单位的代表)的席次安排有两种方式：一种是各桌第一主人位与主桌主人位的位置和朝向相同；另一种是各桌第一主人位与主桌主人位遥相呼应。具体来说，台型左右边缘桌次的第一主人位相对，并与主桌主人位形成90°角，台型底部边缘桌次第一主人位与主桌主人位相对，其他桌次的主人位与主桌主人位相对或朝向相同，如图6-30、图6-31所示。

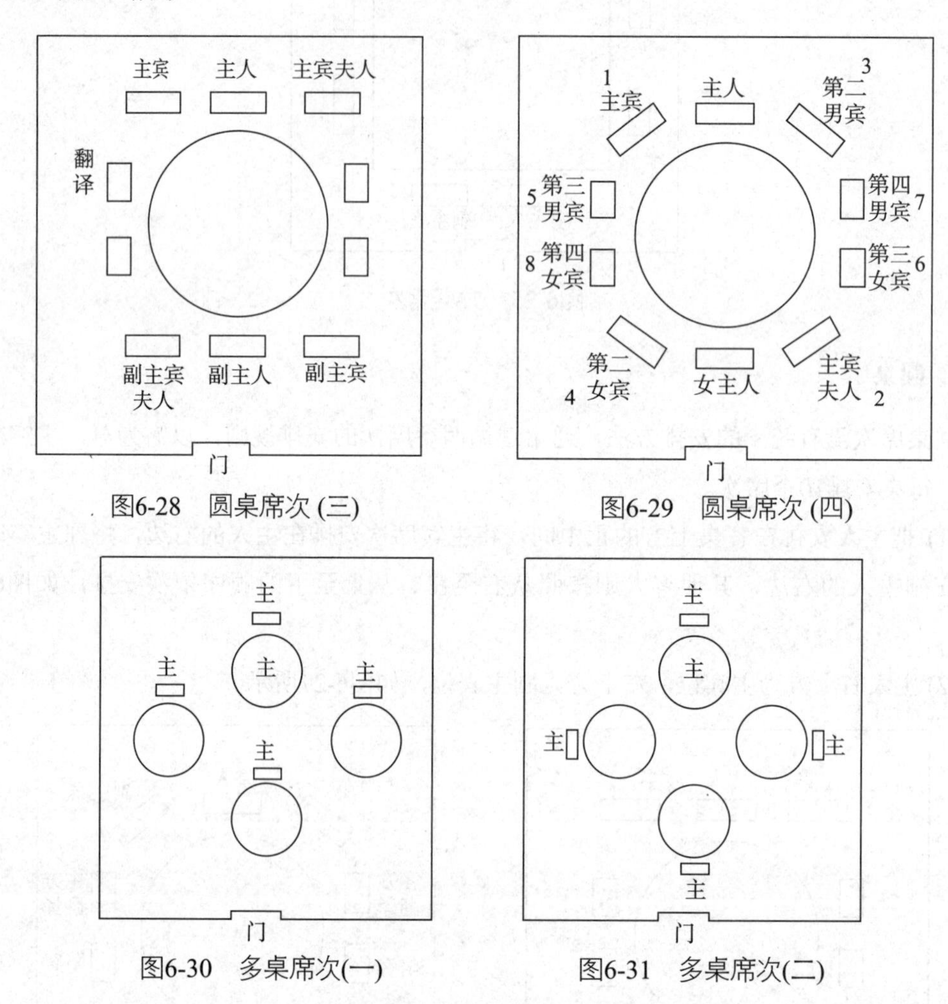

图6-28 圆桌席次(三)

图6-29 圆桌席次(四)

图6-30 多桌席次(一)

图6-31 多桌席次(二)

(5) 宴会席次安排特例。在有些情况下，主宾身份高于主人，为表示对他的尊重，可以把主宾安排在主人位，而主人则坐在主宾位，副主人坐在主宾的左侧。

在举行一些民间传统宴会(如婚宴、寿宴)时，中式宴会的席次安排必须遵循中国传统礼仪和风俗习惯，一般原则是“高位自上而下，自右而左，男左女右”。

3. 座次安排

具体安排座次时，可用席次卡来体现。席次卡即根据饭店总体形象设计的宴会座次卡，一般为长方形，制作精美。通常将出席宴会的宾客姓名书写或直接打印在席次卡上，字迹要清楚、整齐。一般中方宴请将中文写在上方、外文写在下方；外方宴请则将外文写在上方、中文写在下方。通常，由宴会主办单位负责人或主人根据赴宴者的身份、地位、年龄等，将写有宾客名字的席次卡放置于相应的座位上。举办大型宴会时，一般预先将宾客座次打印在请柬上，以便宾客抵达时能迅速找到自己的座位。

动画 6.2

主题宴会席次设计
西餐

6.2.3　西餐主题宴会席次设计

1. 西餐主题宴会席次安排原则

西餐主题宴会席次安排与中餐主题宴会相似，但还应遵循以下5条原则。

(1) 以女主人为主，女主人坐在面对门的主位，男主人坐在背对门的位置，与女主人对坐。

(2) 一般将主人席次安排在席次上方和正中的位置，主宾席次安排在主人席次的右边，副主宾席次安排在主人席次的左边。

(3) 女士优先，以右为尊，右侧的席次高于左侧。

(4) 男女宾客需穿插安排座位，熟人与生人也应当穿插排列，夫妻分坐。

(5) 西餐大型宴会每桌都要有主人作陪，每桌的主人(第一主人)位置要与主桌的主人位置方向相同。

2. 各种台型的席次设计

(1) 方桌席次安排如图6-32、图6-33所示。

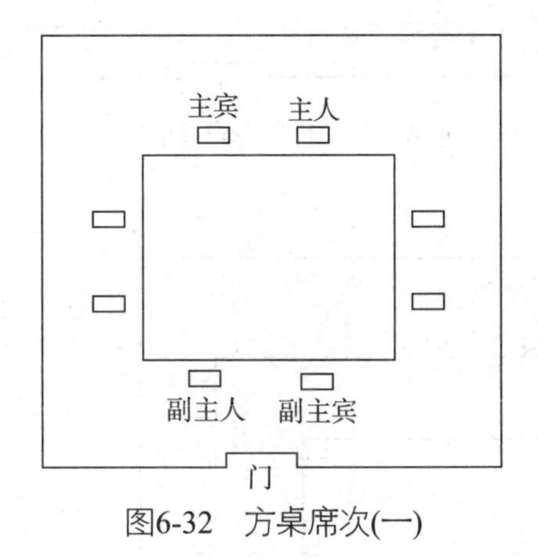

图6-32　方桌席次(一)

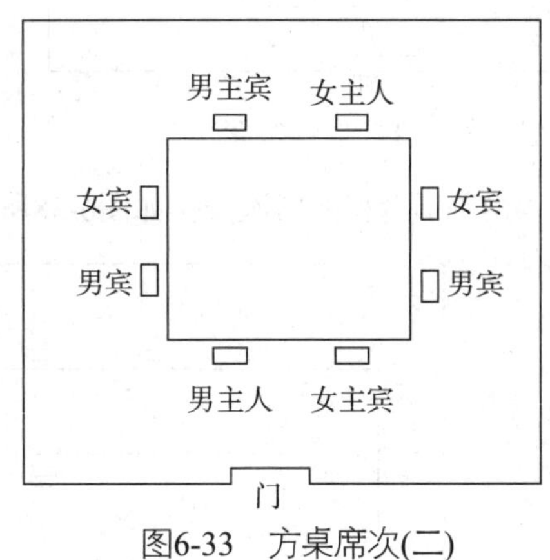

图6-33　方桌席次(二)

(2) 长桌席次安排如图6-34、图6-35所示。

(3) “T”形台型的席次安排如图6-36所示。

(4) “N”形台型的席次安排如图6-37所示。

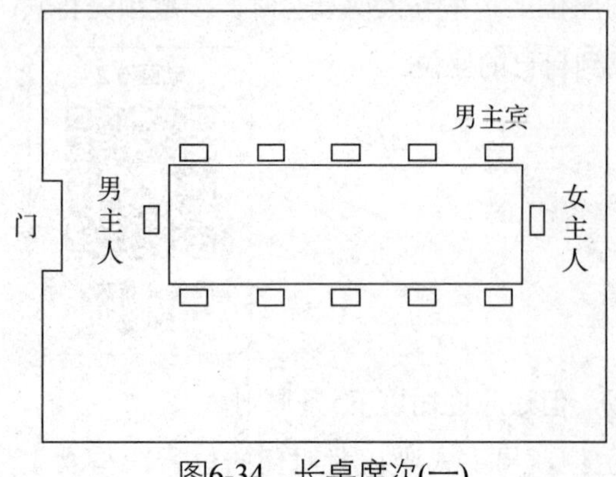

图6-34　长桌席次(一)

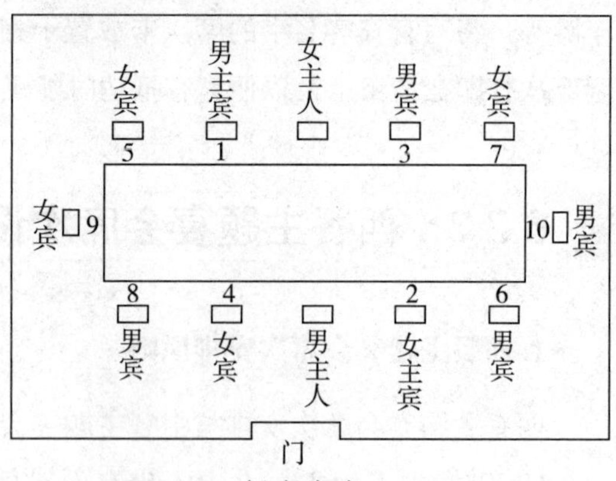

图6-35　长桌席次(二)

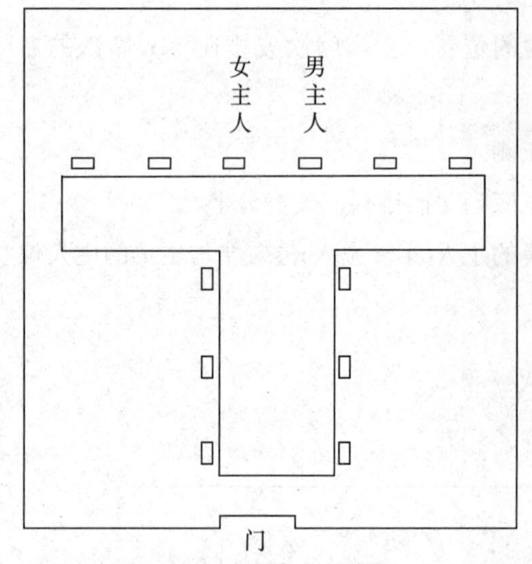

图6-36　“T”形台型席次

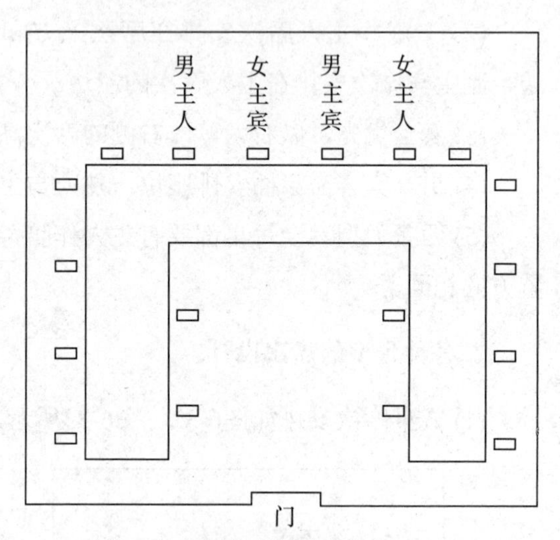

图6-37　“N”形台型席次

(5)“M”形台型的席次安排如图6-38所示。

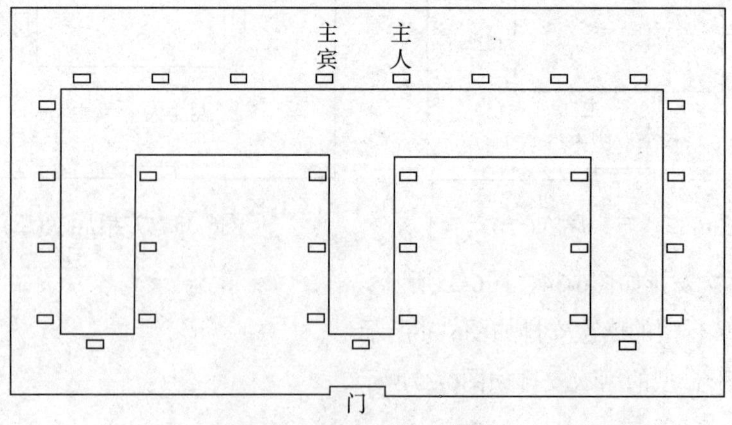

图6-38　“M”形台型席次

(6) 圆桌席次安排如图6-39、图6-40所示。

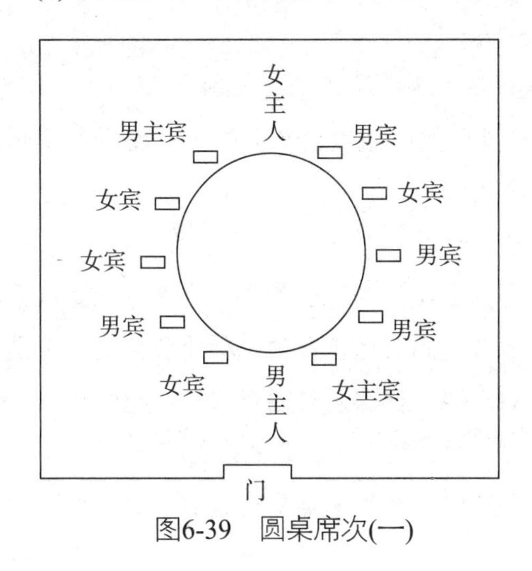

图6-39　圆桌席次(一)

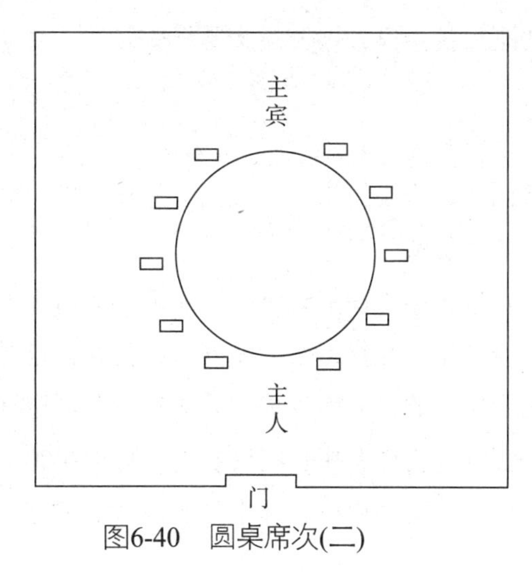

图6-40　圆桌席次(二)

实训

知识训练

(1) 中餐主题宴会席次安排的原则是什么？

(2) 中餐主题宴会席次安排有哪些方法？

(3) 西餐主题宴会席次安排有哪些方法？

能力训练

根据项目3工作任务3.2能力训练中的案例3-3、案例3-4分别画出婚宴、寿宴席次图。

案例6-2：客人是一群大学生

小王是沈阳某四星级酒店西餐厅的优秀服务员，在客人面前，始终保持亲和的微笑，使客人感到很舒心。2007年8月28日晚上7点，某高校机械专业的两位男生请4位男生和4位女生在小王任职的西餐厅举办了一场时尚的西餐宴会。这两位男生提前一天预订了一张10人餐台。当他们进入西餐厅的时候，小王微笑着迎了过来，把他们引领至一张10人席次的长方形餐台前，并提醒他们："按照国际惯例，女士优先，请4位女士先入座。"4位女生不知所措，看了一眼那两位男生，那两位男生看着小王不好意思地说："你帮我们安排一下吧。"小王先把两位男生的位置留出来，然后安排4位女生入座，再让两位男生入座，最后安排其余4位男生入座。小王的安排让他们感到非常满意。

以小组为单位，结合案例6-2，请你画出小王为这些大学生安排的席次图，要求标识准确。

案例6-3：玛丽小姐的生日宴会

2010年6月8日是玛丽小姐的18岁生日，这是她迈入成年人行列的重要时刻，她准备举行一场生日宴会来庆祝。受邀人员包括她的父母，她的高三年级的班主任老师和小学一年级的班主任老师，以及高三要好的同学，共计50人。

结合案例6-3，你作为宴会服务员将怎样安排玛丽小姐生日宴会的主桌席次？请画出席次图。其他桌的第一主人位应怎样安排？请画图说明。

素质训练

通过画席次图的训练，学生能够了解中西方宴会座位安排的差异，这种差异源自中西方宴会文化、礼仪习俗的差异。宴会礼仪是赴宴者之间表达尊重的一种礼节仪式，也是人们出于交往的目的而形成的为大家所共同遵守的习俗。在课余时间查阅一些相关资料，了解中西方宴会还有哪些礼仪要求，写出1000字的书面材料，小组之间进行交流。

学生在宴会课程实训中到酒店参加宴会服务工作，熟悉主桌及其他桌席次安排。

小资料

"以右为上"礼节的由来

以右为尊、以右为上的礼节从古至今，由来已久，在中西方文化交流中亦达成共识。那么，你知道以右为上的礼节是如何以产生的吗？

据说在冷兵器时代，人们常用的武器是剑和刀。一般情况下，人们将剑和刀持于身体的左侧，且以左手执剑和刀的居多。当双方放弃争斗、愿意和平协商时，主动一方将对方让于自己的右边就座，实际上是将最有利于进攻的位置让给了对方，而将最不利于进攻又不利于防守的位置留给了自己。这无疑充分地表达了自己向往和平的诚意，也解释了礼仪和礼节的真谛，即礼仪和礼节是将方便让给别人、将不利留给自己的一种仪式。

资料来源：冯兆军. 饭店服务礼仪学习手册[M]. 北京：旅游教育出版社，2006.

任务6.3 主题宴会环境设计流程

引导案例 | 某公务宴会台型

某公务宴会台型如图6-41所示。

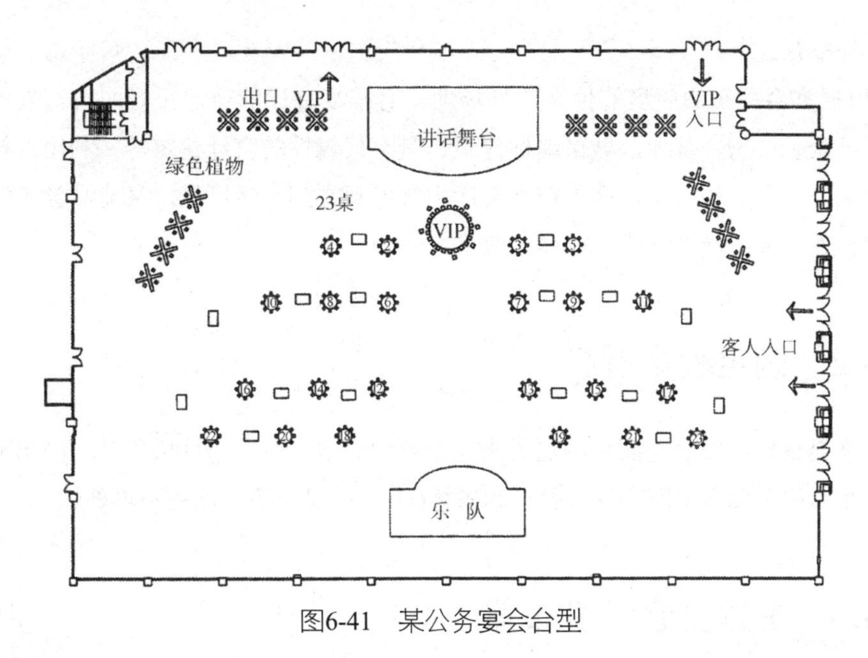

图6-41　某公务宴会台型

资料来源：叶伯平，鞠志中，邸琳琳. 宴会设计与管理[M]. 北京：清华大学出版社，2007：148.

根据案例回答下列问题：

案例中的宴会台型设计是否合理，为什么？

案例分析：

此设计布局合理。在主题墙前面设讲话舞台，将主桌设在舞台最前面，单列一排。主通道两侧餐台采用“品”字形排列，排列整齐对称，台号标识准确。宴会厅周边用绿色植物点缀，舞台两侧设有VIP客人出入口，宴会厅边墙两侧设有多个客人出入口，主辅通道明确，边墙设有服务台。舞台对面设有乐队演奏台。这样的布局有效地利用了宴会厅空间，方便客人出入。

相关知识

6.3.1　根据客人要求选择宴会厅场地

(1) 根据宴会规模选择场地。有些宴会厅看起来挺大，但有多个顶梁柱，实际利用面积就比较小。

(2) 根据客人对宴会厅内装饰设备的要求选择场地。高档次的宴会对音响设备、餐桌椅、室内装修、各种灯光的要求较高。

(3) 根据宴会形式选择场地。宴会形式有中餐围宴、自助餐宴会、茶话会、西餐正式宴会、鸡尾酒会、冷餐酒会等。一般正式宴会选择在室内举行，鸡尾酒会、冷餐酒会有时选择在室外举行。

(4) 根据宴会厅在酒店里的位置选择场地。有些宴会厅的窗户正好面对室外的园林风景、田园风景、广场、草坪、城市地标建筑、具有代表性的宫廷建筑等，利用这样的自然地理环境来安排台型和席次，客人在宴会厅中既能观赏到自然风景，又能品尝美味佳肴，这对出席客人来说无疑是物质和精神的双重享受。

6.3.2 确定餐桌餐椅

根据宴会规模和宴会厅面积确定餐桌及餐椅的类型、数量和规格尺寸，画出宴会台型平面图，然后按照台型平面图摆放餐桌和餐椅(任务6.1已介绍，此处不再赘述)。

6.3.3 主题宴会环境布置

实操 6.3

主题宴会环境设计流程

主题宴会环境布置也称为宴会布展。在进行宴会布展时，应基于宴会厅现有的条件状况来设计，并写出宴会环境设计说明书。在宴会厅中，天花板、窗户、门、墙壁、灯具、家具、宴会厅的柱子等的形状、装饰、颜色和款式是不能改变的，通过这些部位可以看出宴会厅的装饰风格，但可以通过灯光、色彩、装饰物、音乐等要素来营造宴会的环境，烘托宴会的气氛。

1. 灯光

宴会厅需要充足的照明，不同的宴会厅场景需要不同的光线，以突出其优雅、幽静、明亮、豪华等不同特色，为客人提供舒适的就餐环境与气氛。缺乏充足的光线，无法突显宴会厅环境。一般情况下，在宴会厅天花板中心安装大型水晶吊灯或吸顶灯，属实光灯，在水晶灯周围安装虚光灯，在吊顶安装筒灯或射灯。

1) 灯饰种类

在中餐宴会厅中，传统灯饰有红灯笼、六角宫灯；现代灯饰花样繁多，有水晶吊灯、霓虹灯、筒灯、射灯、蜡烛、壁灯。

(1) 水晶吊灯。水晶吊灯光线晶莹剔透，闪闪发光，有火树银花的美感，能为宴会厅营造一种豪华的氛围。

(2) 霓虹灯。霓虹灯一般安装在主席台或舞台上方天花板上，它的光线比较弱。有娱乐节目时，霓虹灯光能给人以变幻莫测的感觉。

(3) 筒灯。筒灯照射范围有限，属聚光灯，一般安装在吊顶上，能营造满天星光的氛围。

(4) 射灯。射灯发出的光线比较短，照射范围小，类似瀑布光，能给人一种炫目的感觉。

(5) 蜡烛。在餐桌上放置多头烛台，把蜡烛插上并点燃，能营造一种温馨的氛围。

(6) 壁灯。一般在墙壁上安装壁灯。

2) 灯饰的光线

灯饰光线不同，会产生不同的氛围效果。光线一般包括以下5种。

(1) 白炽光。白炽光也称冷光，是宴会厅使用的主要光线。这种光线明亮、均匀，能反映宴会厅本身的自然色彩，而且照在食品上也最为自然。

(2) 荧光。荧光是暖色光，偏橘黄，这种光线会影响人的面色和衣着，照在家具、设施和大多数食品上都能营造温暖的感觉。荧光可与白炽光结合使用，荧光照射餐桌的外围部分，白炽光照射餐桌的中心部分。

(3) 烛光。烛光在西餐宴会厅中比较常见。在餐桌上放上烛台，点燃蜡烛，整桌的光线比餐桌外的走道要亮，可使宴会厅的空间在视觉上变小，从而产生亲密感。红色烛光能使客人和食物都显得更漂亮，它适用于朋友聚会宴、节日盛会宴。

(4) 彩光。彩光是由霓虹灯或各色灯泡发出的光线，色彩斑斓，可用来营造热情友好的气氛。当宴会有娱乐节目时，经常改变光线颜色，能烘托宴会气氛。但需注意，彩光不适合照在菜品上。

(5) 自然光。自然光是指从窗户照进来的太阳光线，能为宴会厅营造出温暖、明亮、通透的气氛。宾客透过落地窗户还能观赏到外面的自然风景，对营造宴会气氛更是锦上添花。午宴大多利用自然光线。

总体来说，中餐宴会一般以金黄和红黄光线为主，光线明亮，以营造宽敞通透的氛围。西餐宴会的光线以餐桌上的烛光最为明亮，餐桌以外的走道光线偏暗，宴会厅外的走廊光线更暗，以营造幽静、雅致、安逸的宴会氛围。一般来说，昏暗的光线会延长宾客就餐时间，明亮的光线会缩短宾客就餐时间。

总之，服务员应根据宴会主题和宴会进程变换灯光的明暗、色彩及光线的分布，创造适合不同场景的光线组合，以增强舞台和演出的效果，从而营造不同的宴会气氛。

2. 色彩

色彩是营造主题宴会气氛非常重要的因素，对宾客的心理影响很大。总体来说，色彩分为暖色调和冷色调。暖色调给人以温暖、兴奋、光明等感受。如红色给人以振奋、激励的感觉；橙色给人以兴奋、活跃的感觉；黄色给人以刺激的感觉。冷色调给人以寒冷、沉静、寂寞的感觉。如绿色给人以宁静、镇静的感觉；蓝色给人以自由、轻松的感觉；棕色给人以松弛的感觉；紫色给人以优美、雅致的感觉。

中餐宴会厅一般适宜采用暖色，可以红、黄为主调，辅以其他色彩。

西餐宴会厅一般采用咖啡色、褐色、红色，色暖且深沉；也可采用乳白色、浅褐色，使环境明快，富有现代气息。

在色彩的选择上，应分清主色调和辅助色调。主色调选两种为宜，如果颜色比较多，就会显得凌乱。辅助色调应与主色调属同一色系，或是在色谱中相邻的颜色。

通常情况下，宴会厅在冬天宜采用暖色调，夏天宜采用冷色调。

在宴会厅中，通常用墙面、窗帘、地毯、台布、台裙、椅套等的颜色呈现宴会的主色调。用鲜花、大型绿色植物、台饰、口布、椅背花、筷子、菜单等的颜色作为辅助色进行点缀，当然这些点缀都应围绕宴会主题及举办宴会主人的喜好、风俗习惯而定。

3. 装饰物

在宴会布置中，可通过变换挂画、壁画、挂件、窗帘、背景墙、帷幕、餐桌椅、台布、椅套、地毯、屏风、边台、讲台、花台、餐台装饰花、摆件、大型绿色植物、指示牌等物品的色彩、款式来营造宴会的气氛。此外，还需注意，所有装饰物要与宴会厅的规模、风格、档次相一致。

(1) 挂画、壁画。挂画、壁画是宴会厅墙面装饰的重要部分，能为宴会厅环境增添几分雅致。挂画品种多种多样，有国画、油画、水彩画、装饰画、剪纸画、字画等。有的表现山水花鸟，有的表现人物肖像，还有的表现抽象图案。围绕宴会主题选择字画，会给客人带来无限遐想。

(2) 挂件、摆件。用古董、陶瓷挂盘、民间手工艺品、挂毯、盆景、假山石、刺绣、木雕画、花瓶等来装饰墙面，或将一些小型水晶工艺品摆在工艺品架上，能够增强宴会厅的美感。

(3) 窗帘。窗帘的颜色和质地应与宴会主题相匹配。窗帘挂吊的褶子的疏密要适中，自然悬垂，无脱钩。如果是落地窗，窗帘悬垂离地面约5cm。窗帘一般分内外两层，内层一般较厚，外层一般较薄。可用蝴蝶结、彩带在窗帘上做装饰，有时用窗花来装饰窗户。

(4) 背景墙、帷幕。背景墙装饰是宴会装饰较为重要的一部分，一般用表现宴会主题的图案、徽章、标语、横幅、鲜花、彩色气球等来装饰。背景墙的上方和两侧可设帷幕，也可使用电视幕墙、幻灯背景、大型屏风背景、大型绿色植物背景、大型造型背景、可变灯光背景来装饰宴会背景墙。

背景墙的前面就是主席台或舞台，围绕主席台可以搭建阶梯式背景花台，在阶梯式背景花台上放置鲜花或绿色植物，拼出各种图案或文字来反映宴会主题。在距离主席台的正前方3m远处，一般设置主桌或主宾席区。

(5) 餐桌椅、台布椅套。中餐宴会餐桌一般使用圆桌，餐椅为原木制的靠背椅。台布一般用单一色或花式，白色调可在任何情况下使用，选用其他色调时要与宴会全场的色彩保持协调。为了突出主桌或主宾席区，主桌可用其他颜色的台布，并围上台裙，台裙悬垂离地面2cm。西餐宴会一般采用长方桌，桌布由几块桌布拼成，骨缝应对齐，椅套应与台布颜色相协调。可用彩带在椅背后面打上蝴蝶结作为装饰，能起到画龙点睛的作用，也可用彩绳、中国结、鲜花以及不同色调的椅背花来装饰餐椅，营造不同风格的宴会环境。

(6) 地毯。在宴会厅中，通常使用暖色调地毯，质地以纯毛与棉纶混纺为好，有的也用带有花色或图案的地毯。为了突出主通道，在主通道位置一般使用颜色比较醒目的地毯，主通道两边放置中型绿色植物，也称为路引花，以显示宴会区域的划分。

(7) 屏风。使用屏风，可以将宴会厅的不同区域隔开，使不同区域的活动不受干扰，有时运用雕刻屏风还能起到扩大宴会厅空间的作用。

(8) 边台、接待台、讲台、花台。①边台也称服务台，一般设置在墙边，用来存放一些备用餐具及用具。边台一般由长90cm、宽45cm的长方桌拼成。边台上的物品摆放应整齐有序，边台的台布颜色也应与餐桌的台布保持协调。②接待台一般设置在客人入口处右手边，用来放置签名册或礼品。接待台一般铺台布、围桌裙，桌上摆放装饰花、签名簿。③讲台一般设置在主席台的右侧或中央，讲台上面放置装饰花和台式麦克，供点缀环境和宾主讲话用。④花台是餐台当中一个很特殊的类型。它是用鲜花、雕塑、果品茶点堆砌而成的，具有一定的艺术造型，供客人观赏。虽然它缺少食台的实用性，但在高档宴会中必不可少。首先，它能够体现宴会档次；其次，它能体现宴会主题；最后，它能营造宴会气氛。因此，花台制作已成为举办高档宴会不可或缺的环节。花台一般放置在比较显眼的位置，台面上用鲜花和绿色植物造型。在造型时要贴近主题，具有整体性、协调性，主花占据主导地位，配花及枝叶占辅助地位。在选择花材时，要考虑客人的审美习惯，注意色彩搭配、花材质量。

(9) 餐台台面上的装饰花。餐台上的装饰花一般都插在花瓶里，选择的花材要适合宾客的审美爱好，整体造型美观大方，不能有枯枝败叶。装饰花的高度以不遮挡坐在对面的宾客的脸为宜。

(10) 绿色植物。宴会厅中的大型绿色植物一般都是盆栽，通常摆放在宴会厅门两侧、厅室入口、楼梯进出口、厅内的边角或中间，在摆放的过程中应注意植物的高低对称。绿色植物可以营造回归自然、郁郁葱葱、生机盎然的气氛。宴会厅中一般选用竹子、绿萝、铁树、芭蕉树、橡树、棕榈树等。当然，在选择植物品种时还要考虑宾客的审美爱好。

(11) 指示牌。指示牌可以设计成多种样式，既能为客人指引方向，又可以装饰会场，营造宴会气氛。如婚宴一般用新郎新娘的大幅结婚照做指示牌，商务宴会用主办单位的名称或徽章图案做成海报形式的指示牌，寿宴用寿桃图案做成海报形式的指示牌，同学或朋友聚会宴用一些欢迎和祝福语做指示牌。通常情况下，指示牌应做两个，一个摆放在酒店一进大门的前厅位置，另一个摆放在宴会厅的正门旁。

4. 音乐

音乐能给人带来美的享受，在宴会厅中播放悦耳的旋律，能让宴会厅的环境变得柔和亲切，使宾客心情安定轻松或欢快热烈；也可以使服务员精力充沛，使其能心情舒畅地投入到宴会的紧张工作中，提高工作效率。

(1) 背景音乐。背景音乐是贯穿宴会始终的乐曲，包括西洋乐曲和中国乐曲，风格各不相同。选择适合宴会主题的背景音乐可以烘托宴会的气氛，营造欢快热烈或幽静安逸的氛围。背景音乐的声音一般不超过40分贝。

此外，在选择背景音乐时，还要考虑宾客对生理舒适的要求、欣赏水平、宴会环境等因素。

(2) 席间音乐。在宴会举办期间，如在主宾讲话、歌舞表演、进行抽奖活动时，利用简短的席间音乐可以掀起一个又一个高潮，把宴会的气氛推向高峰。对席间音乐的要求是既有时间限制又能表现现场活动的内容。此外，不同的席间音乐要注意播放先后顺序的安排。

5. 室内空气质量

温度、湿度、气味是宴会环境气氛的组成部分，直接影响宾客的舒适程度和心情。一般来说，宴会厅适宜的温度为21℃～24℃，相对湿度为40%～60%。宴会厅的气味要清新，应保持室内通风良好，开宴前要开窗换气和通风，可适当喷洒一些空气清新剂。此外，员工上岗前要做好个人的清洁卫生。

6. 服务人员

服务人员的态度、礼仪、工作能力无疑会给宾客留下深刻的印象。服务员态度热情、彬彬有礼、服务周到、操作技能娴熟，宾客满意程度就高，从而有助于营造宴会融洽和谐的气氛，进而为酒店开发客源市场奠定基础。提高服务人员的素质与宾客满意度是酒店宴会营销的核心。

7. 制造特别效果

在宴会布置过程中，可采用一些特殊材料或者安排一些娱乐节目来增加宴会的独特效果，使宾客留下深刻印象。特殊材料有气球造型、霓虹灯雕塑、激光灯、动物模型、银色杯垫、华丽的钢琴、帐篷、棕榈树、丝兰树、铁树、不常见的植物和花、透明玻璃立方体、插在花瓶中的冰凌花、栏杆分离的篱笆、放酒的车形架、三角旗、绒球、闪灯、镜子球、声音系统、肥皂泡机、金银线织物、蜡染版画、波纹丝绸织品、各色台布、镶手工花边的全色台布等。娱乐节目有肚皮舞、漫画家表演、骑马师表演、书法鉴定、魔术表演、哑剧表演、迪斯科舞表演、电子游戏等。这些特殊材料的应用及娱乐节目表演都能增添宴会的气氛。

8.主题宴会布展应注意的事项

在宴会布展时，宴会部服务员把餐桌摆好后，就要与客人沟通布展事宜，有些客人会参与布展，这时服务员要注意以下问题。

(1) 在客人布展前，应根据宴会通知单内容将所有物品准备齐全。

(2) 客人到达后，与主办人联络确认布展时间以及具体要求。询问主办人对已经摆好的宴会台型是否满意，是否需要改动。

(3) 布展开始后提供冰水服务，一定要保证有一名员工协助客人布展。因在布展服务中，宴会员工可能只有一到两名，故应尽量做到少改动台型。当有两名员工负责时，要及时沟通，以便了解现场的情况。

(4) 在布展过程中对客人具有以下要求。

① 禁止在会场内吸烟，尤其是在布展人员较多的情况下。人少时，可酌情处理。

② 禁止在墙壁上使用双面胶、钉子以及一些对墙壁有损伤的工具与设施。

③ 使用展架或移动物品时要提醒客人注意天棚上的喷淋头、烟感器等设施。

④ 注意通道中的墙壁、门、扶手等不可刮碰。如果出现问题应当场告诉客人，并上报经理或销售部解决。

⑤ 服务员应协助客人运送物品，但仅限于协助，因服务员不了解客人的物品情况，不要轻易挪动，以免造成物品损坏。

⑥ 待客人布展结束后，询问主办人原定活动时间是否有变动及次日早上几点开门，以便及早安排通知同事。

⑦ 写清楚交接班日记，写明所知道的一切情况。

⑧ 若客人有贵重物品，要与主办人以及保安一起清点物品明细后锁门，并一同将钥匙交给保安部，次日要与保安一同取钥匙与主办人一同开门。

⑨ 不允许客人将外买食品带入酒店食用，有特殊情况可酌情处理。

⑩ 根据实际情况，下班前通知公共区域保洁员做好厅内卫生工作。

6.3.4　搬运宴会厅主题宴会桌椅的流程设计

1. 搬运椅子

在搬运椅子的过程中，应注意以下事项。

(1) 宴会厅椅子5个为一组。

(2) 使用专用宴会厅椅子车搬运。

(3) 椅子车应从最底下的椅子的中间位置起运。

(4) 运输过程中注意不能磨损椅子腿。

(5) 人工搬运时，应两人配合，一人在前、一人在后，同时搬运最底下的椅子的双腿和椅子背把手。

2. 搬运宴会厅长条桌

在搬运宴会厅长条桌时，应注意以下事项。

(1) 双手或单手握住桌子边缘搬运。

(2) 搬运过程中注意安全，不可以磕碰任何物品。

(3) 搬运到位后，打开双腿，将桌子支撑起。

(4) 不可以在地毯上拖桌子。

(5) 轻拿轻放，不可以摔桌子。

3. 搬运宴会圆桌

在搬运圆桌时，应先从圆桌侧面找准圆桌重心点，然后以旋转桌子的方式搬运，避免刮碰其他物品。

6.3.5 搬运、安放主题宴会舞台的流程设计

1. 搬运舞台

在搬运舞台时，应注意以下事项。

(1) 运输前确保舞台已经合并，安全销已经锁死。

(2) 双手扶在舞台的合并处，并确保是重心处。

(3) 从前方托运舞台，并非推运。

(4) 在运输过程中时刻保持舞台的平衡，掌握重心。

(5) 不可以在舞台的侧面运输舞台。

(6) 运输到位后，确认舞台平稳方可离开。

2. 安装舞台

在安装舞台的过程中，应注意以下事项。

(1) 找准安装舞台的中心位置。

(2) 确认粘贴台裙处向外。

(3) 两人同时打开安全销，同时下放舞台。

(4) 第一块舞台的安装位置必须准确，以此为基准，再安装接下来的舞台。

(5) 全部安装完毕后，再铺舞台地毯、围舞台台裙、铺舞台台阶。

3. 收回舞台的流程设计

在收回舞台的过程中，应注意以下事项。

(1) 收回舞台时，两人应同时合并舞台，同时将安全销锁死。

(2) 立起一块舞台，锁死安全销并将其移动到安全位置后，再立起下一块舞台。

6.3.6　摆放主题宴会签到台的流程设计

(1) 取适用的长条桌子(宽45cm或75cm的长条桌)。

(2) 将桌子安放到需要的位置。

(3) 选用与桌子同样型号的桌罩，将桌子盖好。

(4) 根据所需要的数量摆放宴会椅子(每张长条桌最多配3把椅子)。

(5) 在桌子台面上摆放银盘、“签到台”牌、“请赐名片”牌。

(6) 在条件允许的情况下，配上花瓶作为装饰。

6.3.7　摆放新闻发布会台型的流程设计

(1) 根据客人人数准备相应的用具。主席台用大长条桌，根据人数选择适当的数量(2个人用一张，4个人用两张)，再准备椅子等其他用具。

(2) 在宴会厅的正面摆放主席台。

(3) 根据人数安排记者席，采用剧院式排列法，在距离主席台3m的位置，摆设第一排。

(4) 在宴会厅的四角分别摆放一棵植物，在主席台两边的后侧分别摆放一棵植物。

6.3.8　摆放签字仪式台型的流程设计

(1) 根据客人人数准备相应的用具。两人签字台选用一张大长条桌，3~4人签字台选用两张大长条桌。根据客人人数准备大长条桌，准备台尼或台布、台裙等用具(台布及台裙的颜色因客人要求而定)。

(2) 摆放签字台。根据客人要求安排签字台的位置，或将其摆放在宴会厅的正面，依次上台尼(一张桌用小号台尼，两张桌用中号台尼，三张桌用大号台尼)，确保台尼干净整洁无破损；上台裙夹，台裙夹之间的距离在25cm左右；上台裙，台裙的接口在桌子的后侧，确保台裙干净无破损。

(3) 准备酒水台。在宴会厅的侧边准备酒水台，将一张大长条桌用黄方台布铺好，依次上台裙夹，台裙夹之间的距离在25cm左右；上台裙，台裙的接口在桌子的后侧，确保台裙干净无破损。在酒水台上准备与人数相符的红酒杯或香槟杯(因客人要求而定)，还需备好服务用的托盘。

实训

知识训练

(1) 如何根据客人要求选择宴会厅场地？

(2) 主题宴会场景设计的步骤有哪些？

(3) 主题宴会场景布置从哪些方面入手？

(4) 主题宴会的灯光如何选择？

(5) 主题宴会的色彩如何选择？

(6) 主题宴会的装饰物应如何选择？

(7) 主题宴会的背景音乐应如何选择？

能力训练

根据项目3任务3.2能力训练中的案例3-4写出寿宴环境设计说明书。

案例6-4：根据项目3任务3.2能力训练中的案例3-3写出中餐婚宴环境设计说明书，具体内容如下所述。

中餐婚宴环境设计说明书

一、搭设典礼台

二、布置背景墙

在典礼台后面布置背景墙，表现婚宴热烈气氛和主题。

1. 放置新人的结婚照。

2. 用大红的帷幔布置整个墙面，上面装饰喜字或龙凤图案。

3. 借鉴西餐婚礼风格，选用粉色的纱幔、鲜花和气球做背景墙的装饰。

三、搭设签到台

在宴会厅门口搭设签到台，请宾客签名、题字，并为每位嘉宾准备婚礼喜糖。签到台围红色台裙，摆放鲜艳的艺术插花作为装饰，并摆放喜糖、花生、红枣供宾客享用。

四、设备设施准备

在典礼台两侧安装大型电视屏幕或投影仪，以播放为婚宴专门制作的影像。灯光和音响师还要配合典礼的进程，随时调整灯光，播放合适的婚礼乐曲。

以小组为单位，根据案例分析回答：

(1) 此中餐婚宴环境设计说明书的内容是否全面？还有哪些方面需要补充？

(2) 根据此说明书进行补充，并写出完整的婚宴环境设计说明书。

素质训练

以小组为单位，派学生到实习基地酒店参加一次宴会服务，体验宴会场景布置工作，观察并记录宴会场景，写出主题宴会场景布置和氛围营造调研报告(800字以上)。

学生通过对主题宴会场景设计的学习和实践，应该了解环境设计要考虑的因素，通过学习色彩、灯光、装饰物和音乐营造宴会气氛的有关知识和原理，提高艺术修养，积累一些经典的主题宴会场景资料，为今后设计不同的主题宴会场景打下坚实的基础。

小资料

色彩喜忌习俗

人们对色彩的喜好受年龄、性别、民族、生活习惯、经济地位、职业、个性、情绪、爱好等因素的影响。各国各民族的人们具有不同的色彩喜忌心理。

对于白色，日本、欧美人认为是纯洁、阳光、坦率、美好的象征；印度人认为是不受欢迎、卑贱的象征；中国人、欧洲人认为是悲哀、丧礼的象征。对于红色，泰国人认为是幸福、好运、富裕、欢乐的象征；欧美人认为是庄严、热烈、兴奋、革命的象征；法国人认为是危险、警告、恐怖、专横的象征。对于黄色，欧美、亚洲人认为是崇高、尊贵、辉煌、爱情、期待的象征；埃塞俄比亚人认为是丧礼(淡黄色)的象征。对于蓝色，中国人认为是不朽、宁静、纯洁的象征；比利时人认为是不吉利的象征；欧美人认为是信仰、生命力、文明的象征。

资料来源：叶伯平. 宴会设计与管理[M]. 北京：清华大学出版社，2007：278.

项目小结

1. 主题宴会台型与服务流程设计

在设计中餐主题宴会台型时，一是必须突出主题宴会主桌或主宾席区，二是确定其他餐桌的排列方式。确定主桌或主宾席区的摆设位置应遵循“中心第一，以右为尊，近高远低，面对大门、能观景、背靠主体(主席台)墙面为上”的原则。最后确定摆放形式并标注台号，画出台型图。

西餐主题宴会以中小型为主，中小型宴会一般采用长台型，大型宴会采用自助餐形式。摆放的台型有“一”字型或直线型台型、“U”形台型、“T”形台型、“M”形台型、鱼骨刺形台型、“口”字形台型、“回”字形台型、梅花形台型、课桌式台型等。

2. 主题宴会席次设计

中餐主题宴会席次的安排应遵循的原则有前上后下、右高左低、中间为尊、面门为上、观景为佳、临墙为好。圆桌席次安排应遵循的原则是以右为尊、主客穿插。每桌安排10个席次。

西餐主题宴会席次安排与中餐宴会相似，还应遵循的原则有以女主人为主；女士优先，以右为尊；男女客人需穿插安排座位，熟人与生人也应穿插安排座位；夫妻分坐。西餐大型宴会每桌都要有主人作陪，每桌的主人(第一主人)位置要与主桌的主人位置方向相同。

3. 主题宴会环境设计流程

首先根据客人要求选择宴会厅场地，确定餐桌餐椅，然后对主题宴会环境进行布置。可以通过灯光，色彩，装饰物，音乐，室内空气质量，服务人员的态度、礼仪和工作能力以及制造特别效果等来营造主题宴会的环境，烘托宴会的气氛。

项目 7
主题宴会台面与摆台服务流程设计

项目描述

宴会台型和场景设计好后，就应按照场景设计的要求设计宴会台面。漂亮的台面是宴会中一道靓丽的风景线，能够增添宴会的气氛。同时，宴会台面设计得合理，能方便客人用餐和服务员提供席间服务。本项目设置了主题宴会台面物品设计、主题宴会摆台服务流程设计两个任务。

项目目标

知识目标：了解台面物品的功能和类别；掌握台面物品的摆放位置；熟悉台面物品在色彩、造型等方面的搭配规则。

能力目标：能够根据菜品和宴会主题配置台面物品；熟练画出台面设计图，标识清晰准确；熟练掌握摆台技能。

素质目标：了解中西宴会的礼俗，了解世界各地、我国各民族对中心装饰物的禁忌和固有的风俗习惯，设计台面时应尊重客人，讲究礼仪；通过台面中心装饰展现富有中国特色的人文精神、餐饮文化和时代价值；具有环保意识，使用的布草、餐具应环保；勤学苦练，提高摆台效率；台面设计精益求精，体现酒店的管理水平；养成良好的卫生习惯；对接世界技能大赛餐厅服务标准，勇于攀登世界技能大赛高峰，为国争光；践行习近平总书记在党的二十大报告中提出的“展现可信、可爱、可敬的中国形象”“深化文明交流互鉴，推动中华文化更好走向世界”。

任务7.1 主题宴会台面物品设计

引导案例 | 某宴会台面餐巾设计

某酒店迎来了一批日本友好访问团的客人，为了表示欢迎，中方特意安排了欢迎晚宴，计划选用淮扬菜系中的乾隆宴，主宾一共10人。宴会部主管将摆设台面的任务交给了服务员小李，事后客人非常满意。为什么会有这样的效果呢？原来，小李在摆设台面之前，就对日本人的习俗做了一番了解。日本人不喜欢紫色，认为紫色是悲伤的颜色；最忌讳绿色，认为绿色是不祥之色。他们对白色感情较深，视其为纯洁的色彩；还钟爱黄色，认为黄色是阳光的颜色，能给人以喜悦和安全感。根据乾隆宴辉煌华丽的场景特点，小李觉得选用金黄或红色的餐巾布较为妥当。对于花型的选择，小李了解到，日本人忌讳荷花、梅花，且不愿意接受有菊花或菊花图案的东西或礼物。日本人喜欢的图案是松、竹等，他们喜欢乌龟、鹤、龙、凤等动物，认为这些动物具有吉祥和长寿的寓意。另外，樱花是日本的国花，日本人喜爱樱花纯洁、清雅的风姿，视樱花为日本民族的骄傲。小李经过深思熟虑，用心设计了台面餐巾花，如图7-1所示。

根据案例回答下列问题：

(1) 在设计宴会台面餐巾花时应考虑哪些因素？

(2) 从此案例中你得到了哪些启示？

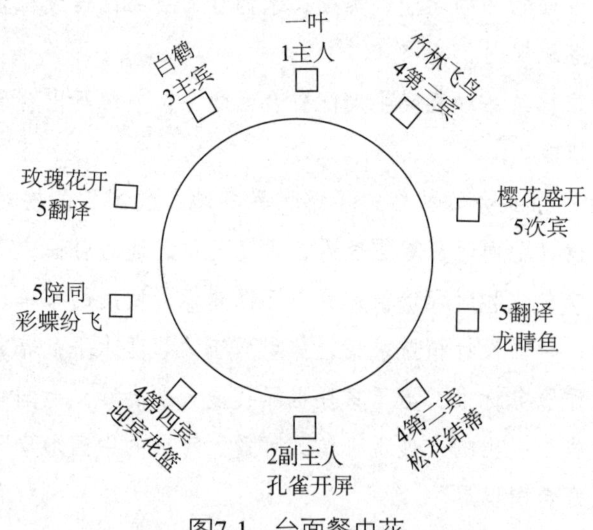

图7-1　台面餐巾花

案例分析：

(1) 在设计宴会台面餐巾花时，应考虑客人的爱好，以及所属国家或地区的民族习俗、风土人情，还要考虑突出主人位。在本案例中，在餐巾花的花型选择上，应选择日本客人喜欢的花卉，同时应紧扣宴会主题。此宴会主题是欢迎日本客人，副主人位选择孔雀开屏，日本客人座位除了选择他们喜欢的白鹤、竹林、松花外，还选择了迎宾花篮、樱花盛开等，可以表现主人的热情。

(2) 从此案例中可以看出，台面餐巾花的花形、台布颜色会直接影响整场宴会的环境气氛，宴会服务员必须具备一定的餐饮文化礼仪知识。

相关知识

主题宴会台面物品设计

7.1.1　主题宴会台面物品设计的意义

根据宴会主题和宴会菜品设计台面物品具有非常重要的意义。通过设计台面物品，特别是台面中间摆放的装饰花的色彩、造型，可以烘托宴会气氛；通过在台面摆放一些质地贵重、做工精良的金器，能提升宴会的档次；通过折叠的口布花的花形、摆放的位置，能反映主人、主宾、随从、陪客的坐席次置，彰显主人对主宾的尊重。

此外，宴会厅餐桌台面物品摆放的整体效果应该是桌花一条线、餐椅一条线，桌腿一条线，摆放整齐、豪华气派，通过台布与台裙、台布与餐具、台布与装饰花、餐具与装饰花的色彩搭配，能体现设计者的艺术风格和创意，也能体现酒店整体管理水平。

7.1.2　主题宴会台面设计的要求

1. 根据宴会主题和档次进行设计

例如，生日宴会与公务宴会主题不同，台面装饰就大不一样。在生日宴会的台面上可以摆放烛台、生日蛋糕来装饰，在公务宴会的台面上可以摆放孔雀迎宾来装饰。在餐位餐具方面，普通宴会配5件头，中档宴会配7件头，高档宴会配8～10件头。高档宴会所用的餐具的质地有金、镀金、银、镀银、瓷等。

2. 根据主题宴会菜品和酒水特点进行设计

在台面上摆放餐具时，应以宴会菜单上的菜品及客人进餐的需要为依据。应根据宴会酒水的色、香、味、体的特点选择不同的杯子摆放在餐台上，从而方便客人拿取。对于中餐宴会，应根据菜品选用中式餐位餐具，最具代表性的是筷子；对于西餐宴会，食用什么菜品便配备什么餐具，最具代表性的餐位餐具是刀和叉。饮用不同酒水也应使用不同的酒具。西餐宴会台面所摆放的餐具是为第一道菜准备的餐具。

3. 主题宴会台面各种用品摆放要协调美观

中餐宴会10人围一桌，台面上摆放的物品比较多，因此要求餐具颜色协调统一，要结合美学原则进行创新，提高艺术观赏性。

4. 摆放的餐位餐具一定要有界域

摆放每一套餐位餐具时，要紧凑一些、相对集中一些，每套餐位餐具之间要留有较大的空隙，使客人能辨别属于自己位置的餐具。

5. 在设计主题宴会台面时，一定要讲究礼仪

宴会客人来自四面八方，各自有不同的风俗习惯和爱好，所以在摆台时一定要尊重客人的风俗习惯和爱好，特别是在桌面装饰花的颜色、种类，主人、主宾位餐巾花的造型方面，更应体现宴会礼仪。

7.1.3 主题宴会台面种类

宴会台面所需物品应根据宴会的主题、规模和档次来确定不同组合。宴会台面按照用途可分为食用台面、观赏台面、艺术台面。

1. 食用台面

图7-2 中餐主题宴会台面

食用台面也称餐台或素台，在餐饮业中称为正摆式。它的特点是按照就餐人数、菜单编排和宴会标准来配备餐位用品。餐位用品摆放在每位客人的就餐席次前，餐具简洁美观，公共用品摆放比较集中，各种装饰物摆放较少，四周设座椅。这种台面服务成本低、经济实惠，多用于中档宴会。

1) 按照餐饮风格分类

(1) 中餐主题宴会台面，如图7-2所示。餐桌为圆桌，在餐位餐具中，有最具中国特色的筷子及配套的筷子架、筷子套。台面造型以中国传统的具有吉祥寓意的动植物居多。

(2) 西餐主题宴会台面，如图7-3～图7-5所示。餐桌为直长台，在餐位餐具中，有最具西餐特色的各种餐刀、餐叉。台面造型简洁，所用图案应考虑宾客的审美情趣和习俗。

(3) 中西混合式主题宴会台面，如图7-6所示。一般用中式圆桌，餐位餐具既有中餐的筷子，又有西餐的餐刀、餐叉、餐勺等，用餐形式以分餐为主，台面造型采用中西合璧形式。

图7-3 西餐主题宴会台面

图7-4 西餐主题宴会台面餐位餐具(一)

图7-5　西餐主题宴会台面餐位餐具(二)

图7-6　中西混合式主题宴会台面

2) 按照餐位餐具的件数分类

按照餐具的件数，台面分为3件头台面、4件头台面、5件头台面、6件头台面、7件头台面、8件头台面、9件头台面、10件头台面。我国南方地区宴会的餐位餐具为10件头餐具，如图7-7所示。我国北方地区宴会的餐位餐具为9件头餐具，如图7-8所示，餐碟标记与葡萄酒杯对准，两者之间距3cm(底边距)，葡萄酒杯与白酒杯和水杯呈一条线，葡萄酒杯与白酒杯肚距离1cm，与水杯距离1cm，口汤碗在餐碟左上方，与餐碟距离3cm，碗碟上沿呈一条水平线，餐碟与筷子中线约距18.5cm，筷子放置在筷架位置上2/5处，筷套左面放长柄汤匙。

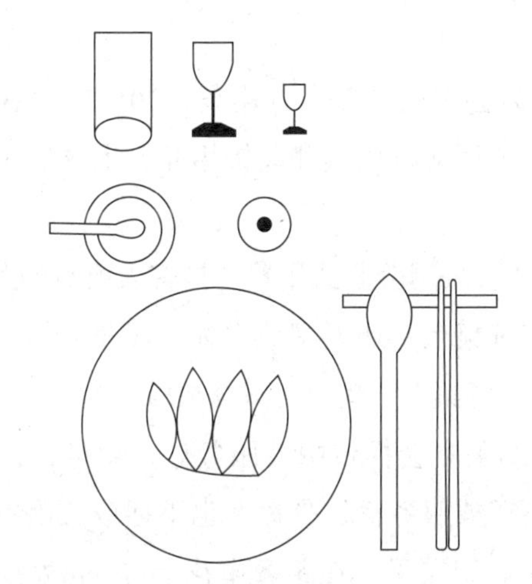

图7-7　我国南方地区宴会餐位餐具为10件头餐具

(1) 3件头台面，包括骨碟、汤匙、筷子。

(2) 4件头台面，包括骨碟、汤匙、筷子、酒杯。

(3) 5件头台面，包括骨碟、汤匙、筷子、水杯、啤酒或白酒杯。

(4) 6件头台面，包括骨碟、汤匙、筷子、水杯、啤酒或白酒杯、口汤碗。

(5) 7件头台面，包括骨碟、汤匙、筷子、水杯、啤酒或白酒杯、口汤碗、味碟。

(6) 8件头台面，包括骨碟、汤匙、筷子、水杯、啤酒或白酒杯、口汤碗、味碟、果酒杯。

(7) 9件头台面，包括骨碟、汤匙、筷子、水杯、啤酒或白酒杯、口汤碗、味碟、果酒杯、银汤匙。

(8) 10件头台面，包括骨碟、汤匙、筷子、水杯、啤酒或白酒杯、口汤碗、味碟、果酒杯、银汤匙、餐巾花。

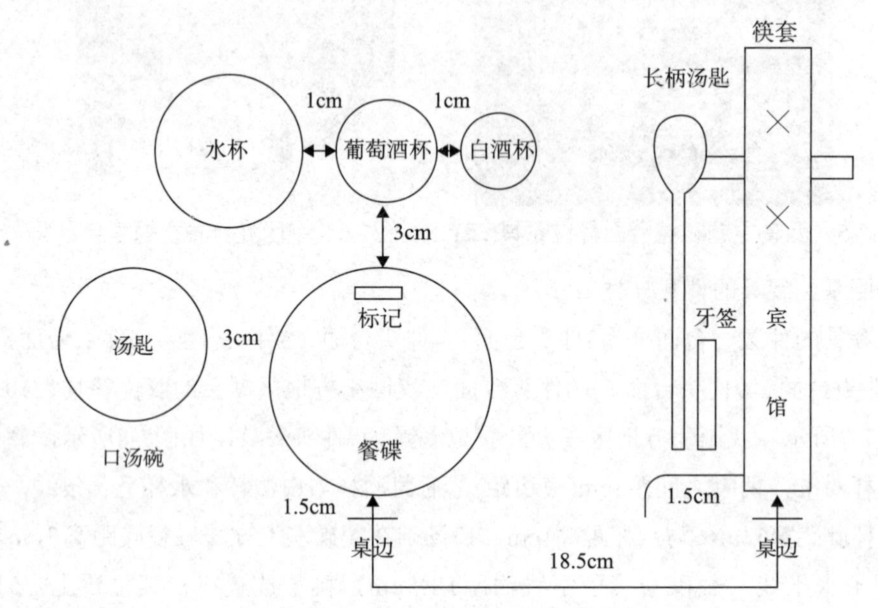

图7-8　我国北方地区宴会餐位餐具为9件头餐具

3) 按照就餐方式分类

(1) 聚餐式台面。中餐宴会采用聚餐方式用餐，10位就餐者围一张圆桌而坐，每一张桌都铺台布，摆餐位餐具、公用餐具用具和装饰用品。上菜后主人夹第一筷菜给主宾后，大家才可伸筷。

(2) 分餐式台面。西餐宴会采用分餐式用餐，按客人所点的菜肴配备餐具，服务员将按照菜单确定的餐具全部摆在餐桌上，还要摆放水杯、葡萄酒杯、烈酒杯。公用餐具较多，一般不摆在餐台上，而摆放在旁桌上。餐桌上只摆放椒盐瓶、牙签盒、烛台、装饰用品。

(3) 自助餐台面。在自助餐宴会摆台中，服务盘、骨盘、公用餐具用具都放在自助餐菜台的各种菜盆的旁边，不摆放服务盘、骨盘，也不摆放公用餐具。用餐巾花来定位，在餐巾花两侧摆放正餐刀叉，右刀左叉，在距餐巾花上方1cm处摆放饮料杯、葡萄酒杯、烈酒杯，并摆放烟灰缸和椒盐盅。在自助餐台中央摆放装饰花。

2. 观赏台面

观赏台面也称看台，是专门供客人观赏的一种装饰台面。在举办高档宴会时，为了营造宴会气氛，在宴会厅大门入口处或宴会厅中央显眼的位置，用花卉、雕刻物品、盆景、果品、面塑、口布、餐具、彩灯、裱花大蛋糕等在台面上造型，来突出宴会主题。如婚宴的“龙凤呈祥”、寿宴的“福如东海寿比南山寿桃”、饯行宴的“鲲鹏展翅”、洗尘宴的“黄鹤归来”、庆功宴的“金杯闪光”。观赏台面一般不摆餐位用品，也不摆公用餐具，四周也不设座椅。这种台面选用的装饰物要符合宾客的审美习惯。中式看台一般使用圆台，用吉祥的图案和动植物形态来反映宴会主题，一般用龙、凤、鸳鸯、仙鹤、孔雀、燕子、蝴蝶、金鱼、青松、蟠桃等。西餐宴会一般用装饰花来造型。

3. 艺术台面

艺术台面也称花台，是目前酒店中较为常见的一种台面形式。它用鲜花、绢花、盆景、花篮以及各种工艺品和雕刻品等点缀台面中央，在外围摆放公用餐具，并做造型供客人在就餐前欣赏。在开宴上菜时，需先撤掉桌上各种装饰物，再把餐位用品分给客人，让客人在进餐时使用，且四周摆设座椅。这种台面既可供客人就餐，又可供客人欣赏，可以说是食用台面与观赏台面的综合体，多用于中高档宴会。

另外，主题宴会台面根据摆放的餐台形状，可分为圆桌台面、方桌台面、转台台面、"一"字形台面、"T"形台面、"M"形台面；根据每位客人面前所摆的小件餐具的件数，可分为7件头台面、8件头台面、9件头台面、10件头台面；根据台面造型及其寓意，可分为迎宾台面、百鸟朝凤台面等；根据宴会的菜品名称，可分为全鱼席、海参席、燕窝席、饺子席等。

动画 7.1

主题宴会台面物品种类

7.1.4　主题宴会台面物品种类

主题宴会台面物品按照用途可分为以下三类。

1. 公共物品

主题宴会台面上的公共物品包括台布、台裙、转台、公用筷架、公用筷子、公用勺、台号牌、烛台、蜡烛、烟灰缸、酱醋壶、椒盐瓶、菜单、牙签盒、装饰花瓶、桌旗。

2. 餐位用品

主题宴会台面上的餐位用品包括筷子、筷子架、口汤碗、汤勺、饭碗、骨碟、味碟、酒杯(水杯或啤酒杯、红酒杯、白酒杯)、口布、席次卡、餐刀、餐叉、面包盘、毛巾碟。

3. 装饰用品

主题宴会台面上的装饰用品主要指台心装饰，比如装饰花、雕刻物品、盆景、果品、面塑。

7.1.5　主题宴会台面物品配置设计

1. 中餐主题宴会

1) 中餐主题宴会台面物品配置(以10人台面为例)

(1) 公共物品。台布1条，台裙(装饰布)1条，转台1个，台号牌1个，装饰物1个，公筷架2个，公共勺2只，公筷2双，菜单2本(或每人1张)，酱醋壶各1个，牙签盒1个(或每人1袋牙签)。

(2) 餐位用品。垫底盘(装饰盘)每人1个， 骨碟每人1个，味碟每人1个，口汤碗每人1个，汤勺每人1只，筷子架每人1个，筷子、筷子套每人1双，长柄勺每人1只，餐巾(口布)每人1块，水杯每人1个，红葡萄酒杯每人1个，白酒杯每人1个，火柴4盒，席次卡每人1个，毛巾碟每人1个，水果叉每人1个。

(3) 装饰用品。台心装饰物1个(或摆放雕刻物品、盆景、果品、面塑)。

2) 中餐主题宴会设计创意说明举例

中餐主题宴会设计应围绕宴会主题进行，根据主题创意设计台面物品。一般应写出中餐主题宴会设计创意说明，其内容一般包括主题名称、主题内涵、主题宴会设计、主题宴会菜单设计、主题宴会服务流程设计等。主题宴会菜单设计、主题宴会服务流程设计分别在项目4、项目8中举例说明。下面是一份以“合家团圆”为主题的除夕宴会说明。

“合家团圆”除夕宴会设计主题创意说明

一、主题名称

“合家团圆”除夕宴。

二、主题内涵

在中国人心目中，除夕是一年当中最重要的节日。“除夕团圆宴”在中国春节是必不可少的家宴，已经成为庆祝团圆的必要饮食活动。在每年的除夕之夜，骨肉团聚、儿孙绕膝、灯红酒绿、共话团圆，是中国人延续已久的风俗习惯，就连海外华人也是如此。此外，团圆宴也是人们借助饮食活动来表达华夏民族群体文化心理的一种方式，充分表现出家庭成员的互敬互爱，子女对父母的感激之情。“团圆宴”是年节文化的载体，它承载的是华夏民族“年文化”的文明积淀与文化蕴涵，表现出中华民族特有的民族凝聚力。许多诗人都有吟咏守岁的诗句，孟浩然曾写道：“续明催画烛，守岁接长筵。”把守岁的乐趣写得活灵活现。

三、主题宴会设计

1. 主题创意

除夕是合家团圆的喜庆日子，当午夜钟声穿过夜色传到千家万户时，迎接美好明天的时刻到来了。人们满怀美好向往和期望，迈向了实现梦想的新起点。围绕主题，整体台面应以中国人最喜爱的中国红为主色调，以金色为辅助色。金色台布上摆放白色餐具，口布花型为盘花，花型为红色的蜡烛和皇冠，餐桌花是悬挂的大红灯笼，周围挂满小红灯笼，形成一个寓意大家庭团圆的造型。椅套选用中国红。背景音乐选用《万事如意》等经典歌曲，营造除夕夜热烈欢快的气氛。主题设计规格与餐桌比例恰当，即餐位餐具间距规范，整体具有一定界域，餐桌花直径为36～50cm，高度为28cm，确保不影响就餐客人餐中交流。

2. 台面用品设计

“合家团圆”除夕宴餐台台面如图7-9所示。

(1) 台布。除夕团圆宴以红色为主色调，底布为红色，象征热烈和喜庆。台布为金色，象征辉煌。

(2) 餐巾。餐巾为红色。餐巾折花都是盘花，主人位花型是蜡烛，其他餐位花型是皇冠，寓意全家守岁到凌晨，迎接新年的朝阳。

(3) 餐桌花。在餐台中央摆上红灯笼，寓意团圆美满。除夕夜灯火通宵不熄是驱除邪恶、祈求平安的象征。红灯笼下面悬挂小灯笼，象征一年12个月幸福美满。全家围坐在餐台旁吃着美味佳肴，共同迎接新年的钟声敲响，享受亲情带给我们的温馨和祥和。现场悬挂灯笼，用毛笔写上“合家团圆”4个字，贴在转盘上。

(4) 餐具酒具。整套餐具以白色为主。与主色调相配的是9寸金边白瓷垫盘、7寸骨碟、调味碟、口汤碗、汤勺，筷架为陶瓷白色，筷套为中国红色。

(5) 椅套。选用中国红色，与主色系颜色相一致。

(6) 菜单。菜单为屏风立式菜单，菜单名称为烫金字，背景图案为红色灯笼，字体为行楷，字号为2号字，与主题一致。菜单整体设计与餐台主题相统一，外形有一定的艺术性。

图7-9　“合家团圆”除夕宴餐台台面

3. 服务员服装及妆容

女服务员服装是中式红色工装旗袍。要求服务员面部及发型干净、整齐，化淡妆，以塑造良好的职业形象。整体形象要求美观、大方、新颖、颜色搭配协调、饰物选择合理，并突出岗位要求，充分展示职业形象与风采。

4. 背景音乐

选用女歌手张也演唱的《万事如意》作为背景音乐，以突显人们对合家团聚、万事如意的美好期盼。选配风格应统一，音乐剪辑得当、有感染力。

四、主题宴会菜单设计

本部分内容已在任务4.4中阐述过，兹不赘述。

五、宴会服务流程设计

(1) 迎宾服务。迎宾员提前半小时，按标准站姿站好，把指示牌等引导物品摆放在指定位置。保安人员就位，准备迎接客人。

(2) 餐前服务。准备好毛巾、茶水、口布以及相关用品。

(3) 席间服务。按照上菜顺序及要求及时上菜，尽量避免出现任何失误。及时为客人提供斟倒酒水、更换餐具等服务。

(4) 餐后服务。提醒客人拿好个人物品，帮客人穿外套，为客人提行李等。待客人全部离开，打扫餐厅，检查好一切设备，确定无问题后离开。

六、宴会安全设计

为了就餐客人的安全着想，本酒店特地制定了以下安全应急预案。

(1) 如有醉酒客人，我们为客人准备了小型休息室。

(2) 如有意外碰伤客人，我们为客人准备了小型医疗包。

(3) 如遇酒店停电，我们为客人准备了发电机等。

(4) 如遇火灾，我们将有秩序地引导客人从安全通道撤离。

(5) 如发生地震，我们将引导客人向安全地方转移。

2. 西餐主题宴会

1) 西餐主题宴会台面物品配置(以“一”字形台面为例，客人数量为26人)

(1) 公共物品。台布若干条(适合5.4m长桌)，台裙1条，烛台2个，蜡烛若干根，台心装饰物1个(或2个)，台号牌1个，菜单2本(或每人1张)，椒盐瓶2套，牙签盒2个，糖奶盒、糖夹各1个，牛奶壶、咖啡壶各1个，牙签盒1个，台式国旗1面。

(2) 餐位用品。垫底盘每人1个，餐盘每人1个，餐巾每人1条，餐刀(主菜刀、鱼刀、开胃品刀)每人各1把，餐叉(主菜叉、鱼叉、开胃品叉)每人各1只，汤匙、甜品勺、甜品叉每人各1只，面包盆每人1个，黄油刀每人1把，黄油碟每人1只，水杯、红葡萄酒杯、白葡萄酒杯每人各1只，水果刀叉每人各1套，席次卡每人1张。

(3) 装饰用品。台面装饰物1个或2个，桌旗1条。

2) 西餐主题宴会台面创意设计说明举例

西餐主题宴会台面创意设计说明和中餐主题宴会台面创意设计说明相似。下面是一份以“康乃馨之约”为主题的母亲节宴会说明。

“康乃馨之约”母亲节主题宴会台面创意设计说明

一、主题名称

“康乃馨之约”母亲节主题宴会。

二、主题内涵

母亲节作为一个感谢母亲的节日，最早出现在古希腊，日期为每年的1月8日。而现代母亲节源于美国，日期为每年5月份的第二个星期日。母亲节就像儿女和母亲之间的一个约定，出门在外的儿女为母亲庆祝节日，捧着象征母爱的康乃馨，回家和母亲欢聚一堂，陪伴母亲度过一个难忘、温馨的母亲节之夜，即为“康乃馨之约”，以表达对母亲的爱。

母爱是世界上最伟大的爱，是一个人生命的源泉。母亲节是一个传达爱的日子，它传达世人对母亲的赞扬和歌颂。在这个古老的节日即将来临之际，举行别具一格的以“康乃馨之约”为主题的西餐宴会，以感谢母亲多年的养育之恩，让母亲快乐、幸福地享受天伦之乐，是儿女盼望已久的时刻。

三、主题宴会设计

1. 主题创意

弘扬母爱的母亲节，已成为千千万万儿女必过的节日。在这一天，儿女尽其所能回到家里陪伴母亲。象征母爱的康乃馨，成为儿女向母亲敬献爱意的礼物。因此，围绕主题，宴会整体台面以柔和的奶白色为主色调，以浪漫的紫色为辅助色，代表母爱的温馨、永恒。奶白色台布中间摆放紫色桌旗，台面上摆放象牙白骨质瓷器，包括装饰盘、面包盘、黄油碟，装饰盘两侧摆放吃西餐用的不锈钢刀、叉、勺。口布花型为紫色盘花，主人位是蜡烛造型，副主人位是扒皮香蕉造型，其他四位是三明治造型，寓意母亲就像一支蜡烛照亮孩子们的心灵，无私奉献自己的一切。家人一边用餐，一边回味着母亲细心呵护儿女衣食住行的情景。餐桌花是以红色和粉色为主的康乃馨，象征不朽的母爱。花团锦簇表达儿女对母亲的浓浓爱意和钦佩之情，祝愿母亲永远健康、年轻、美丽。餐桌上的烛光与紫色盘花、奶白色椅套交相辉映，营造出温馨、浪漫的气氛。主题设计规格与餐桌比例恰当，餐位餐具间距规范，整体具有一定界域，餐桌花直径为30～50cm，高度为30cm以下，不影响就餐客人餐中交流。

2. 台面用品设计

“康乃馨之约”母亲节宴会餐台台面如图7-10所示。

(1) 台布。宴会台布以奶白色为主色调。

(2) 餐巾。餐巾为紫色。餐巾折花是盘花，主人位花型是蜡烛造型，副主人位花型是扒皮香蕉造型，其他四个餐位花型是三明治造型。

(3) 餐桌花。在餐台中央摆放康乃馨长方形花盆，直径30cm，高度为30cm以下，不影响就餐客人餐中交流。

(4) 餐具酒具。装饰盘、面包盘、黄油盘为象牙白骨质瓷器。开胃品刀、汤勺、鱼刀、主菜刀、开胃品叉、鱼叉、主菜叉、甜品叉、甜品勺都为白色不锈钢材质，白葡萄酒杯、红葡萄酒杯、水杯为透明水晶玻璃材质。

(5) 烛台。两个三头烛台，点燃蜡烛，营造一种温馨、浪漫的氛围。

(6) 牙签盒、椒盐瓶。在两个烛台外侧距烛台10cm处各摆放一套牙签盒、椒盐瓶。

(7) 菜单。菜单为立式菜单，摆放在主人位的前方。菜单背景图案为红色康乃馨。菜单内页字体为手写体，英汉对照，字号为2号字。菜单整体设计与餐台主题相统一，外形有一定艺术性。

(8) 主题设计说明牌。主题设计说明牌采用亚克力材质，摆放在副主人位的上方。

(9) 椅套。选用奶白色，与主色调一致。

3. 服务员服装及妆容

服务员服装是白衬衫、西餐马甲和黑色西裤，要求服务员面部及发型干净、整齐。女服务员应化淡妆，以塑造良好的职业形象。整体要求美观、大方、新颖、颜色搭配协调，突出岗位要求，充分展示职业形象与风采。

4. 主题宴会菜单设计

本部分内容已在任务4.4中阐述过，兹不赘述。

图7-10 “康乃馨之约”母亲节宴会餐台台面

7.1.6 主题宴会台面设计方法

1. 用餐具、菜单装饰台面

可用杯、盘、碗、碟、筷、勺等物件摆成各种象形或会意图案，用餐具装饰台面时应掌握以下几点。

(1) 高档宴会和名贵菜肴应配用较高级的餐具，以烘托宴会的气氛。

(2) 餐具的件数应依据宴会的规格和进餐的需要而定。普通宴会一般配5件餐具，中档宴会一般配7件餐具，高档宴会一般配8～10件餐具。

2. 用鲜花、绿色植物装饰台面

餐桌以花装饰，可使人赏心悦目、食欲大增，有力地烘托宴会的气氛。可以用鲜花、绢花装饰台面，如盆花、插花。中餐主题宴会中心装饰花应设计成圆形，西餐主题宴会中心装饰花应设计成长方形。因各地方的人们对花卉的喜好不同，在选择花卉时，既要考虑宴会主题又要兼顾参加宴会客人的禁忌。

3. 用餐巾花装饰台面

为了烘托宴会气氛，中餐主题宴会用杯花装饰台面，将餐巾折叠成花卉、鱼、鸟、象等形状，然后插入水杯三分之二处，正面朝向客人，摆在餐桌上起到点缀台面的作用。西餐主题宴会用盘花来装饰台面，将餐巾折叠成美观的造型摆放在餐盘中，盘花方向一致，给宾客带来一种美的享受。选择餐巾花花型的方法有以下几种。

(1) 根据宴会的主题来选择花型。如以欢迎、答谢为目的的宴会，餐巾花可设计成友谊花篮及和平鸽。

(2) 根据宴会的规模来选择花型。一般大型宴会可选用简单、挺括、美观的花型。小型宴会可以在同一桌上使用不同的花型，形成既多样又协调的布局。

(3) 根据台布颜色选用与之相配的花型。

(4) 根据季节选择花型。用台面上的花型反映季节的特色，可使宴会富有时令感。

(5) 根据宾主席位的安排来选择花型。宴会主人座位的餐巾花称为主花，主花要美观而醒目，其目的是使宴会的主位更加突出。在所有餐巾花中，主人位规格最高，其次是副主人位，其他餐位的餐巾花规格次之。主人位和副主人位的花型各不相同，其他餐位可以采用同一种花型，也可以采用不同花型，或者与对面餐位花型一致。中餐主题宴会常用的杯花花型有和平鸽、花篮、玫瑰花、牡丹花、一叶花、两叶花、天鹅、金鱼、金鸡等。西餐主题宴会常用的盘花花型有帆船、皇冠、扒皮香蕉、三明治、朝阳扇面、满天星、蜡烛、火炬等。

4. 用台布、装饰布、桌旗装饰台面

采用印有各种具有象征意义图案的台布、装饰布铺台，装饰台面，并以台布图案的寓意为主题，组织拼摆各小件餐具和其他物品，使整个台面协调一致，构成一幅与主题相契合的画面。还可以在台布上面铺一条桌旗，突出台面的装饰性和台面布局。

5. 用水果装饰台面

根据季节变化，将各种色彩和形状的水果，衬以绿色的叶子，在果盘上堆摆成金字塔形状，既可观赏，又可食用，简便易行。在传统的筵席摆台中，此法运用较多。

6. 西餐台面用烛台、蜡烛装饰台面

烛台的款式、颜色都能够点缀宴会台面，突出宴会的气氛。

7. 根据宴会主题选择各种物件的微型模型装饰台面

根据宴会的不同主题选择不同的装饰物，如灯笼、龙、马、五谷作物、时装模特、大鼓、文房四宝等，作为餐桌中心装饰物。

中餐主题宴会中，台面设计非常重要，能够体现一场宴会的档次和风格。

读者扫描二维码，可以查看各种类型的中餐台面设计实例。

实训

知识训练

(1) 主题宴会台面设计有什么意义？

(2) 主题宴会台面设计有哪些要求？

(3) 主题宴会台面有哪几种类型？各有哪些特点？

(4) 主题宴会台面上有几类物品？

(5) 主题宴会摆台时，需要配置物品的数量是多少？

能力训练

根据项目3任务3.2能力训练中的案例3-3、3-4，分别画出中餐婚宴台面设计图(9件头餐具)、中餐寿宴台面设计图(10件头餐具)，标识清晰、准确。在设计台面时，从物品质地、颜色、餐具数量、用品搭配、装饰花的选配、艺术观赏性、使用便捷性等方面进行综合考虑，分别写出台面设计说明书。

将学生分组，在中西餐实训室准备中西餐摆台常用的餐具、酒具及其他物品，以提问的方式让学生说出各种器具的名称、用途，并说出根据宴会主题和菜品配置的餐位餐具的质地、数量。

画出西餐正餐宴会台面设计图。

案例：台面装饰花的风波

一天，沈阳某五星级酒店接到了一个大型商务宴会的订单。据了解，参加这场宴会的宾客主要是各国驻华商务人士，宴会由国内某知名公司主办。这场宴会规格很高，主办方非常重视，他们特别强调宴会厅要精心布置，要烘托出宴会的气氛。酒店管理者精心制定了一套方案，并于宴会当天早早地布置好了宴会厅。当主办方宣布宴会开始后，客商们被请到宴会大厅。只见宴会大厅灯火辉煌，充满了浓浓的欢迎气氛。每一张宴会桌上都摆放着一盆形似大绣球的菊花插花，远远望去，黄澄澄的，甚是可爱。客人们按指定座位一一入座，就在这时，领位员发现，贵宾区的几张桌子前仍有数名客人站着。她走上前去询问缘由，通过翻译得知，那些客人都是法国人，而法国人认为黄菊花不吉利，不肯入座。随后，酒店总经理向客人道歉，并马上安排服务员将黄色的菊花换成红色的玫瑰，法国客人这才愉快地入座。

资料来源：邓英，马丽涛. 餐饮服务实训——项目课程教材[M]. 北京：电子工业出版社，2009：257.

分析案例请回答：

(1) 法国人不喜欢黄菊花，除喜欢玫瑰外，还喜欢什么花？

(2) 法国人在饮食方面还有什么禁忌？

素质训练

以班级为单位，经常到实训基地各酒店参观各种类型宴会的台面设计，收集台面设计资料，听取酒店宴会设计师对台面设计思路的讲解，拓宽视野，提升艺术欣赏能力，并写出调研报告。

平时有意识地收集各国、各地人们的饮食习俗、爱好和禁忌方面的资料。

小资料

花卉的寄语

玫瑰：爱的表示，红色代表贞洁。　　牵牛花：情爱、缠绵。

红豆：相思。　　郁金香：亲密。红色代表婚礼，黄色代表拒绝。

水仙：自尊自爱、避邪。　　月季：幸福、光荣、美艳。

紫罗兰：永恒的爱、忠贞不渝。　　菊花：清雅、高洁。

雏菊：清白、正义、天真烂漫。　　紫丁香：初恋、风姿楚楚。

昙花：夜美人。　　向日葵：崇拜。

百合：百事合心、团结友好、尊敬。　　蝴蝶兰：忍耐。

橄榄枝：和平。　　并蒂莲：夫妻恩爱。

仙客来：优美动人。　　文竹：祝贺、长寿。

马蹄莲：欢喜、清净。　　红枫：热情、真心。

万年青：友谊长存、长寿。

蔷薇：热恋、献上我的爱。红色代表求爱，白色代表纯洁，粉色代表爱的誓言。

资料来源：姜文宏，王焕宇. 餐厅服务技能综合实训[M]. 北京：高等教育出版社，2006：42.

"康乃馨之约"母亲节主题宴会英语台面主题设计介绍

An introduction to the Table-board Design

Ⅰ. Theme of the Table-board Design

The theme of the table-board design is "The Appointment of Carnation" for the banquet on Mother's Day.

Ⅱ. Thought of the Table-board Design

As a festival to appreciate our mother, Mother's Day is a time for children to go back to see their mother with carnation, called "the Appointment of Carnation". It is around the corner, and we need to design a unique Western-style food banquet to express our praise for our mother. As a result, the whole design of the table-board needs to use the main color of milky white and supplement with the color of light purple.

There are decorative plates made of bones and in the color of ivory white, bread plates and butter dishes. There are various kinds of knives, forks and spoons which are made of stainless steel on both sides of the decorative plates for western-style food. The napkin is light purple and the flower type represents the feature of the festival.The other four seats are modeled in sandwich. We taste the delicious sandwiches and bananas without skin. The entire theme represents that mother lights up the hearts of her children and contribute herself to her children. The flower on the table is the mother's flower in the color of red and pink, which is called carnation and represents the immortal mother's love and our love and admiration for mother and we wish good health and a long life for mother. Chair cover is milky white to match the main color of the stage, which is designed in style with coordinated color and the distinct theme. The stage is filled with warmth, romance and happiness, which reflects pure mother's love and the theme of the Table-board Design—"The Appointment of Carnation".

任务7.2 主题宴会摆台服务流程设计

引导案例 | APEC(亚太经济合作组织)第九次领导人非正式会议宴会台面设计思路

APEC宴会在上海科技馆四楼近800m²的圆形宴会厅举行。宴会厅以软包墙面的绿色为主色，以门框的浅柚木色为副色。豌豆绿色的餐厅地毯、青绿色的玻璃屏风把宴会厅隔离成过渡区和用餐区，大气中透着时尚，风格雍容华贵。台布选择豌豆绿色，并以墨绿色丝光绒的台裙间隔，缀以墨绿色的中国结。满眼绿色，深深浅浅地染成了立体的层次。餐桌直径7.5m、周长27.3m、人均弧长1.3m。餐具中西合璧，中式餐具选择中式银器，包括张家港幸运牌手工打制的13寸银麻点看盘，配以三角形的银筷架、乌木银头筷、银勺、半圆形毛巾碟；西式餐具选用意大利品牌圣亚蒂的刀叉，华丽精致；玻璃器皿选择德国品牌肖特圣维莎的无铅水晶杯，晶莹剔透；瓷器使用唐山铂金边白色骨质瓷；装饰盘使用景德镇青花盘；口布布圈为粉色布镶有中式盘钮。APEC宴会台面餐位餐具摆放如图7-11所示。

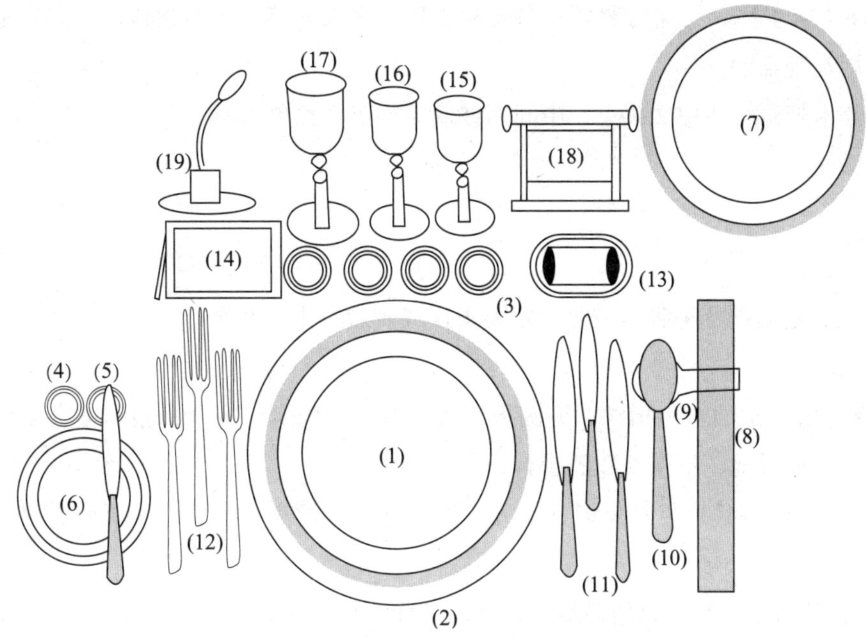

图7-11　APEC宴会台面餐位餐具摆放

资料来源：叶伯平，鞠志中，邸琳琳. 宴会设计与管理[M]. 北京：清华大学出版社，2007.

根据案例回答下列问题：

结合案例说明此台面的餐具名称。

案例分析：

(1) 菜盆，12寸。宴会采用中餐西吃吃法，全部菜品采用个吃形式，因台面较大，菜盆全部放大。

(2) 银看盘，13寸。

(3) 味碟，4寸。小冷碟，由于全部客人身份很高，此设计便于客人取用，用完后可添加。

(4/5) 味碟，2.5寸。用于盛装配面包用的黄油与鹅肝酱。

(6) 面包盘与黄油刀，8寸。客人入座前，上面放有口布。

(7) 青花看盘，12寸。客人入座后，将盖在冷菜上的南瓜雕刻盖打开后放在此盘上，则成为台面装饰品之一。

(8/9/10) 筷子、筷架、银勺。

(11/12) 银大刀、鱼刀、小刀，大叉、鱼叉、小叉。因是工作午餐，在宴会中每人还将有工作发言，为了尽量不打扰客人，应把能上台的餐具全部摆好。

(13) 银毛巾碟。

(14) 席次卡架。

(15/16/17) 水杯、红葡萄酒杯、白葡萄酒杯。客人入座后先斟饮料，后斟白葡萄酒，上主菜前斟红葡萄酒。

(18) 红木架画轴式中文菜单，中间为玻璃雕刻英文菜单。

(19) 话筒。

相关知识

宴会摆台是指把各种餐具按照一定要求摆放到餐桌上。在进行主题宴会摆台时，应遵循以下要求。

(1) 保持餐具清洁，无指纹，无破损。餐位餐具要配套、齐全。根据宴会菜单，配备不同品质、不同质地、不同件数的餐具。

(2) 摆放餐位餐具要相对集中、整齐一致，既要方便宾客用餐，又要便于服务员提供席间服务。

(3) 摆台要符合宾客的风俗习惯、饮食习惯和礼仪要求。

实操 7.2.1
中餐主题宴会摆台

7.2.1 中餐主题宴会摆台服务流程设计

中餐主题宴会摆台服务流程主要包括准备，铺装饰布、台布，摆放餐碟、汤碗、汤勺(瓷羹)、味碟、筷架、长柄勺、筷子、牙签、葡萄酒杯、白酒杯、水杯、公用餐具，折餐巾花，摆放花瓶、菜单(2个)和桌号牌，拉椅定位，对台面进行全面检查和提供席间服务。

1. 摆台的基本要求

所有摆在餐台上的物品，应符合主题创意要求。餐具图案对正，距离均匀，整齐、美观、清洁、大方，所有操作必须按顺时针方向进行。除装饰布或桌裙、台布、花瓶(或其他装饰物)和桌号牌(主题名称牌)可徒手操作外，其他物品均须使用托盘操作。餐巾折花和摆台先后顺序不限。8人以上餐台摆转台(直径1m)，应在铺好台布后，将转台摆在台面正中央，转台圆心要与餐台圆心重合，且保证转动自如。

虚拟仿真
中餐主题宴会摆台服务流程设计

使用托盘的步骤和方法如下所述。

1) 清理托盘

根据所托物品选好托盘，洗净擦干，铺放干净的垫布。

2) 装入托盘

将所托物品装入托盘，重物、高物放在托盘里侧，轻物、低物放在托盘外侧，先上桌的物品在上、在前，后上桌的物品在下、在后。

3) 拿起托盘

先将左脚向前一步，站立为弓形，上身向左、向前倾斜，将左手按轻托要领伸进盘底，左手托起盘子，右手可帮忙扶一下，同时左脚收回一步，使身体呈站立姿势。

4) 托盘行走

左手托托盘，以正常速度行走，确保自己头正肩平，两眼平视，上身挺直，托盘不贴腹，手腕轻松灵活，胸前上臂不靠身体，随节奏自然摆动，行走的姿势要优雅。

5) 卸下托盘物品

用右手把所托物品从托盘中取出，轻拿轻放，避免托盘失衡。

2. 10人位中餐主题宴会摆台的顺序和标准

1) 准备

将所有摆台所需物品摆放在工作台(长方形，规格为90cm×180cm)上，清点和确认所需餐具及各类用具、器具，确保使用数量准确，防止遗漏。用干净的口布擦拭餐具和酒杯，确保没有污渍和手印痕迹。最后将所需物品摆放整齐。

在靠近餐台的工作台长边一侧从左到右依次摆放折叠好的台布、码好的餐碟、汤碗、汤勺(匙羹)和味碟、防滑托盘(2个)、装饰盘垫或防滑盘垫。圆形托盘直径为40～50cm，长方形托盘规格为35cm×45cm。

工作台中间，从左至右摆放筷架、长柄勺、筷子、牙签、红葡萄酒杯、白酒杯、水杯。

工作台面长边外侧，从左到右摆放口布、圆平盘(18寸)、服务巾(消毒巾，规格为30cm×30cm)、台面中心装饰物或制作台面中心装饰物所需工具、菜单、桌号牌(主题名称牌)、红葡萄酒瓶、白酒瓶、水扎。

台布、装饰布的折叠方法：反面朝里，沿凸线长边对折两次，再沿短边对折两次。

台布有多种样式和颜色。根据台布质地的不同，可分为提花台布、织锦台布、工艺绣花台布、棉质台布、涤棉混纺台布；根据颜色的不同，可分为白色、红色、黄色、绿色、粉色台布；根据形状的不同，可分为圆形台布、正方形台布、异形台布。

由于圆桌的规格大小不一，台布的规格自然也是多样的。在选择台布时，首先应选择环保面料或含棉75%以上的涤棉混纺面料；其次应根据宴会所安排的餐桌大小来选择适宜的规格。铺台布时应注意以下两点：①准备足够量的洁净无损台布，检查是否有褶皱、破洞、油迹、霉迹等。②检查台面是否干净、桌架是否牢固、台布大小形状是否与台面适合。

常见的宴会台布规格有以下6种。

(1) 160cm×160cm台布，可铺在直径为90～110cm的餐桌台面上，提供4～6人座位。

(2) 180cm×180cm台布，可铺在直径为150cm的餐桌台面上，提供8～10人座位。

(3) 220cm×220cm台布，可铺在直径为180cm的餐桌台面上，提供10人座位。

(4) 240cm×240cm台布，可铺在直径为200cm的餐桌台面上，提供12人座位。

(5) 260cm×260cm台布，可铺在直径为220cm的餐桌台面上，提供14～16人座位。

(6) 180cm×360cm和160cm×200cm的长方形台布，多用于西餐长台。

全国高职院校技能大赛的中餐主题宴会设计赛项所使用的餐桌为圆形餐桌，高度为75cm，直径为180cm，为10人台。台布为正方形，规格为240cm×240cm。桌裙(装饰布)为圆形，直径为320cm。餐椅为软面无扶手椅，椅子总高度为95cm，椅面规格为45cm×45cm，椅背规格为47cm×39cm。

2) 摆台顺序和标准

(1) 铺装饰布、台布。服务员拉开主人位餐椅90°，在主人位铺装饰布、台布，装饰布平铺在台布下面，正面朝上，台面平整，下垂均等，铺好后离地面不超过3cm。台布正面朝上，定位准确，中心线凸缝向上，且对准正、副主人位，台面平整，十字居中，台布四周下垂均等。服务员动作利索，一次完成。

中餐主题宴会台布有以下三种铺法。

① 推拉式铺台。服务员选择好台布后，站在餐桌主人位或副主人位，用双手将台布打开，正面朝上，放到餐台上，将台布贴着餐台平行推出去再拉回来，直至铺平无皱为止。

② 抖铺式铺台。服务员选择好台布后，站在餐桌主人位或副主人位，用双手将台布打开，鼓缝向上，平行对折后将台布提在双手中，利用双腕的力量，将台布向前一次性抖开铺盖在台面上。

③ 撒网式铺台。服务员选择好台布后，站在餐桌主人位或副主人位，站在离桌边约40cm处，右脚在前，左脚在后，用双手将台布打开，平行对折后，将台布提起至胸前，双臂与肩平行，上身向左转，下身保持不动并在右臂与身体回转时将台布向第一主宾位方向抛撒，当台布抛至前方时，上身转体回位并恢复至正位站立，这时台布应平铺于餐台上。

(2) 餐碟(骨碟)定位。从主人位开始一次性定位摆放餐碟，标志对正，餐碟边缘距桌边1.5cm，正、副主人位餐盘应摆放在台布凸线的中心位置，每个餐碟之间的间隔要相等，相对餐碟、餐桌中心、餐椅点五点一线。如果有装饰盘垫，先一次性定位摆放装饰盘垫，然后把餐碟摆放在装饰盘垫中间。装饰盘垫(又称服务盘、垫底盘、展示盘)通常用于正式宴会，一般宴会不摆放装饰盘垫，直接摆放餐碟。服务员操作要轻松、规范，手法正确(手拿餐碟边缘部分)，保持卫生。

(3) 摆放汤碗、汤勺(瓷羹)和味碟。味碟摆放在餐碟正上方相距1cm处，汤碗摆放在味碟左侧1cm处，汤碗、味碟的中心点在一条水平线上。汤勺放置于汤碗中，勺把朝左，与餐碟平行。

(4) 摆放筷架、长柄勺、筷子、牙签。筷架摆在餐碟右边，位于筷子上部1/3处，其横中线与汤碗、味碟横中线在同一条直线上，筷架左侧纵向延长线与餐碟右侧相切。筷子、长柄勺摆在筷架上，长柄勺距餐碟3cm，筷尾距餐桌沿1.5cm，筷套正面朝上。牙签位于长柄勺和筷子之间，牙签套正面朝上，底部与长柄勺齐平。

(5) 摆放葡萄酒杯、白酒杯、水杯。葡萄酒杯摆放在餐碟正上方2cm处，白酒杯摆在葡萄酒杯的右侧，水杯位于葡萄酒杯左侧，杯肚间隔1cm，三个杯底中心线呈斜直线，与水平线切成30°角。如果需要折杯花，水杯与杯花一起摆上桌，杯花底部应整齐、美观，落杯点为水杯的2/3 处。摆杯手法正确(手拿杯柄或中下部，手不触及杯口及杯的上部)、卫生。

(6) 摆放公用餐具。公用筷架摆放在主人和副主人餐位正上方，距水杯肚下沿切点3cm，按先勺后筷的顺序将公勺、公筷摆于公用筷架之上，勺柄、筷子尾端朝右。如需折杯花，可先摆放杯花，再摆放公用餐具。

(7) 折餐巾花(口布花)。餐巾应无任何折痕，折花花型不限，折叠手法正确、卫生，一次成型，花型突出正、副主人位。在主人位上应摆放有高度的花式，但不能遮挡台上用品。有头尾的动物造型应头朝右，主位除外。餐巾花观赏面朝向客人，主位除外。餐巾花应挺拔、造型美观、款式新颖，操作手法卫生，不用口咬，不用下巴按，不用筷子穿。手不触及杯口及杯的上部。如需折杯花，水杯与杯花一起摆上桌。如需折盘花，应在工作台上的圆平盘里折好后，放进托盘里，再摆放在餐碟中。餐巾应是正方形，边长为45～60cm。

注意应把不同样式、不同高度的餐巾花搭配摆放，形状相似的餐巾花应错开并对称摆放。

(8) 摆放台面中心装饰物、菜单(2个)和桌号牌(1个)。服务员按照顺时针方向，站在主人位将台面中心装饰物摆在台面正中。台面中心装饰物的高度一般应在30cm以下，不能影响客人的视线，直径应为30～45cm，造型精美。菜单摆放在正、副主人的筷子架右侧，位置一致，菜单右尾端距离桌边1.5cm，12人以上座位摆放4份菜单，呈“十”字形摆放。菜单尺寸一般为长18.5cm，外宽12.5cm，内宽10.5cm，厚1.7cm。如是高级宴会，可在每个餐位右侧放一份菜单，如果客人不要求撤下，一般都在宴会结束时才将菜单收回。

台面中心装饰可以是物件，也可以是鲜花。一般将鲜花插在花插座、瓶口插座、花泥之中，通过修剪、配色，制作出各种漂亮的花卉造型，如半球形、三角形、弯月形、扇形。制作插花时应先插主花，高度不要超过插花容器高度的2倍。第二主枝高度为第一主枝高度的2/3，第三主枝高度为第二主枝高度的1/2，然后插配花、配叶，最后对枝叶进行必要的点缀。

在制作插花时，要了解宴会的人数和桌数，以此为依据来准备插花数量。同时还要了解宴会的场地布局、客人的风俗习惯及生活禁忌。在陪同的右侧上餐桌花，在转台正中摆放花瓶插花、花篮或其他装饰品时，高度以不遮挡对面客人的脸部为宜。菜肴上桌时，如在转台上分菜，必须把装饰物移走；如在旁桌分菜，装饰物便可一直留在餐桌上，直到宴会结束。

桌号牌(主题名称牌)应摆放在花瓶正前方、面对副主人位，一般尺寸为底座长10cm，宽4.5cm，高8.1cm，底座厚度0.8cm。如需表明国别，餐厅使用最多的是桌旗的形式。当通过预订得知宾客为外国人时，最好在桌上摆放相应国家的国旗，这样显得服务周到且友好，一般将外国国旗摆放在上位席的左侧。另外，摆放国旗的数量要以桌子的长度为依据，如只需一处摆放国旗，则以餐桌中央为宜；如需两处摆放国旗，要间隔相等。这里需要注意的是桌花的高度，桌花要比国旗略低一些。

按客人要求摆放客人席次卡，座次的具体安排通常由席次卡来体现。席次卡是根据饭店总体形象设计的精美的宴会座次卡，一般为长方形，通常将出席宴会的宾客姓名用毛笔或钢笔书写或直接打印在席次卡上，字迹要清楚、整齐。如为中方宴请，将中文写在上方，外文写在下方；如为外方宴请，则将外文写在上方，中文写在下方。席次卡应立于红酒杯正前方。

在客人入座后，服务员应在上菜前撤掉台号牌和席次卡。

(9) 拉椅定位。服务员从主人位开始拉椅，然后按顺时针方向逐一定位。座位中心与餐碟中心对齐，餐椅之间距离均等，餐椅座面边缘与台布下垂部分相切。确保让座手势正确，体现服务礼仪。宾客人数不同，则摆放餐椅的位置不同，具体情况如下：4人桌，正、副主人位方向各摆2位或每边各1位；6人桌，正、副主人位方向各摆1位，两边各摆2位；8人桌，正、副主人位方向各摆2位，两边各摆2位；10人桌，正、副主人位方向各摆3位，两边各摆2位；12人桌，正、副主人位方向各摆3位，两边各摆3位。

最后，应对台面进行全面检查，主要检查台面上的餐具和用具是否整洁齐全、摆放方面是否一致。

3. 席间服务

服务员从主宾位置打开筷套，从主宾位置铺放口布，开酒。开酒的具体步骤：第一步，示酒。服务员站在主人位右侧，酒标朝向宾客。第二步，开瓶。用专用开瓶器(海马刀)上的小刀，切除红葡萄酒瓶口的封口(胶帽)，确保胶帽边缘整齐；再用开瓶器上的螺杆拔起软木塞，软木塞应完整无损、无落屑；最后将软木塞转出放在小碟中，用口布擦拭瓶口。开瓶时应确保瓶身稳定无转动。第三步，问酒。根据宾客所点酒水进行记录，准确服务。第四步，鉴酒。在主人杯中倒入1/5杯酒进行鉴酒。第五步，斟酒。采用托盘斟酒的方式(应将所有需斟倒的酒水，一次置于托盘中)，在主宾位右侧为其斟酒，每个餐位换瓶斟酒，斟倒白酒后，再斟倒红葡萄酒。斟酒时瓶口不碰杯口，斟酒量均等，红葡萄酒为1/2杯、白酒为2/3杯，不滴不洒。服务员操作时，托盘应展开，姿势正确、保持平衡、位置合理，按照顺时针方向斟倒，斟倒酒水后应收撤多余餐酒具。全国职业技能大赛所用的红葡萄酒为750ml、波尔多瓶形；白酒为500ml，酒精度为55°。

实操 7.2.2

西餐主题宴会摆台

7.2.2 西餐主题宴会正餐摆台服务流程设计

西餐主题宴会正餐摆台服务流程主要包括准备，铺台布，餐椅定位，摆放展示盘，摆放刀、叉、勺，摆放面包盘、黄油刀和黄油碟，摆放杯具，摆放台面中心装饰物，摆放烛台，摆放牙签盒、椒盐瓶，摆放餐巾花，摆放宴会菜单、台号牌和席次卡，提供席间服务和对台面进行全面检查。

1. 西餐主题宴会正餐摆台操作的基本要求

操作熟练、规范，台面布置讲究美观性、实用性；所有操作必须按顺时针方向进行；摆台操作中，根据西餐服务特点合理使用托盘；按西餐服务标准和规范铺台布，台布按行业规范熨烫；不得将餐椅拉出在内圈进行操作；餐巾折花和摆台先后顺序不限；徒手斟酒，按西餐服务要求为每位客人斟倒冰水和葡萄酒，斟酒必须在最后进行。

2. 6人位西餐主题宴会摆台的顺序和标准

1) 准备

西餐餐具品种较多，每上一道菜就要相应撤去用完的那套餐具。因此，西餐宴会摆台只能准备第一道菜品所用的餐具。

服务员将所有摆台所需物品摆放在工作台(正方形，规格为120cm×120cm，高75cm)上，清点和确认所需餐具及各类用具、器具，确保使用数量准确，防止遗漏；用干净的口布擦拭餐具和酒杯，确保没有污渍和手印痕迹；最后将所需物品摆放整齐。

在靠近餐台的工作台长边一侧从左到右依次摆放折叠好的台布、码好的展示盘、汤勺、开胃品刀、鱼刀、主菜刀、主菜叉、鱼叉、开胃品叉、甜品勺、甜品叉、黄油刀、防滑托盘(2个)、防滑盘垫。圆形托盘直径40～50cm，长方形托盘规格为35cm×45cm。

台面中间，从左至右摆放口布、红葡萄酒杯、白葡萄酒杯、水杯、面包盘、黄油碟、椒盐瓶、牙签盒、红葡萄酒瓶、白葡萄酒瓶、水扎。

台面长边外侧，从左到右摆放服务巾(正方形，边长45～60cm)、圆平盘(18寸)、烛台、台面中心装饰物或制作台面中心装饰物所需工具、菜单、桌号牌(主题名称牌)。

2) 铺台布

西餐主题宴会一般使用由数张方桌拼接而成的长方台，6人位的长方台的规格为长240cm、宽120cm、高75cm。一块台布规格为200cm×162.5cm。服务员将2块台布分别放在餐台短边右侧，在副主人位将餐椅向左侧转90°，将折叠好的第一块台布横向打开，将垂直的中缝对准桌子的纵轴，用拇指和食指均匀抓住台布的左右两侧，左右手臂张开，身体前倾，将拎起的台布推向餐桌中央，同时放开下层台布边。第一块铺好后，服务员沿顺时针方向走到主人位，铺好第二块台布。要求台布四边下垂均匀，两块台布的中心线呈一条直线，第二块台布压在第一块台布上，两块台布重叠5cm，凸缝朝上，台布两侧下垂部分美观整齐，两边均匀。

3) 餐椅定位

服务员从主人位开始沿顺时针方向摆放，在餐椅(椅子软面无扶手，椅子总高度95cm，椅面规格45cm×45cm)正后方用双手握住椅背两侧将椅子往前推至相应位置，相对椅背中心对准，进行定位。椅面边缘与台布下垂部分相距1cm，椅子之间距离基本相等。

4) 摆放展示盘

服务员将展示盘(服务盘、装饰盘、垫盘)放在口布上用左手托起，从主人位开始沿顺时针方向手持盘沿右侧摆放在每个席次正中央。展示盘中心与餐椅中心对准，盘边距离桌边1cm，展示盘之间的距离相等。

5) 摆放刀、叉、勺

服务员将开胃品刀叉、汤勺、鱼刀叉、主菜刀叉、甜品勺、甜品叉按顺序放在托盘上，左手托盘，站在主人位右侧，用右手大拇指与食指捏住餐具颈部的两侧，在展示盘右侧1cm处从左到右依次摆放主菜刀、鱼刀、汤勺、开胃品刀，主菜刀、汤勺、开胃品刀与桌边距离为1cm，鱼刀与桌边的距离为5cm，刀与刀间距为0.5cm。

服务员在展示盘上方1cm处从下往上，平行于桌边摆放甜品叉(叉头朝右)、甜品勺(勺头朝左)，叉与勺间距0.5cm。然后走向主人位左侧，在展示盘左侧1cm处从右到左依次摆放主菜叉、鱼叉、开胃品叉，主菜叉、开胃品叉与桌边距离为1cm，鱼叉与桌边的距离为5cm，叉与叉间距为0.5cm。主人位餐具摆好后，按顺时针方向依次摆放6个餐位的餐具。

6) 摆放面包盘、黄油刀和黄油碟

服务员将面包盘、黄油刀和黄油碟放入托盘中，用左手托盘，站在主人位左侧，用右手将面包盘摆放在距开胃叉左侧1cm处，面包盘中心应与展示盘中心保持在一条直线上，并与桌沿平行。在面包盘上右侧距边沿1/3处摆放黄油刀，刀刃朝左，与其他刀叉平行。黄油碟应摆放在黄油刀尖上方3cm处，其左侧边沿与面包盘中心线相切。最后按顺时针方向依次摆放其他5个餐位的餐具。

7) 摆放杯具

服务员将3个餐位的水杯、红葡萄酒杯、白葡萄酒杯放在托盘里，站在主人位右侧把白葡萄酒杯摆放在开胃品刀的正上方，杯底中心在开胃品刀的中心线上，杯底距开胃品刀尖2cm。在白葡萄酒杯的左上方依次摆放红葡萄酒杯、水杯，三杯成斜直线，向右与水平线呈45°角，各杯身之间相距约1cm。操作时手持杯脚或杯子的下半部，按顺时针方向依次摆放其他两个餐位的杯具，然后将剩余的三套杯子装在托盘里，按照同样方式沿顺时针方向摆放。

8) 摆放台面中心装饰物

服务员从工作台徒手拿中心装饰物，按照顺时针方向，站在餐桌长边中点位置，一次性将中心装饰物摆放在餐桌中央和台布中线上，装饰物主体高度不能超过30cm。在实践中，长台比较长，应摆放两个中心装饰物，分别放置在餐台两个半区的中心处。为了使长台装饰更好看，有时在长台中间铺设桌旗或长花。

9) 摆放烛台

服务员徒手将两个插上蜡烛的烛台分别摆放在中心装饰物的两侧，烛台底座中心压台布中凸线，距中心装饰物10cm，或烛台与中心装饰物之间间距均等，两个烛台方向一致。

10) 摆放牙签盒、椒盐瓶

服务员将两套椒盐瓶、牙签盒放在托盘里，站在主人位，将牙签盒摆放在距烛台10cm处，牙签盒底座中心压在台布中凸线上。

服务员将椒盐瓶摆放在距牙签盒2cm处，椒盐瓶两瓶间距1cm，左椒右盐，椒盐瓶间距中心对准台布中凸线，分别在中凸线两侧，两瓶连线与中凸线垂直，然后按顺时针方向摆放牙签盒、椒盐瓶。

11) 摆放餐巾花

服务员在平圆盘中用口布(正方形，边长45～60cm)叠好3种盘花，放在托盘里。在主人位将盘花摆放在餐盘正中，摆放方向一致，餐巾花正面必须朝向客人，左右呈一条直线。应在正主人位、副主人位上放置有高度的盘花，突出正主人、副主人位，其他餐位可以摆放一种花型。餐巾花造型美观、大小一致。

12) 摆放宴会菜单、台号牌和席次卡

服务员将菜单摆放在主人位、副主人位各1份，可以立式摆放，也可以平放在开胃品刀右侧，菜单底边距桌边1cm。

服务员将台号牌(主题创意说明牌)摆放在花瓶正前方，面对副主人位。西餐宴会餐台一般都是长台，并且台型呈“一”字形、“T”形、“U”形、“E”形、“M”形、“回”字形等，一般不使用台号。

席次卡应摆放在距甜品勺正前方1cm处。

最后，服务员应对台面进行全面检查，主要检查台布、餐椅、餐具、用具摆放是否符合标准。

3. 西餐宴会席间服务

1) 撤换餐具

服务员按从主宾位到主人位的顺序，沿顺时针方向为规定餐位调整餐具。服务员应站在客人右侧，左手托住托盘，右手拿起客人用过的相应餐具、杯具放入托盘中，再将剩余餐具、杯具调整整齐，保持餐具摆放均衡、协调。在此过程中，服务员要跟客人请示并告知客人“打扰一下，为您更换餐具、杯具”。

2) 开红葡萄酒

第一步，示酒。服务员站在主人位右侧，酒标朝向宾客。

第二步，开瓶。服务员用专用开瓶器(海马刀)上的小刀，切除红葡萄酒瓶口的封口(胶帽)，确保胶帽边缘整齐；用开瓶器上的螺杆拔起软木塞，软木塞完整无损，无落屑；将软木塞转出放在小碟中，用口布擦拭瓶口。开瓶时确保瓶身稳定无转动。

第三步，问酒。服务员根据宾客所点酒水进行记录，准确服务。

第四步，鉴酒。服务员在主人杯中倒入1/5进行鉴酒。

3) 斟倒酒水

服务员采用徒手斟酒的方式，先用两条口布分别将红葡萄酒(750ml)、白葡萄酒(750ml)包瓶，再准备另外一条口布，折叠4次作为斟酒时的服务巾。服务员从主宾位开始沿顺时针方向按座位顺序为指定客人斟倒酒水，站在主宾右侧，酒标朝向客人，依次斟倒水、白葡萄酒、红葡萄酒。每斟倒一杯后，用服务巾擦拭扎壶口或瓶口，做到不滴不洒，斟酒时瓶口不碰杯口，斟酒量均等。斟倒酒水的量：水，4/5杯；白葡萄酒，2/3杯；红葡萄酒，1/2杯。斟倒酒水后收撤多余餐具、酒具。

7.2.3 中西合璧主题宴会摆台服务流程设计

1. 铺台布

中餐西吃宴会一般使用长条桌。铺台布时，服务员应站在餐桌长边中间，将第一块台布定位，然后依次将台布压贴铺平。台布的凸面为正面，正面一律向上。台布之间应保持中心线对齐，压贴距离一致，一般为5cm。台面两侧下垂部分应均匀，做到美观、整齐。

2. 围桌裙

服务员围桌裙时，应在桌边沿顺时针方向用图钉将桌裙固定，桌裙的褶要均匀，每褶相隔5～6cm。

3. 摆餐位餐具

服务员将餐具码放在有垫布的托盘内，用左手将托盘托起，从主人位开始，沿顺时针方向依次用右手摆放餐具。

(1) 摆餐盘(垫底盘、展示盘)。从主人位开始(通常长条桌的主人位位于长条桌的正中央)，沿顺时针方向在每个席次正中间的位置摆放餐盘，盘边距桌边1cm，正、副主人位服务盘应摆放在台布凸线的中心位置，盘与盘之间距离相等，盘中的主花图案在正中间。骨盘应摆放在服务盘的中间，对正图案。服务盘通常用于正式宴会，一般宴会不摆放服务盘，直接摆放骨盘。

(2) 摆放筷架、筷子。在骨盘的右上方距骨盘1cm处摆放筷架，将筷子置于筷架之上，筷子尾端距桌边1cm，并与骨盘纵向直径平行，筷子或筷套上的文字图案一律向上。

(3) 摆放刀、叉。在筷子的右侧从左到右依次摆放主菜刀、鱼刀、汤匙、冷菜刀，刀口朝左，匙面向上，刀柄、匙柄距桌沿2cm。在餐盘左侧从右到左依次摆放主餐叉、鱼叉、冷菜叉，叉面朝上，叉柄距桌沿2cm。鱼刀、鱼叉要向前突出4cm。

(4) 摆放黄油碟、黄油刀。在餐叉上方2.5cm处摆放黄油碟，在黄油碟上右侧2/3处摆放黄油刀，刀柄垂直圆盘切线，刀刃朝左。

(5) 摆放玻璃杯具。冰水杯摆放在主餐刀顶端，依次向右摆放红葡萄酒杯、白葡萄酒杯，三杯呈斜直线排列，与桌边呈45°角。如果有第4种杯子，则将其摆放在白葡萄酒杯的位置，白葡萄酒杯顺次向后移动，杯子依然呈斜直线排列，各杯相距1.5cm。

(6) 摆餐巾花。将叠好的盘花摆放在餐盘正中，两侧分别呈一条直线。需注意主人位上应放置有高度的盘花，另外还要注意式样的搭配。

4. 摆公用餐具、用具

(1) 摆放盐瓶、胡椒瓶、牙签盒。按4人一套的标准将盐瓶、胡椒瓶、牙签盒摆放在餐台中线位置上。如果宴会现场不禁烟，则烟灰缸从主人右侧摆起，每两人之间放置1个，间隔距离相等，两侧烟灰缸分别呈一条直线。如果现场禁烟，则不摆放烟灰缸。

(2) 摆放宴会菜单、台号牌、烛台、席次卡。菜单最少每桌平摆2张，高级宴会可每座平摆1张，应摆在席次餐具右侧。西餐宴会餐台一般都是长台，并且台型呈“一”字形、“T”形、“U”形、“E”形、“M”形、“回”字形等，一般不使用台号牌。将烛台摆放在长台的中间线上距花瓶10cm处。如果是圆桌，台号牌应摆在转台上的插花旁边处。席次卡应摆放在距餐盘1cm处的正前方。

(3) 摆放装饰花。与西餐正餐宴会摆台相同。

5. 摆放餐椅

与西餐正餐宴会摆台相同。

6. 检查

对台面进行全面检查，主要检查台布、餐椅、餐具、用具摆放是否符合标准。

7.2.4 自助餐主题宴会摆台服务流程设计

中餐自助餐主题宴会摆台服务流程设计

1. 中餐自助餐主题宴会摆台服务流程设计

(1) 自助餐餐台铺台布的方法与中餐宴会摆台相同。

(2) 一般自助餐的餐盘都摆在菜台上，所以餐台不摆放餐盘，只摆放餐巾花即可。摆放餐巾花时，应从主人位开始依次摆放餐巾花，将其摆放在距桌沿3～4cm处。

(3) 应将小味碟摆放在餐巾花正上方8～10cm处，以能放上一个大餐盘为宜。筷架摆放在餐巾花及小味碟中间右侧约5cm处。在筷架上左边摆放汤匙，在右边摆放筷子。

(4) 应将水杯摆放在味碟正上方5～6cm处，将葡萄酒杯摆放在水杯右下方，将白酒杯摆放在葡萄酒杯右下方。3个套杯间隔1cm，且必须摆在筷子内侧。

(5) 盐瓶、胡椒瓶、牙签盒按4人1套的标准摆放在餐台插花的两边。将烟灰缸分别摆放在主人位和副主人位的正前方。

(6) 在餐台正中央摆放花瓶插花、花篮或其他装饰品，高度为30cm左右，以不遮挡对面客人的脸部为宜。

(7) 摆放餐椅。中餐自助餐宴会一般设座，将餐椅摆放在圆桌周围，且保证间距相等并正对餐位。同时，餐椅的前端要与桌边平行，台布不可盖住椅面，餐椅边应恰好触及台布下垂部分。人数不同，摆放餐椅的位置也不同。

(8) 最后，全面检查餐台是否符合摆台标准。

西餐自助餐主题宴会摆台服务流程设计

2. 西餐自助餐主题宴会摆台服务流程设计

(1) 在菜台上摆放餐盘。小型自助餐宴会可在自助餐菜台的两头各放一摞餐盘，大型宴会可分几处摆放餐具，以分散客流。餐盘是根据菜品来选定的。应在餐盘后面摆放保温锅、汤锅、蒸锅，垫底盘、口汤碗应放在汤锅旁边，再将7寸盘放在点心台上，还应在水果盘、蛋糕边适量放一些水果叉和咖啡勺。如果不设座，还应摆放相应的主餐刀、叉，甜品刀、叉，汤勺，牙签等。在每个菜盆前都应摆放一副取菜用的公用叉、勺或餐夹，供客人取食时使用。在自助餐餐台上摆放的餐具用具则较少。

(2) 铺台布。铺台布的方法与西餐正餐宴会摆台相同。

(3) 摆放餐具。用折好的餐巾花定位，从主人位开始依次摆放餐具。餐巾花左侧摆放正餐叉，餐巾花右侧摆放正餐刀，在餐巾花右上方摆放饮料杯、葡萄酒杯、烈酒杯，3套杯相隔1.5cm，呈斜直线排列，与桌边呈45°角。

(4) 两个烟灰缸分别摆放在主人位及副主人位的正前方，两组胡椒盐盅及牙签盒应摆放在餐桌插花的两边。

(5) 在餐台正中央位置摆放花瓶插花、花篮或其他装饰品，高度为30cm左右，以不遮挡对面客人脸部为宜。

7.2.5　西餐冷餐酒会摆台服务流程设计

1. 食品台摆台

(1) 铺好台布，围上台裙，保持餐桌干净平整。

(2) 甜食盘、甜食叉可视情况摆在食品台的一端或两端。

(3) 在每种食品前摆放一套服务叉、勺。

(4) 把菜牌摆放在与名称相符的菜品前。

2. 酒会餐桌摆台

(1) 铺好台布，台布要干净、平整，四角下垂均匀。

(2) 将花瓶摆在酒会桌中央。

(3) 花瓶左侧摆纸口杯，右侧摆放烟缸。

(4) 各桌物品摆放应整齐一致，美观大方。

3. 酒水台的摆台

(1) 铺好台布，围上台裙，将各种饮料杯分类摆放在酒水台上，使其呈正方形或长方形排列。

(2) 将酒水单上的香槟酒和白葡萄酒放在冰桶内冰镇，红葡萄酒要在酒会开始前半小时开瓶醒酒。其他酒水应摆在酒水台上，摆放要美观大方。

(3) 准备好小口纸、开瓶器、冰铲、服务托盘等用具。

实操 7.2.6

会议、茶歇台、服务台摆台服务流程设计

7.2.6　课桌式会议摆台服务流程设计

(1) 铺好台布，确保干净、平整，保证台尼无孔、无渍。大号台尼铺在3张并排的长条桌上，中号台尼铺在2张并排的长条桌上，小号台尼铺在1张长条桌上。台尼在长条桌前面下垂距地面1cm，两侧长出台尼均等。铺好后，用大头钉将两侧台尼扎到桌沿上，保证图钉朝里而不是朝外。

(2) 座椅摆放要整齐，侧看应在一条直线上。

(3) 按每排的人数，等距离摆放会议用纸，每座一份。纸的底边要与桌沿距离1cm，每张纸应摆放在座位正中间。

虚拟仿真

会议台面摆台流程设计

(4) 将铅笔竖直摆放在会议用纸的右侧，距纸1cm处，笔尖朝上，铅笔末端与纸底边相齐，铅笔的店标或商标朝上。

(5) 摆放2个杯垫，水杯或茶杯要放在杯垫上，杯垫应摆放在会议用纸的右上角，店标朝向客人。第一个杯垫的左边和下沿应与纸右上角的上沿和纸的右边分别相切，第二个杯垫应摆在第一个杯垫的左边与之相切。

(6) 将水杯摆放在左边的杯垫上，将杯盖盖在水杯上面，酒店标志朝向客人。

(7) 将标有酒店标志的矿泉水摆放在右边杯垫的中心位置，店标朝向客人，距水杯2cm。每把椅子的中线、纸的中线、水杯的中线都要在一条直线上。

(8) 检查物品摆放是否整齐。若来宾为VIP客人，则选用酒店收纳盒，将其摆在纸上正中间的位置，收纳盒内由左向右依次摆放矿泉水、水杯、茶包。

7.2.7 会议茶歇台摆台服务流程设计

(1) 阅读活动安排单，核实上点心和小吃的时间。咖啡、茶、点心等应新鲜，并提前15分钟准备好。

(2) 根据客人人数提前准备茶休，根据订单的要求摆放饮品台、食品台，确保数量充足。咖啡台应大小合适，每个咖啡台的中央应摆放装饰品。

(3) 应在现场摆放充足的桌子，以便摆放奶和糖等各种食品。如果休息人数超过25人，或者客人需要两种以上食品，就需要另摆一张桌子。根据订单说明的人数去厨房取食品，准备咖啡、茶、牛奶等。确保牛奶新鲜和咖啡温度适宜，确保咖啡壶洁净。

(4) 将茶杯和茶碟摆放在咖啡台一定区域内，茶勺、牛奶、奶缸和糖也应合理摆放。此外，应将饮品台和食品台分开摆放，保证客人有足够的空间。

(5) 茶歇开始前，撕去食品上的保鲜膜，摆放鲜奶和台卡，根据食品摆放服务餐具(夹子、铲子)和调味品。食品需提前10分钟摆放，应保证食品的新鲜和餐具的整洁。

7.2.8 服务接手台摆台服务流程设计

(1) 准备干净的服务托盘。小托盘2个，大托盘1个。

(2) 摆台物品每样准备10个，并打布包。骨碟准备量为此边台服务人数的3倍，烟灰缸准备量为此边台服务桌数、摆台用量的3倍。

(3) 准备牙签、打火机、餐巾纸、口布以及备用杯具。

实训

知识训练

(1) 主题宴会摆台有何要求？

(2) 中餐主题宴会摆台的程序分几个步骤？

(3) 西餐主题宴会摆台的程序分几个步骤？

(4) 简述酒会摆台程序。

能力训练

根据项目3任务3.2能力训练中的案例3-3、案例3-4，按照画出的婚宴台面(9件头餐具)、寿宴台面(10件头餐具)设计图，进行摆台操作。

练习中西合璧正式宴会、中餐自助餐会、西餐酒会的摆台，在16分钟内完成。要求没有顺序错误，不漏项，餐具不落地，餐具不碰倒，餐具摆放间距均匀、整体美观。

练习西餐正餐宴会(以一桌6人为准)的摆台操作。

素质训练

收集教育部举办的全国职业院校技能大赛中餐主题宴会设计和西餐宴会服务技能大赛的规程、技术方案资料。了解主题宴会摆台风格和发展趋势，写出调研报告(800字以上)。通过参加行业大赛、全国职业院校技能大赛以及到实训基地酒店参加宴会服务，进一步加深对台面物品功能的认识，培养精益求精的工作作风。提高摆台操作的规范性、熟练度，提高艺术欣赏水平，能够通过台面物品的组合，突出宴会主题，同时给人以美的享受。加深对餐饮文化的理解，增强攀登世界技能大赛高峰的自信心，设计出具有中国特色的主题宴会台面。

小资料

餐巾花花形选择

(1) 对于气氛欢快热烈的宴会，适合把餐巾折成花卉、鸟、鱼、虫等形状。婚宴中，餐巾可折成玫瑰、鸳鸯等花形；生日宴中，餐巾可折成寿桃、仙鹤等花形；欢送宴中，餐巾可折成一帆风顺花形。而对于气氛庄重、规格较高的商务宴会或公务宴会，餐巾适合折成荷花、树叶、僧帽等花形。

(2) 小型宴会中，餐巾可以折成各种不同的花形，使台面丰富多彩，充满情趣。大型宴会中，餐巾应折成简单、挺括的花形，给客人以整齐、高雅的感觉。

(3) 在春季、冬季举办的宴会，可选用暖色系的大红、橘红、橙色餐巾，折成玫瑰、椿芽、梅花等形状。在夏季、秋季举办的宴会，可选用冷色系的浅蓝、浅绿色餐巾，折成荷花、玉兰花、枫叶、海棠花等形状。

(4) 不同国籍、地区的客人喜欢的花卉不同。美国的国花是玫瑰；日本的国花是樱花，忌讳荷花；英国的国花是玫瑰，忌讳黄玫瑰；法国的国花是鸢尾花，忌讳桃花和白菊花；德国的国花是矢车菊；意大利的国花是紫罗兰，忌讳菊花；加拿大的国花是枫叶；澳大利亚的国花是金合欢；瑞士的国花是火绒草；荷兰的国花是郁金香；丹麦的国花是冬青；瑞典的国花是白菊；希腊的国花是橄榄；印度的国花是荷花；西班牙的国花是石榴；韩国的国花是木槿花；泰国的国花是睡莲；新加坡的国花是万代兰；巴基斯坦的国花是素馨花；菲律宾的国花是茉莉；马来西亚的国花是扶桑；缅甸的国花是东亚兰；尼泊尔的国花是杜鹃；巴西的国花是兰花。

项目小结

1. 主题宴会台面物品设计

主题宴会台面设计要求包括：根据宴会主题和档次进行设计；根据主题宴会菜品和酒水特点进行设计；主题宴会台面各种用品摆放要协调美观；摆放的餐位餐具一定要有界域；讲究礼仪。宴会台面按照用途分为食用台面、观赏台面、艺术台面。

2. 主题宴会摆台服务流程设计

中餐主题宴会摆台服务流程包括：准备，铺装饰布、台布，摆放餐碟，摆放汤碗、汤勺(羹匙)和味碟，摆放筷架、长柄勺、筷子、牙签盒，摆放葡萄酒杯、白酒杯、水杯，摆放公用餐具，折餐巾花，摆放花瓶、菜单(2个)和桌号牌，拉椅定位，提供席间服务和对台面进行全面检查。

西餐主题宴会正餐摆台服务流程包括：准备，铺台布，餐椅定位，摆放展示盘，摆放刀、叉、勺，摆放面包盘、黄油刀和黄油碟，摆放杯具，摆放台面中心装饰物，摆放烛台，摆放牙签盒、椒盐瓶，摆放餐巾花，摆放宴会菜单、台号牌和席次卡，提供席间服务和对台面进行全面检查。

为中西合璧主题宴会、中西餐自助餐、西餐冷餐酒会提供摆台服务时，需根据宴会档次、菜品特点、酒水种类等因素，对宴会台面物品进行相应的增减。

项目8
主题宴会服务流程设计与管理

项目描述

宴会服务流程是宴会部及各部门对宴会全过程提供服务的过程，要求准备充分，按服务规程操作，并根据不同宴会主题，设计宴会服务流程，提高宴会的服务质量和服务效率。本项目设置了中餐主题宴会服务的准备与检查、中餐主题宴会就餐服务流程设计、西餐主题宴会服务流程设计3个任务。

项目目标

知识目标：了解宴会服务流程及宴会服务每一步的具体操作细节及相关知识。

能力目标：能够根据宴会的主题和客人的要求，设计合理的宴会服务流程；能够按照流程中各个操作步骤提供服务。

素质目标：通过宴会服务流程设计，减少失误和差错，提高服务效率；具备处理突发事件的应变能力；养成礼貌服务的职业习惯，贯彻落实习近平总书记在党的二十大报告中提出的“引导广大人才爱党报国、敬业奉献、服务人民”的要求，在宴会服务中树立顾客至上的服务理念；心中充满正能量，表现出专业水准，通过为客人提供热情、周到的服务，营造诚信、友爱、自由、平等、和谐的宴会氛围。

任务8.1 中餐主题宴会服务的准备与检查

引导案例 | “100-1=0”

某餐厅的正中间摆放着一张大圆桌，从桌上的大红寿字可知，这是一场庆祝寿辰的家庭宴会。朝南坐的宾客是位白发苍苍的八旬老人，正是今晚的寿星，众人不断站起来向他送上祝福。

客人们对今天的菜肴感到很满意，寿星的阵阵笑声为宴会增添了欢乐、和睦的气氛。

这时，服务员端来一道别具一格的点心，整个大盘连同点心拼装成象征长寿的仙桃状，为宴会增色不少。不一会儿，客人吃完点心，围坐在寿星的身边，笑声、祝酒声汇成一片。

可是不知为什么，上过这道点心之后，再也不见服务员上菜。老人的儿子去服务台询问，接待他的是餐厅领班。领班听完客人的询问之后感到很惊讶，顺嘴说了一句："你们的菜不是已经上完了吗？"老人的儿子听后，愣愣地看看领班，转身离开了。

资料来源：邓英，马丽涛. 餐饮服务实训——项目课程教材[M]. 北京：电子工业出版社，2009：38.

根据案例回答下列问题：

(1) 案例中的宴会服务有哪些不妥之处？

(2) 按照服务流程的规范要求，服务员在上点心时，应该做些什么？

(3) 此案例给你带来哪些启示？

案例分析：

(1) 客人逢有寿辰、结婚之类的喜事，酒店应尽量在环境布置、气氛烘托方面多花心思。本例中八旬老人的生日宴在一开始很成功，但由于服务员在上最后一道点心时少说了一句话，且领班回复客人询问过于直白、有失礼貌，致使整场宴会归于失败。

(2) 服务员在上菜时通常要报菜名，如是最后一道菜，则应向客人说明，最好再加上一句"你们点的菜都上齐了，还需要加些什么吗"；如客人询问，应说"您稍等，我帮您看看菜是否已上齐"。这样做，既可以避免出现客人等菜的尴尬局面，又能推销酒店菜品，有利于酒店经济效益的提高。

(3) 客人对酒店的最终印象是由其在酒店逗留期间对各个细节的感受形成的。在酒店里，任何岗位都不能出现工作疏漏，一人出现差错，他人是很难补救的。因此，酒店里的每位员工必须牢牢把好自身工作质量关。本案例证明了酒店业适用"100-1=0"这一算式。酒店工作人员应按照服务流程来做工作，能够大大减少失误和疏漏。

相关知识

8.1.1 中餐主题宴会的准备工作

在中餐主题宴会开始前，酒店宴会部应该制定一个整体的接待方案，以满足主办方对本次宴会的个性化需求。

中餐主题宴会接待方案应包括如下几方面内容。

(1) 了解主办方的具体要求，具体包括赴宴宾客人数、时间、地点、主题、宾客在宴会中举行的活动、菜品价格、宾客禁忌、宾客设想等。

(2) 根据基本信息编制宴会通知单，明确分工，各部门分头准备。宴会部应在人员、物品、场地布置、安保等方面做好准备，并分阶段进行检查，根据客人的要求估算宴会各议程的持续时间。

(3) 设计主题宴会菜单和酒水单。

(4) 对主题宴会的台面设计进行说明。

(5) 对主题宴会的场景设计进行说明，具体包括色彩、灯光、装饰物、背景音乐等，以营造宴会气氛，渲染和衬托宴会主题。

(6) 设计主题宴会的台型与席次，画出台型图和席次图。

(7) 对主题宴会的服务流程进行设计说明。

(8) 对主题宴会突发事件的处理预案进行说明。

1. 人员准备

1) 配备宴会人员，明确任务

(1) 宴会部经理根据本次宴会的规模，计算本次宴会所需要的人员，除宴会现场服务员，还包括保安部、工程部、美工部、客房部、酒吧、厨房部、花房、管事部、采购部、财务部的人员。尽量充分利用宴会厅的服务人员、餐饮部其他餐厅的服务员和酒店其他部门的员工，如果酒店人员仍无法满足服务需要，可招聘小时工。

(2) 在举行宴会的前一天，主管应通知与本次宴会有关的所有人员开会，讲解宴会的细节，包括宴会价格，宴请桌数，宾主风俗习惯和禁忌，宾客身份，菜单内容，每道菜的服务方式，上菜顺序，开宴时间，出菜时间，宴会场地，宴会主题，宴会名称，会标色彩，会场布置，席次图，座位卡，席次卡，祝酒词，背景音乐，席间音乐，文艺表演，司机及其他人员饮食安排，宴会程序，会场视听设备(讲话、演讲、电视转播、演出、产品发布)，行动路线(汽车入店的行驶路线、停车地点、主通道、辅助通道)，礼宾礼仪及注意事项等。所有员工应认识到一旦穿上饭店的制服，所有行为都代表饭店，不得马虎。对宴会变更单上所记载的变更内容，更要严格按变更后的要求准备和提供服务。

(3) 向有关人员分配任务，向每个当班服务员分配具体的服务区域和工作，明确责任，相互配合，并将工作安排制成书面文件，下发到每个服务员手中。要按照餐桌分布来划分区域，这样有利于值台员在一个区域里相互沟通和配合，画出人员分工图。如图8-1所示，此图中宴会桌数为26桌，领班张丹负责管理主宾席区的6名值台员和2名传菜员；领班王伟负责管理主桌前面右侧的6、7、9、11、14、16、18、21、23和25号桌，共10个餐台的10名值台员和5名传菜员；领班宋岩负责管理主桌前左侧的8、10、12、13、15、17、19、20、22、24和26号桌，共11个餐台的11名值台员和5名传菜员。

(4) 向服务员讲解宴会服务质量标准，即宴会服务的规程和操作标准。

(5) 指定各工作环节的负责人。

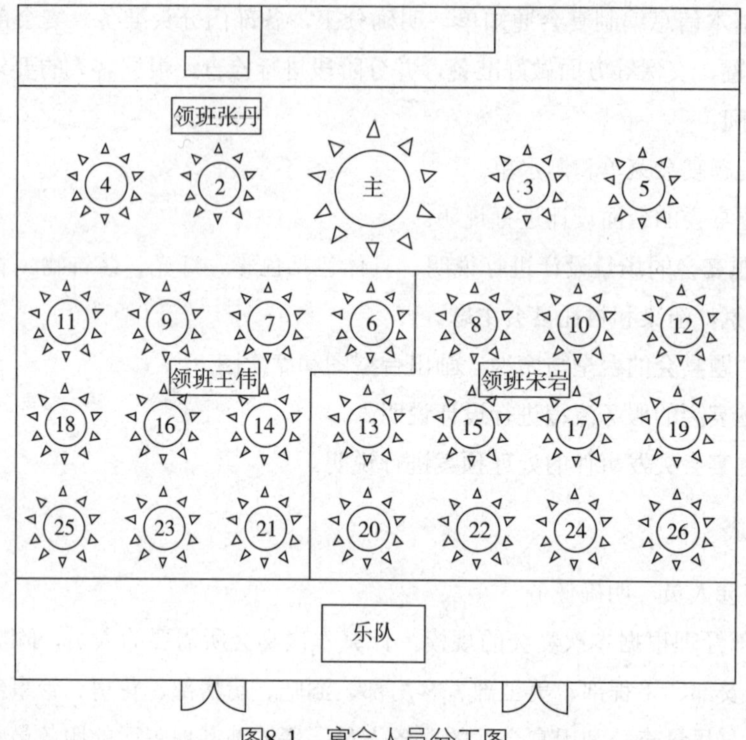

图8-1 宴会人员分工图

2) 组织培训

宴会服务员来自不同的部门，还包括一些临时招聘的小时工，业务水平参差不齐。由于每场宴会的要求各不相同，在宴会开始前，必须对宴会有关人员进行培训，统一思想，统一操作。

在宴会进行过程中，菜品展示、上菜、清理应同步进行，所以必须有统一的信号传达指令。一般情况下，小型宴会以服务主宾的服务员动作为信号，大型宴会以当班主管规定的信号来指挥所有服务员的行动，通常将举手、点头或其他容易看到的动作作为服务信号。

在对服务员进行培训时，应针对宴会礼仪、服务员的仪容、场景布置、摆台、席间服务、传菜、上菜、结账、撤台等宴会流程中的重要环节的特殊要求进行重点培训。

此外，服务员必须熟记宴会上菜顺序和每道菜的菜名，了解每道菜的主料和味型，以回答宾客对菜品的有关问题。宴会服务员礼仪培训包括如下几方面内容。

(1) 着装。宴会值台服务员必须穿好工作服，工作服必须保持清洁、挺括，不得出现开线或纽扣脱落的情况。男服务员穿胶底黑皮鞋配深色袜子，女服务员穿胶底黑色瓢鞋配肉色连裤丝袜，鞋面应保持干净。服务员应将名牌戴在左胸上方，便于客人辨认。

宴会部经理、主管、领班等其他人员，应按饭店规定穿着正式统一的服装，一般有西装、套裙两种。穿西装必须打领带，领带色调应与西装、衬衫的颜色相和谐。领带长度要适度，通常长130～150cm，打好之后，外侧应略长于内侧，并正确使用领带夹。西裤应与上衣同色，也可选用同色系。西装口袋不乱用，上衣口袋只用于装饰，不要放东西。穿西装要有配套的鞋袜，黑色皮鞋比较正式。西装套裙应穿着到位，上衣领子要完全翻好，衣扣必须全部系上。套裙衣袋里不能放任何东西。一定要穿内衣，不许外露内衣。套裙应配高跟或半高跟黑色瓢鞋及肉色连裤丝袜。

宴会迎宾员、宴会领位员、宴会礼仪小姐应穿着礼服，一般有燕尾服、旗袍、民族服装三种。男士穿燕尾服应佩戴领结或领花，不系领带；女士穿旗袍应穿高跟鞋，注重举止步态；穿着民族服装时，要遵循民族服装的穿法和各民族礼节动作要求。

(2) 仪容。对于服务员仪容的要求包括以下几方面。

① 头发要保持整洁，长度适中。男服务员切忌留长发，一般以短发为主，前发不盖额，侧发不掩双耳，后发不及衣领，不留大鬓角，也不能剃光头。女服务员头发不宜长于肩部，不宜挡住眼睛，刘海不掩眉毛，应按规定盘发，不许染发，但对于早生白发或长有杂色的头发可将其染成黑色。可以烫发，但不要将头发烫得过于凌乱、美艳。在工作岗位上，服务员只能佩戴工作帽，佩戴时不应外露头发。

② 保持面部干净。女服务员面部化妆要清爽淡雅，适当涂抹粉底、口红、眼影，口红应选择适宜的颜色。吃完食物后要确保嘴边、嘴角无残留物。手部干净，指甲应剪短，白边不超过1mm，不涂有色指甲油。男服务员胡须必须剃干净，修剪好鼻毛。服务员应保持口腔清洁，在上班前，忌喝酒，忌吃葱、蒜、韭菜等有刺激性气味的食物，避免口腔产生异味。

③ 服务员站立时，正面看要头正、眼正、肩正、身正；侧面看要颈直、背直、腰直、臂直、腿直。

女服务员站立时，两脚尖向外略展开，一脚在前，将一脚跟靠于另一脚内侧前端，形成一个斜写的“丁”字，两手握指在腹前，右手握住左手手指部位，右手在上，两手交叉点在衣扣的垂线上。

男服务员站立时，两脚应打开，略窄于肩宽，两脚保持平行，两臂肘关节自然内收，两手相握，放在后背腰处。

④ 行走时，要保持步履自然、匀速、稳健，步态轻盈、优美。服务员与客人迎面相遇时，服务员应放慢脚步，目视客人，面带微笑，轻轻点头致意，并且使用礼貌问候语言。在走廊或楼道较窄的地方，应停下脚步并面向客人，让客人先行，坚持“右侧通行”。服务员在陪同引领客人及与客人同行时，应遵循“以右为尊”的原则，服务员应处在左侧。如果双方单排行进时，服务员应走在客人侧前方两三步的位置，行进速度需尽量与客人保持一致，并应及时给客人以关照和提醒。

⑤ 在迎接客人时，服务员要面带微笑，露出谦恭、友好、真诚、适度的表情。需用手势时，应手掌伸直，手指并拢，拇指自然分开，掌心斜向上方，腕关节伸直，手与前臂形成直线，以肘关节为轴，自然弯曲，大小臂的弯曲以140°左右为宜。

迎宾员在宴会前接待客人或在宴会结束送别客人时，如果与客人距离4m之外较远处，应行挥手礼。挥手时要举起右手，大臂与小臂成90°，小臂左右摆动，五指微微并拢，距离越远，大臂越要高举，大臂与小臂之间的夹角接近180°。

(3) 饰物。一般女服务员可以佩戴项链，可以佩戴一枚结婚或订婚戒指，也可以佩戴耳钉。应选戴质地为金、银的饰品，不宜佩戴珠宝首饰。如需戴发卡、头花，一律选用黑色，头花不得超过10cm宽。男服务员在工作岗位上不可以佩戴项链，但可以佩戴一枚戒指。

(4) 行为。对于服务员的服务行为具有以下几方面要求。

① 目光礼。当客人走进距服务员4m远的范围时，服务员应行目光礼。迎宾员在迎接客人时，要注视客人的脸部，即从眉毛开始到嘴唇以上的部位。应使用正视的目光，目光平视，稳定地向前看，不要斜视、窥视。接待众多客人时，应注视主要负责人，同时又要从一侧依次注视到另一侧，并表达问候和欢迎。

② 鞠躬礼。身体立正，目光平视，面带微笑，面向受礼者。男服务员鞠躬时，双手在体侧自然垂下或在体后相握。女服务员将双手在体前端庄地搭放在一起，右手搭在左手上，上身前倾30°～40°，停留1秒后再恢复原状，同时致以问候语或告别语，如“您好！欢迎光临”。

③ 领位。领位员应站在客人的左侧，常以“女士(先生)您好！请问您有预订吗”作为问候语，然后以左臂指引方向，目光注视宾客，面带微笑，清晰地说“请跟我来”或者“这边请”，再率先起步。上楼梯时，迎宾员要稍稍放慢步频，以双手示意客人注意，同时说“请您注意，慢行”，客人上第一级台阶后，领位员应紧随其后，恢复引导位置，继续引导。

当需要向左或向右转时，领位员或采用左手臂直臂式示意转向，或采用右手臂曲臂式示意转向，此时与此后领位员仍需放慢步频或加快步频迎上，恢复引导。

当需要乘电梯时，如电梯内无人，领位员应首先进入电梯室内，以手臂示意；如电梯内有人，迎宾员应首先请客人进入电梯室。

进入宴会厅后，引领客人入座时，迎宾员应双手从上向下摆动，使手臂呈一条直线，手心向上，指尖指向椅子；客人离开时，应微笑目送。常用礼貌用语有“请坐”“再见，欢迎您下次光临”。

④ 敬茶礼。当客人落座后，应及时敬茶。敬茶之前要征询客人的偏爱、习惯、口味，并选择与客人身份相匹配的茶具。斟茶水位在杯中2/3处，敬茶使用右手执杯把柄，左手可象征性地托杯底，体态微微前倾，呈鞠躬状将茶水送到客人面前，常用礼貌用语为“请用茶”。续茶水时，服务员应站在客人身后右侧续水，切忌将茶杯盖正面放在桌面上。续完茶水后，服务员用右手将茶杯把拨在45°的位置，以方便客人端执。

(5) 宴会礼貌用语。在宴会服务中，服务员应礼貌用语，做到用语准确、饱含情感、声音优美、表情自然、举止文雅。

在宴会服务过程中，在中午或晚上遇到客人时，常用的礼貌用语有“中午好”“晚上好”。麻烦客人时，常用的礼貌用语有“请稍后”“劳驾”“打扰一下”“拜托”“请您帮一下”等。表示感谢时，常用的礼貌用语有“谢谢您”“非常感谢”“谢谢您对我们酒店提出的宝贵意见”等。征询客人时，常用的礼貌用语有“我能为您做些什么”“来一杯果汁怎么样”“您喝啤酒、可乐还是矿泉水”等。在客人招呼服务员时，服务员常用的礼貌用语有“马上来”“是的”“好的”“很高兴为您服务”“这是我应该做的”等。服务员对客人表示歉意时，常用的礼貌用语有“对不起”“请原谅”“不好意思”“我真的过意不去”等。

2. 物品准备

在接到宴会通知单后，各部门应首先制订周密的计划，明确工作内容、负责人、工作时间表、要求、操作规程，并制定应急预案，然后开展具体的准备工作，最后进行全面检查。

1) 宴会部准备工作

(1) 从管家部领取所需数量、规格的各类餐具、酒具及用具，擦拭干净，检查物品是否完好无损。

(2) 制作席卡、台号牌、挂画、摆件，有时还要准备国旗或桌旗。

(3) 准备餐桌、餐椅、边台(服务台)、讲台、接待台、沙发、茶几等，有时还需准备礼品、特殊饰品、主题宣传品、纪念品，制作印刷品(节目单、菜单、场地台型图、席次图、主要出席人员名单、主宾讲话稿等)。铺地毯，做好卫生清扫工作以及宴会前的其他准备工作。例如，客人需要布展，应提供布草。

(4) 准备绿色植物、装饰花、花篮、盆景、屏风、灯具、蜡烛等物品。

(5) 准备服务员的工装。

(6) 准备餐车、加热保温固体酒精炉、分餐与备用餐具等物品。

(7) 准备各种饮料、酒水和茶。

(8) 擦拭杯具和餐具。擦拭杯具和餐具的程序如下所述。

擦拭杯具时，首先，准备专用的擦布，用冰桶打热水。其次，把杯子放进热水里沾湿，用右手把专用擦布完全塞在杯子里，双手转动把杯子里外擦干净。最后，检查无污后，将杯具放在专用的容器内，使用专用的杯筐保存，如有破损应送还管事部。应注意不要在客人面前擦杯子，只能在专门的区域内进行。

擦拭餐具时，首先，准备专用的擦布，用冰桶装热水。其次，用左手把餐具放入热水中，用擦布一头包好餐具的把柄，用擦布的另一头把餐具擦干净，放入事先准备好的容器内。最后，检查是否有破损餐具，并使用专门的容器运送。应注意所有工作只能在专门的区域内操作，不要在客人面前擦餐具。

2) 厨房部准备工作

(1) 行政总厨对人员进行安排和分工，由厨师长、厨师具体负责宴会菜品的粗加工、细加工、切配、烹饪、理盘工作。

(2) 准备原料、配料、调料、切配刀具、相关炉灶设备。

(3) 西餐厨房准备蛋糕、西点。

(4) 对食品加工场所进行卫生消毒，保证食品安全。

(5) 制定食物烹制所要遵循的原则，主要内容如下所述。

① 在使用前和使用后应对所有设备进行消毒，擦净所有接触生肉的地方。

② 用自来水彻底清洗食物，尤其是蔬菜和水果，以减少化学药物残留。

③ 在烹制前不要清洗生鸡肉，减少鸡肉与工人的双手、工作台、清洗槽和厨具交叉污染的风险。

④ 在烹制或准备之前，应将食材冷藏存放。

⑤ 用温度计检查肉类食材的内部温度。牛肉应烹制到55℃，猪肉应烹制到66℃，鸡肉应烹制到74℃，所有重新加热的饭菜应加热到74℉。

⑥ 要将鸡蛋、牛奶和黄油冷藏，特别是当有食物浸到里面的时候。

⑦ 控制剩余饭菜的数量，并在6小时之内将所有食物冷却到45℃，然后密封好，绝不能把剩余饭菜和新鲜食物混合在一起，即使是进行冷冻或用蒸汽锅加热时也要分开。使用带盖的专用存放容器，不要使用其他类似容器。

⑧ 在工作台上禁止吃东西、喝酒和抽烟。

⑨ 切忌在室温下融化食物。

⑩ 为避免交叉污染，应使用不同菜板切生食和熟食。每次用完后，应对菜板进行消毒。

3) 公关部准备工作

(1) 准备公告牌、横幅和指示牌。

(2) 会同宴会部确定宴会主持人、司仪、礼宾小姐。

(3) 与宾客商定开宴前的祝酒仪式、席间各种社交活动，为客人提供帮助。

(4) 做好宴会厅出入走廊的装饰工作。

(5) 整理客人的客史档案。

4) 工程部准备工作

(1) 检查宴会厅灯光、音响、麦克风、背投、幻灯、液晶电视、卡拉OK、插座、空调设备、幕布、消防器材的配置和运行情况。

(2) 检查电源，配备电源插排。

(3) 指派音响师准备背景音乐和席间音乐。

(4) 指派灯光师按照宴会仪式调节灯光。

5) 保安部准备工作

(1) 制定发生意外紧急情况时疏散现场人员的应急预案。

(2) 检查防火、防盗及各种监控设施的运行情况。

(3) 预留停车位并制定管理方案。

6) 财务部准备工作

指派财务人员收取宴会结账的金额，准备发票。

7) 管家部准备工作

管家部管理、使用布草的步骤和方法如下所述。

(1) 盘点。具体包括以下方面。

① 到财务部领取新盘点表，将宴会厅所有布草统一存放在一个厅内，按类摆放，并盘点。

② 注意对正在使用与送布草房洗涤以及外借布草的盘点。

③ 准确记录布草盘点数目，记录流失与破损布草数目。

④ 要不定期地在大型活动后，针对此次活动使用的所有布草进行盘点。

(2) 使用。具体包括以下方面。

① 员工不能随意堆放布草，使用过的布草必须放在布草车内，未使用的布草放回指定位置。

② 员工要爱护布草，尽量延长布草的使用寿命。

③ 在摆台以及使用过程中，若发现有破损布草，要及时更换或修补；不能修补的布草，则报损后转作其他用途。

④ 如果客人损坏布草，视情况和损坏程度按酒店相关规定索赔。

(3) 换洗。具体包括以下方面。

① 使用专用布草车，将脏布草送至布草房。

② 认真清点送洗和取回的布草数目，准确记录。

③ 布草要及时送洗，不可以留过1日后再送洗。

(4) 保管。具体包括以下方面。

① 日常使用的布草，需整齐分类存放。

② 不经常使用的布草，要做好防潮、防虫的处理。

③ 对存放的布草进行分类并贴好标签，制作布草区域分布图(可注明各类布草库存数量)。

④ 布草应有专人负责，全体员工共同维护。

8) 花房准备工作

准备大型绿色植物，餐桌上的装饰花，讲台上、接待台上、花台上的花束，有时还要为客人准备胸花。

9) 人力资源部准备工作

为宴会招聘临时工，组织体检，制定培训管理方案并对体检合格的计时工进行培训，向员工明确地说明卫生标准和工作规定，提供工装制服。

10) 美工冰雕部准备工作

准备原料制作大型冰雕、花篮，以营造宴会气氛。冰雕的形状复杂且雕刻和移动需要费很多工夫，因此，大型冰雕只能在冰室里或者在冷冻库里制成，可以做成碗、托盘、香槟酒杯的形状。花篮可以做成水果花篮，可以将西瓜雕刻成盛器，放入鲜菠萝、葡萄串以及其他水果，能给人一种新鲜感，而且色彩非常艳丽，易成为餐桌焦点。

11) 酒吧准备工作

准备各种饮料、酒水和茶叶。

12) 前厅部、康乐部准备工作

(1) 准备为客人提供咨询服务，准备安置客人行李和随身携带的重要物品的寄存箱。

(2) 准备换装房、钟点休息房、蜜月套房。

(3) 准备向下榻的VIP客人提供的果盘、鲜花等。

(4) 准备供客人休闲用的麻将桌、棋牌、KTV设备等。

3. 场地布置

(1) 按照宴会场景设计要求，首先对宴会场地进行清扫，通风换气，保持宴会厅空气清新。然后对背景墙进行装饰，悬挂横幅，突出宴会主题，在舞台周围摆放鲜花、绿色植物，铺红地毯，安装各种音响设备，调试宴会厅灯光，协调宴会厅的整体色彩。最后根据宴会厅大小和季节变化，调好室内温度、湿度。一般情况下，夏季室内温度为22℃～24℃，冬季室内温度为18℃～22℃。

(2) 摆放餐台、餐椅，根据宴会人数确定宴会桌数。确定宴会主桌的位置，突出主桌或主宾席区，并使其他桌排列整齐、间距适当。在宴会厅的边墙处，摆放2～3组工作台，留出主辅通道。在摆放餐椅时，确定主人位和主宾位，主宾位应排在主人位的右侧。

此外，在舞台中间或舞台右侧摆放讲台，在宴会厅门口右侧摆放签到台，在宴会厅内距门比较近的位置有时可搭设酒吧台。

(3) 在进行宴会摆台时，应按照宴会菜单设计要求，在开宴一小时前铺台布，围台裙，放置转台，摆放餐具、酒具用品、装饰花。

(4) 在宴会厅门口处摆放宴会台型布置平面图和指示牌，在酒店前厅处摆放另一个指示牌。

4. 安全准备

(1) 保证人身财产安全。保安部应为宴会客人安排停车车位，应保证宴会厅大门及门锁的正常使用，餐桌、餐椅要牢靠，各种报警装置应调试正常；应保证消防通道、紧急出口畅通，消防器材齐全，各种电器的电路插座配备适当；应告知客人不许带易燃易爆物品。保安人员要配备相应的对讲机、手机等通信设备，有异常情况应即时逐级报告，避免影响宴会气氛。

(2) 保证食品安全。按正确的程序进行卫生消毒能节省金钱、时间，有助于食品安全、改进食品质量和服务。培训员工时应说明卫生标准和规定，督促其养成良好的个人卫生习惯。员工在值班前必须穿上制服，厨师长、厨师及厨房其他人员都应穿白制服。所有厨房员工都应准备帽子和发网。在处理和端食物之前要仔细洗手，每天洗澡并使用无香味的浴液。上班时双手要一直远离脸和头发。经常刷牙并使用灭菌漱口水，必须一直保持一尘不染的个人卫生状况。如需包扎皮肤上的刀伤或划伤等暴露的伤口须向上级报告，上班时受到任何伤害要立即向主管报告，如患咳嗽、感冒或其他可传染的疾病要向主管报告，发烧的员工一律不得工作。禁止随地吐痰。

8.1.2　中餐主题宴会的全面检查工作

1. 检查所有接受任务的宴会员工的工作

由酒店副总经理、宴会部经理、宴会销售经理、宴会主管组成领导小组，按部门检查所有参加宴会工作的员工工作，检查配备员工的情况。

2. 物品准备是否齐全

领导小组检查是否准备好服务用的各种托盘，是否把餐具分类整齐码放在大托盘中备用，是否把各种玻璃器皿、瓷器整齐码放，以免碰撞，是否备齐各种用具。

3. 场地情况

领导小组检查宴会厅出入口通道是否通畅，场地台型是否合理，舞台布置是否符合要求，餐桌、餐椅是否稳妥，桌卡号是否排列正确，席卡是否拼写正确。

4. 检查设备

领导小组检查视听设备、其他设备是否完好。

5. 检查主桌及主人位的安排

领导小组检查主桌及主人位的安排是否合理。

6. 安全检查、消毒检查

安全检查、消毒检查工作主要包括以下内容。

(1) 食物必须出自有关部门规定的渠道，并应当使用卫生合格的正品原装容器，必须贴有正确的标签并可辨认。在存放、准备、展示、摆放和运输食物的过程中，所有可能导致危险的食物必须存放在有温度控制的区域，必须有相应的设备来保持产品的温度。冷冻食物必须采用正确的流程解冻。食物容器必须离地面存放。应尽可能降低食物搬运次数及搬运量。分盛食物的用具必须正确存放。有毒物品必须正确地存放、标注和使用。

(2) 禁止患病的员工工作。酒店应为员工配备洗手的设施、干净的外衣和能有效罩住头发的东西。督促员工保持良好的个人卫生并且禁止吸烟。

(3) 正确维护和清洁与食物直接接触的设备和用具的表面，避免使用木制切肉的墩子。柜台的表面必须保持干净，不接触食物的台面也应合理安装和维护。应当正确地存放和分发一次性物件并且不得重复利用。洗碗碟设备必须经过批准后方能设计并且应由专人合理安装和维护。必须正确清洗瓶罐，保证上面没有油污和积淀的灰尘，应使用干净的海绵和清洁布。所有用来清洗的水必须干净并且温度适中，所有的机械清洗设备都必须配有温度计。清洗时，只可使用经批准的化学去污制品。

(4) 水源应充足并安全。必须正确处理废水和污水，应配备排污水设施。管道必须按规定正确地安装和维护，避免交叉连接、倒吸和倒流的情况发生。

(5) 洗手间设施应完备、使用方便且保证足够的数量。应设有能自动关闭的门和必要的装置，并且装置应干净完好。酒店应提供相应的洗手设备和消毒毛巾，或经批准的干手机，同时还应配有卫生纸和垃圾桶。

(6) 应有足够数量的、合格的容器盛放垃圾，这些容器应当有盖，能防止啮齿类动物啃咬并且保持清洁，还要放在一个规定的区域内。必须正确地建设封闭的垃圾室，而且要经常清理其中的垃圾。

(7) 必须保证宴会厅内没有昆虫和啮齿类动物出现，可以定期安排除虫或根据需要除虫。对于外部空间，必须防止昆虫和啮齿类动物进入。

(8) 地板安装应符合要求，保证使用状况良好，保持干净。清洁地板时，应按材质的不同对地板进行分类，选用正确的方法风干。地板和墙壁应当完好地连接。垫子应可移动，并保持清洁。必须使用无尘的清洁方法对地板进行清洁，而且要正确存放清洁设备。

(9) 保证现场有充足的照明，而且照明设备必须保持干净。

(10) 确保食物的烹制和存放区域及其他有关区域没有蒸汽和烟味。所有房间和设备罩都必须按要求安装通风管。

(11) 配备足够大的更衣室，所有设施必须保持干净，更衣室应配锁，以保证财产安全。

(12) 宴会现场不得有垃圾、昆虫和啮齿类动物的藏身处以及无用的东西。

(13) 正确放置干净和脏污的衣物。

(14) 除了警犬之外，不允许饲养鸟、龟和其他动物或宠物。

实训

知识训练

(1) 在宴会开始前宴会部需要做哪些准备工作？

(2) 除了宴会部以外，其他部门应做哪些准备工作？

(3) 为什么要对宴会准备工作进行全面检查？

(4) 应对宴会服务人员进行哪些方面的培训？

能力训练

根据项目3任务3.2能力训练中的案例3-3、案例3-4的相关资料，分析在婚宴、寿宴开始前应做好哪些准备工作，并列出所需物品的清单。

学生参与一次酒店大型宴会的服务工作，掌握宴会准备工作的流程。

案例8-1：借冰

最近，某酒店生意火爆。连续多天的超负荷工作使餐饮主管小张精疲力竭，交接班时，他匆匆地询问了工作情况后，就回家休息了。当天下午5点，小张上班时，被告知晚上又有一家企业将在这里举办欢送晚宴，大家紧锣密鼓地做准备工作。开宴前，一个棘手的问题出现了——为客人准备的冰块不多了。此时正是8月上旬，天气酷热难当，每桌的啤酒和冰块的消耗量都很大，在中午接待完上一批客人后，制冰机里的冰块就所剩无几了。小张顿时想到中午闭餐时自己实在粗心大意，未能仔细盘点冰块，下午上班时也未能认真核对，现在客人急需冰块怎么办？小张想到了海鲜池里冰冻海鲜的备用冰块，于是他让服务员找来了海鲜池里的备用冰块给客人送了上去。小张抱着侥幸心理以为可以应付过去，哪知很快就接到了晚宴客人的投诉。最终，小张因“借冰”受到了酒店的处罚。

资料来源：腾宝红. 宴会服务员岗位作业手册[M]. 北京：人民邮电出版社，2008.

分析案例请回答：

小张为什么会受到酒店的处罚？他违反了哪些操作规程？

案例8-2：庄小姐的晚宴

一个雨天的晚上，庄小姐和男友到北京某四星级饭店的西餐厅用餐。进入餐厅后，庄小姐随手将雨伞靠在座椅旁，又将手提包挂在椅子的后面。餐间，两人聊得很热烈，没有注意到有人已经盯上了她的手提包。

餐厅内客人很多，服务员非常忙碌，庄小姐与男友用完餐并付清账款后，便匆匆离去，忘记拿雨伞和手提包。离开十几分钟后，庄小姐想打电话，这才发现手提包不见了，两人急忙开车回饭店寻找。手提包中有两万多元现金、手机及证件等物品。两人赶到餐厅时，发现刚才的座位已经有人在用餐，雨伞和包都不见了。庄小姐焦急地询问服务员，服务员说翻台时没看到，并报告餐厅经理。为了不影响其他客人就餐，他们来到休息室并请来保安部人员、当事服务员一起回忆。初步认定，庄小姐用餐时服务员确实看到她的包，但翻台时未见，便以为他们带走了。在他们离开的同时，还有两位高大的男士提包离店。认定这些基本情况后，饭店协助庄小姐报了案。庄小姐离开饭店时，苦笑着对男友说："看来以后要找一家不会丢钱的地方吃饭了。"

资料来源：姜文宏，王焕宇. 餐厅服务技能综合实训[M]. 北京：高等教育出版社，2004：123.

根据案例回答下列问题：

保安部应怎样确保客人人身及财产的安全？案例中酒店应负什么责任？

素质训练

学生通过案例分析、实际操作、社会实践，能更加清楚宴会工作的系统性和复杂性。在宴会服务过程中，只有树立诚信意识，才能完成宴会这项"系统工程"，从而兑现在接受预订时对客人许下的承诺，进而维系酒店形象。

学生在课程实训中或作为志愿者参加酒店宴会服务，了解宴会服务与管理的流程，积累实践经验。

小资料

手势面面观

1. 不同手势的寓意

在不同民族、不同国家，相同手势寓意不同。如果不了解当地的手势使用习惯，不仅难以让人理解，还易产生误解。

(1) 伸出右手，拇指与食指合成圆圈，其余手指伸直。这一手势在英美表示"OK"；在日本表示要钱；在法国表示"零"或"毫无价值"；在泰国表示"没问题"；在巴西表示粗俗下流。

(2) 掌心向下的招手动作。在中国表示招呼别人过来；在美国表示招呼狗过来。

(3) 竖起大拇指。在一般情况下表示顺利或夸奖别人，但也有很多例外，在美国和欧洲部分地区表示要搭车；在德国表示数字"1"；在日本表示"5"；在澳大利亚表示骂人。

2. 禁忌的手势

除了应了解同一手势在不同国家和地区的寓意以外，还应了解在日常交流中一些为人禁忌的手势。

(1) 失敬于人的手势，包括掌心向下摆动手臂，勾动手指招呼别人，用手指指点他人，掌心向下用手指敲打桌子等。这些手势均有指责、教训、指挥之意，尤为失礼。

(2) 不卫生的手势，包括在他人面前挠头发、掏耳朵、剜眼屎、抠鼻孔、剔牙齿、抓痒痒、摸脚丫等。这些手势极不卫生，令人生厌，为不当之举。

(3) 不稳重的手势，包括在众人面前说话时指手画脚、推推搡搡、咬指甲、捋头发等。这些手势令人感到烦躁和忙乱。

任务8.2　中餐主题宴会服务流程设计

引导案例 | 卖三盘赔三盘

中午时分，某酒店座无虚席，VIP包房和大宴会厅都已安排了宴会。服务员小沈负责5个VIP包房的值台，每个包房分别有一桌客人。传菜员小李托着本酒店的特色菜红烧大花鲢(380元/条)走进了第一间VIP包房，服务员小沈马上把这道菜端上了餐桌。接着，小沈又把传菜员送来的第二盘、第三盘红烧大花鲢送到第二间、第三间包房的餐桌上。过了一段时间，传菜员小李到包房把小沈叫到门外，说："红烧大花鲢这道菜上错了，应该是大宴会厅主宾席区的三个餐桌的菜。"小沈马上看了一下VIP包房餐桌上的红烧大花鲢，发现客人已经吃了一部分。她对小李说："还有两间包房没有上这道菜，客人感到很不满意，赶快做吧！"而大宴会厅主宾席区三个餐桌的客人因为一直没有等到这道菜，找酒店经理投诉。最后，酒店经理只好道歉，并让厨房又做了三盘红烧大花鲢送到大宴会厅的主宾席区。

根据案例回答下列问题：

(1) 在宴会上为什么会出现这样的错误？

(2) 服务员、传菜员违反了哪些操作规程？领班、宴会部经理应负哪些责任？

(3) 从这个案例中你得到哪些启示？

案例分析：

(1) 在宴会中出现这种错误的主要原因：一是在宴会开始前没有对宴会服务员进行宴会服务流程培训；二是传菜员和服务员之间分工不明确。

(2) 传菜员在传菜时必须核准传菜单的桌号、传菜地点，服务员接到传菜员送来的菜后应首先与本包房客人的菜单进行核对，如发现不符应立即通知传菜员。在这个过程中，领班、宴会部经理没有及时进行监督和指导，造成了无法弥补的损失。

(3) 这个案例告诉我们，在宴会服务中一定要按照服务流程进行操作，不能有半点疏忽。

相关知识

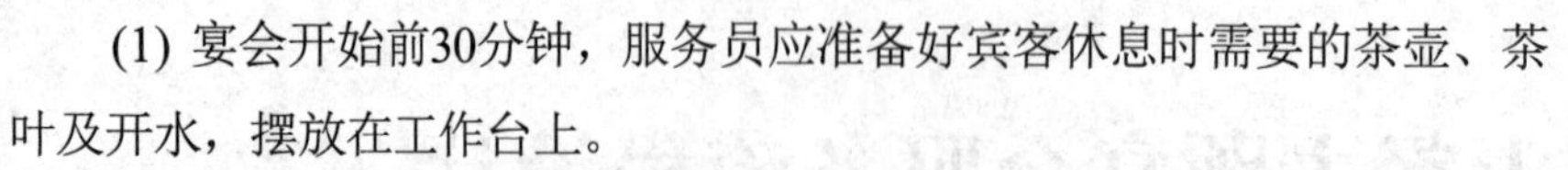

8.2.1 中餐主题宴会开宴前的准备工作

(1) 宴会开始前30分钟，服务员应准备好宾客休息时需要的茶壶、茶叶及开水，摆放在工作台上。

(2) 领回酒水后应将酒水瓶擦拭干净，整齐摆放在工作台上，商标朝外。红葡萄酒瓶需平放在酒篮里。

(3) 在宴会开始前15～30分钟把冷盘摆设在转台上，冷盘摆设要对称，荤素、色彩搭配应合理。斟倒好酱醋瓶并摆放在工作台上。

(4) 提前30分钟开启宴会厅内所有的灯。

(5) 再次检查服务人员的仪容仪表。

(6) 站位迎接宾客。

在开餐前10分钟，领位员应站在门口迎宾。值台员应站立在各自服务的餐桌旁，面向门口。其他服务员应站立在各自的岗位上，面带微笑迎候客人到来。客人到来时，服务员应面带微笑向客人打招呼，常用礼貌用语为“先生您好，欢迎光临”，并尽可能称呼客人的姓名。然后由领位员把客人引领到指定的休息室。客人如有物品需要寄放在衣帽间，管理员应在寄放物上挂一个号码牌，然后将同一号码的副牌交给客人以作收据，客人离去时再凭副牌领回寄放物。有些宴会在宴会入口处设有接待桌，以供客人办理报到、签字等手续。

8.2.2 中餐主题宴会就餐前进行的活动

当客人到来后，一般不会马上就餐，而是先参加由主人举办的一些活动。如餐前鸡尾酒会、见面会、合影留念等，有时还要接受新闻媒体记者的采访，举行签字仪式等，这些活动应在就餐前30分钟进行。如举办餐前鸡尾酒会，宴会部酒吧应提供调制好的鸡尾酒，还应配备两个服务生提供添杯服务和提供鸡尾小点服务。如举办其他活动，宴会部首先要安排一个专门的会议室，布置宴会场景，摆放活动需要的桌子、椅子以及相关设备。

8.2.3 中餐主题宴会就餐服务流程设计

1. 客人入席

(1) 当客人走到座位旁，值台员应将椅子拉开一臂距离让客人站在餐位前，然后将椅子向前推，让客人舒适地坐下，及时送上迎宾茶，并根据就餐人数增减餐椅。

(2) 为客人递上第一道毛巾。服务员从毛巾箱中取出蒸好的毛巾并确保毛巾的温度、湿度适宜，把毛巾放入毛巾托内，将毛巾托放在托盘内，根据“女士优先，先宾后主”的原则从客人的右侧开始，把毛巾托放在底盘的右侧。当客人用过毛巾后，服务员经客人同意后方可撤下毛巾。在这一过程中，常用的礼貌用语有“请用毛巾”“对不起，先生(女士)，我可以撤走毛巾吗”等。

(3) 铺餐巾，撤筷套。服务员按照“女士优先，先宾后主”的原则，站在客人的右侧拿起餐巾，将餐巾轻轻打开，右手在前、左手在后，将餐巾铺在客人腿上，并向客人指明“这是您的餐巾”，然后将筷套打开，把筷子上“××酒店”字样朝上，拿住筷子底部放在筷架上。

(4) 送上调料。 服务员在工作台上将酱油碟、酱油瓶、醋瓶放在托盘里，从主宾开始，询问客人的需求，然后按照客人要求将酱油或醋倒入酱油碟内，最后将酱油碟放在客人餐盘的左上方位置。

2. 斟倒酒水服务

(1) 根据客人要求斟倒酒水、饮料，服务员应站在主宾右后侧，先给主宾斟酒，然后按照顺时针方向依次斟酒，切忌服务员站在同一位置为两位客人同时斟酒。

(2) 宾主讲话时，服务员要站在桌旁列队立正，以示礼貌。

(3) 斟酒时应注意，葡萄酒应斟七分满，白酒应斟八分满。

(4) 宾主互相敬酒时，服务员要为杯中无酒或杯中酒量少于杯容量1/3的客人斟酒。

3. 上菜

(1) 在上菜前，应先把餐桌上的花瓶或插花、台号牌、席卡撤下。应注意上菜时动作要轻且不能使用“推”的动作，撤盘时不准使用“拖”的动作。

(2) 应按照菜单顺序上菜，一般顺序为“冷菜—羹—热菜—汤—甜菜—点心—主食—水果”。中国地方菜系很多，宴会种类多样，上菜顺序也不完全一样，在具体操作时，应更为注意。

(3) 从厨房取出的热菜应用不锈钢盖盖好，上桌后再取下盖子。上菜间隔要根据宴会进程而定。上菜速度要以主桌为准，全场统一，不许任何一桌擅自提前或延后上菜。

(4) 上菜口应选择翻译与陪客之间的位置，或主宾右手位第一陪客的右手位，将菜品放在转盘边缘，轻轻地按顺时针方向转到主宾前面，主动介绍菜名、口味特点及制作方法，有时还可以介绍菜品的历史典故，然后从主宾开始依次进行服务。

(5) 上菜时菜品摆放应注重礼节，大拼盘、头菜要摆在餐桌中间。菜品正面要对准主人位。上整形菜品时，要遵循中国传统的礼仪习惯“鸡不献头，鸭不献掌，鱼不献脊”。

菜品摆放尽量对称，以汤为中心，将菜摆在四周，并注意摆放的间距。

(6) 上汤菜时，服务员要为客人分汤。上带佐料的菜品时，要先上佐料后上菜，要一次性上齐。上带壳的菜品时，要跟上小毛巾和洗手盅。

(7) 菜品上齐后要告知客人，并询问是否还需加菜。

4. 分菜

中餐宴会服务分为餐盘服务、转盘式服务和桌边服务3种方式。

(1) 餐盘服务是指菜品在厨房由厨师按既定分量分好，再由服务员按顺时针方向依据“先宾后主”的原则用右手从客人右侧上菜，即中餐西吃。

(2) 转盘式服务是指服务员将菜品端至转盘上，再由服务员从转盘夹菜放到每位客人的骨盘上。分菜时服务员站在客人的左侧操作，按逆时针方向依据“先宾后主”的原则依次分派。

(3) 桌边服务是指服务员站在客人的右侧，先把菜品放在转台上，报上菜名，旋转转台展示一圈后，把菜品端到服务桌上进行分菜，将菜品平均分盛到骨碟上，然后将骨碟按顺时针方向依据“先宾后主”的原则从客人右侧端送上桌给所有客人。

一般情况下，中式宴会选择在服务桌上分菜的服务方式。在分菜时应注意，菜量要均匀，尽量把优质的部分分给主要客人。通常要留出两份左右以备客人添加。

5. 换烟灰缸

在客人用餐的过程中，当餐台上的烟灰缸有两个烟头时应及时撤换。在撤换时，应把干净的烟灰缸放在托盘内，用干净的烟灰缸盖住桌上的烟灰缸，一起拿下后再把干净的烟灰缸放在餐桌上，以防烟灰扬起污染食物。

6. 撤换餐具

在进餐过程中，应根据宴会规格相应更换客人的餐盘。在普通宴会中，不必每道菜都更换餐盘，但当客人在上热菜前吃过冷菜、汤菜、鱼腥味食物、辣菜及甜菜时，餐盘或小汤碗要更换。换餐盘时，如餐盘中还有未吃完的食物，应征求客人的意见，如客人表示需要，则可稍后再换餐盘或将食物并入新换上的餐盘中。在高档宴会中，要求每上一道菜便换一次餐盘。一般宴会的换盘次数不得少于3次。宴会服务员应在客人右侧撤换餐具。在上水果前，应把酱油碟、小汤碗、小汤勺、筷子、银勺、筷子架一同撤下。

7. 更换毛巾

与第一次上毛巾一样，在上带壳的菜品时，应随上第二条毛巾。在客人吃完水果后，应上第三条毛巾。对于客人用过的毛巾，应及时用毛巾夹取走撤下。一般宴会每上两道菜便更换一次毛巾。

8. 服务水果

服务员上水果时，应先将甜食叉摆放在看盘的右侧，然后将水果盘从客人右侧放在看盘上。客人用完水果后，从右侧将水果盘、甜食叉、垫碟一同撤下。

9. 服务茶水

服务员上茶水时，应将茶杯摆放在客人面前，然后将热茶水从右侧倒入杯里。

10. 签单结账

服务员应把宴会标准、人数、消费的酒水总数以及菜单以外的各种消费准确无误地填写在账单上，并计算出总数，送到收款台，与收款员进行核对。当核对相符后，服务员应将账单放在账夹内，站在主人右侧，双手递给主人，并轻声附上“对不起，这是您的账单”。如果主人看不清总金额，服务员可以将总数读给主人听，但不得让其他客人听到。主人核对后签单或付款，服务员把账单送到收银台，取回收据，迅速将收据交给主人，并附“谢谢，欢迎下次光临”，同时还应就本次宴会征求客人的意见，并认真记录在客人意见簿上。

11. 征求意见

服务员上完水果后应征求客人对菜品及服务的意见，并感谢客人提出宝贵意见，然后及时将客人意见转告上级领导。

12. 送客

宴会结束时，服务员要拉椅引导客人离座，并微笑致谢。客人离座时，服务员应迅速查看客人有无遗留物品，如有遗留物品，服务员应迅速交还客人，并当面同客人核实清楚。当客人欲离开时，服务员应帮助客人取递衣帽，并帮助其穿戴，最后应站在桌旁礼貌地目送客人离开并致谢。

13. 收台检查

在客人离席后，服务员应检查台面上是否有未熄灭的烟头，是否有客人遗留物品，如有客人遗留物品，应立即交给酒店前台领班，经核实后，将遗留物品登记单回联收好，做好交接记录。然后立即清理台面，按照先清理餐巾、毛巾、金器、银器，后清理酒水杯、瓷器、筷子的顺序分类收拾，放在餐车上。贵重物品要当场清点。

14. 清理现场

所有餐具用具要恢复原位，摆放整齐，并做好清洁卫生工作，以保证下次宴会的顺利进行。同时应清点特殊的陈列品、装饰品和设备，把从各部门借来的材料和设备归还原部门。

15. 全面总结

清理完毕，领班和主管应总结当天宴会工作的经验和教训，征求客人和主人的意见，向服务员了解情况，写出书面材料，连同宴会预订资料、宴会设计资料、服务员名单、宴会营业收入明细表、特殊情况处理结果等资料一并归入宴会客史档案。

8.2.4 主题宴会服务中的特别注意事项

主题宴会服务中的特别注意事项包括现场服务督导、背景音乐和席间乐曲设计、意外情况处理、宴会物品管理、宴会酒水管理、加工和摆放食物安全、宴会结账。

1. 现场服务督导

在宴会即将开始时，由领位员引领客人进入休息室或宴会厅餐桌席次。这个时段是宴会服务过程中最紧张、最繁忙的时候，主管、领班应有序指挥领位员、服务员，并与他们密切配合，共同做好接待服务。

宴会酒水服务具有很强的技术性，正确、迅速、简洁、优雅的酒水服务可让客人得到精神享受。在宴会开始前10分钟之内要把酒水斟倒在客人杯子里，负责指挥的宴会经理、领班要巡视靠正门口右边的吧台，指挥服务员迅速托盘斟酒。

接下来，宴会经理、领班还要督导服务员经常观察和留意酒水的消耗量，某些酒水将近用完时，应及时派人到酒吧取酒，以保证供应。

在宴会结束时，宴会经理和领班应督促服务员对照宴会酒水销量表，认真清点酒水瓶，点清所有酒水的实际用量，立即统计出数字，交给客人核对后，送交收款员结账。

在提供上菜服务时，服务员应听从宴会经理的统一指挥，按照上菜顺序和上菜时间间隔走菜、上菜，避免错上、漏上。应掌握好上菜速度和节奏，太快显得忙乱，客人还没有品尝到菜品的味道，就又上了下一道菜品，导致满桌子的菜盘层层叠叠；上菜太慢又会使宴会客人处于等待状态，破坏宴会的气氛，造成尴尬局面。所以宴会部经理和领班应时常巡视宴会各个餐桌菜品的消耗量、厨房生产状况，并协调厨师、传菜员、值台员之间的工作，保证宴会服务顺利进行，满足客人的要求。

在撤换餐盘、汤碗、烟灰缸、小毛巾以及客人有特殊要求时，由于服务员有时照看不到，宴会经理和领班要督导服务员及时服务。

2. 背景音乐和席间乐曲设计

背景音乐和席间音乐是宴会服务过程中不可缺少的服务项目。音响师在后台按照宴会议程播放背景音乐，应注意先后顺序。不同主题宴会选择的背景音乐也不同，应根据客人要求选择乐曲。各段席间音乐的选择要配合宴会各项活动的内容，席间音乐的长度最好控制在2分钟之内。背景音乐和席间音乐的播放音量要适中，使宾主既能听到乐曲又不影响交谈。宴会经理和领班巡视宴会现场时，应注意背景音乐和席间音乐的播放顺序、播放音量，随时督导音响师调换曲目。

3. 意外情况处理

宴会现场人多、工作量大，难免出现各种状况，如翻盘、碰翻酒杯、滑倒、客人要求换菜、点完的菜要求退菜、客人携带的物品丢失、客人人数超过预订人数、客人食物过敏、客人喝醉酒吐了、客人借酒生事、宴会厅突然停电、客人烟头未掐灭扔到地上引起报警器鸣响等。因此，需要宴会经理和领班在现场指挥工作。对于服务员的失误，不要当客人面批评；对于客人的特殊要求，尽量给予满足；对于突发事件，要按照预案程序来处理，并把处理的措施和办法写成书面材料存档，以备日后查询。

在处理客人投诉时，应首先倾听客人的陈述，然后表示歉意，接下来应同客人协商解决问题的办法、酒店采取的措施以及确定问题能在何时解决。如果问题得以解决，服务员可联系客人，询问是否满意，了解客人还需要什么服务；如果客人仍感不满意，应联系宴会部经理出面解决。

4. 宴会物品管理

宴会物品包括电器设备、餐具、装饰物、家具、布草。根据宴会的举办要求，这些物品在宴会开始前应准备好，并列出清单。

在宴会进行过程中，应正确使用电器设备，做到谁使用、谁保管、谁负责，以保证宴会的顺利进行。

对于餐具的管理，应采用常借常还的方式。在宴会现场应检查和监督借出的餐具是否如数归还，并及时统计本次宴会活动损耗的数量。对贵重餐具的遗失或损耗，要及时追究有关人员的责任，正常损耗率应在5‰左右。

装饰物、家具在搬运过程中容易损坏，在宴会结束时，应安排专人负责运送到库房。

布草在宴会中消耗很大，要有专人负责送洗脏布草，以便清点数量，并及时统计本次宴会损耗数量。布草管理流程分为以下4步。

(1) 盘点。服务员到财务部领取盘点表，将宴会厅所有布草统一放在厅内，按类摆放，并进行盘点；注意对正在使用与送至布草房洗涤以及外借布草的盘点；准确记录布草盘点数目，记录流失与破损布草的数目；要不定期地对大型活动使用的所有布草进行盘点。

(2) 使用。服务员不能随意堆放布草，使用过的布草必须放在布草车内，未使用的布草应放回指定位置。服务员要爱护布草，以延长布草的使用寿命。服务员在摆台以及使用过程中若发现有破损布草，要及时更换，破损布草要及时修补，不能修补的则在报损后转作其他用途，如可改造成托盘垫或净布。如发现有客人损坏布草，应视情况和损坏程度按酒店相关规定索赔。

(3) 换洗。服务员应使用专用布草车，将脏布草送至布草房；认真清点送洗和取回的布草数目，并准确记录。布草要及时送洗，不可以留过一日后才送洗。

(4) 保管。日常使用的布草，需整齐分类存放；不经常使用的布草，要做好防潮、防虫处理。存放布草的货架需制作布草类别标签，并制作布草区域分布图(可注明各类布草库存数量)，需派专人负责，全体员工共同维护。

5. 宴会酒水管理

宴会酒水是由宴会酒吧来管理的。在宴会进行过程中，主要应关注为客人提供酒水的数量和质量以及结账服务的管理。宴会酒吧根据营业形式和收款方式的不同可分为三种：一是现金酒吧。在大型宴会中，参加宴会的客人取用酒水，需要随取随付钱，宴会主办单位不负担酒水费用。二是赞助酒吧，即客人取用酒水饮料不用付钱，酒水费用由主办单位承担。三是一次性结账酒吧，即客人在宴会进行过程中，可随意取用酒水饮料，所有费用在宴会结束时由东道主一次性结清。在宴会中，主要采用量杯量度、酒瓶计量表、电子饮料配出系统等工具，以控制酒水的数量和质量。

6. 加工和摆放食物安全

任何在危险区(45℉～140℉)存放超过2个小时的食物必须扔掉，所有熟食均应放在140℉以上的环境之中。防止过分烹制、再加热食物以及食物浪费的关键是控制时间。为避免服务员的双手接触食物，服务时应使用长柄勺和夹子。对于含有奶油的烘烤类食物，服务员应提醒客人在冷却后尽快食用。应用保温设备保持食物温度，上菜时温度为140℉。服务员要经常洗手，不应接触客人的口直接接触的碟子、玻璃杯和其他器皿的部分。端盘子时应托住底部，拿银器时应拿住把手。绝对不要保留掉在地上或剩在盘中的食物，也不要保留客人用过的任何东西。应使用罐装且未开封的奶制品。在自助服务台上应放置防止客人打喷嚏的装置，食物量要少并且要经常添加。在摆放玻璃杯、器皿和食物时，要使客人只能接触他们所拿的物品或食物而不触碰其他物品或食物。

7. 宴会结账

1) 准备阶段

(1) 在宴会、会议过程中应与主办人进行简单交流，便于结账。

(2) 按照任务单收费内容所示收费项目收费，并注意任务单以外的收费项目，须到收银处打印账单。

(3) 书写标准的“宴会菜单”，注意宴会厅与其他餐厅的区别。“宴会菜单”包含以下内容：①每项收费内容的明细；②每项收费内容的单价和总价格；③账单总费用(每页总费用)。

(4) 与收银员核对账单内容，同时查阅该活动押金是否到账，准备结账。

(5) 将账单放入账单夹，账单夹内包括：酒店宣传页，带有酒店标志的圆珠笔，账单。

2) 结账阶段

(1) 将账单交给客人，并解释明细，注意礼貌用语。

(2) 与客人确认结账方式，将客人领至收银处。

目前，常见的结账方式有以下4种。

① 现金结账。核对现金数额，与客人核对无误后，结账。为避免由现金真伪难辨以及数额不符所造成的损失，一定要将客人带到收银处。

② 信用卡结账。应查看信用卡有效期，然后将客人带到收银处刷卡。有些卡还需要客人出示身份证，刷完后，将卡单交给客人，并核对签字。入账后，将卡单底联、信用卡、证件还给客人。使用信用卡结账时，应了解酒店财务收卡的种类。

③ 支票结账。将支票交于收银处确认，并向客人索取名片或联系方式，复印客人身份证件。支票只能用碳素笔书写，不可以涂改。支票结账不可以提现金余额。

④ 挂房账结账。请客人在账单上用正楷字体签署姓名，用英文书写体签署房间号码。打电话到前台确认客人是否已经退房，是否有足够的押金，然后迅速将账单挂进房账。房账不可以开发票。

(3) 结账。无论采用哪种结账方式，都需要客人在账单上签名。应注意客人一笔账单用多种方式结账的情况，应陪同客人处理账单直至完毕。

(4) 开发票。索取客人公司名头，建议客人开前台发票(会议费、房费)，然后索取开发票联账单，到前台为客人开发票，也可以请客人同去前台。若客人开餐饮发票，则在收银处为客人开好。若客人当时不开发票，则将开发票联账单交给客人，并告知客人1个月内有效。

3) 结账后工作

(1) 收好宴会菜单留存联。

(2) 索取宴会账单留存联。

(3) 若会议需持续多天，应做好当天账单的交接工作。

(4) 将宴会菜单留存联、宴会账单留存联存入文件夹内。

(5) 将结账情况告知领班，并记录在工作日志簿上。

8.2.5 会议及会议茶歇服务流程设计

1. 会议服务流程设计

(1) 会前准备工作。在会议开始前1小时打开会议室，根据要求准备会议用品，如冰水、热水、签到台、指示牌等，最后根据任务单做全面检查，确认物品齐全后，站位迎宾。

(2) 客人到场。客人到场后应第一时间确认组织者是谁，并向客人作自我介绍(如我叫×××，是宴会厅的服务员，今天您的会议由我来负责，有任何需要您可以直接联系我)。确认组织者便于在会议期间及时解决问题，也便于会后结账；向客人介绍自己便于与客人及时沟通，为客人提供更好的服务。还应确认会议所用的音响设备并联系工程部，与组织者确认会议的开始时间及结束时间，询问组织者在会议进行期间还需要提供哪些服务等。

(3) 会议开始。会议开始后，服务员应站立在会议室的门外，以便于客人在第一时间能联系到服务员，随时提供服务，如开门、关门、加水、提供会议用纸、提供椅子等。在会议期间应避免出现非会场内产生的所有杂音，以免打扰开会的客人。

(4) 会议结束。会议结束后，服务员进入会场检查所有设备是否完好无损，联系组织者并带组织者到收银处结账，待客人离开后即可清理会场，检查设备，避免损失。

2. 会议茶歇服务流程设计

(1) 服务人员应在茶歇前15分钟做好准备工作，确保所有物品已就绪。

(2) 应使用标准礼貌语言，为客人指引茶歇位置和提供饮品和食品的区域。

(3) 准备干净托盘并垫好垫布，用托盘收集客人用过的餐具和垃圾并倒入垃圾桶。

(4) 及时收回已经取空的餐盘，补充食品和饮品，保证咖啡和茶的温度，保证茶歇物品数量充足。

(5) 茶歇结束后，与主办人确认茶歇是否结束、剩下食物是否打包，并快速清理茶歇台上的所有物品，移走桌子。对茶歇区的地面进行清扫和吸尘，保持卫生整洁。

实训

知识训练

(1) 中餐宴会开宴前的准备工作有哪些？

(2) 中餐宴会就餐服务流程分为哪几个步骤？

(3) 上菜时应注意什么？

(4) 分菜有几种方式？

(5) 签单结账时应注意什么？

(6) 会议服务流程分为哪几个步骤？

(7) 茶歇服务流程分为哪几个步骤？

能力训练

根据项目3任务3.2能力训练中的案例3-3、3-4，分别设计婚宴和寿宴服务流程并写出设计方案。

组织学生到实习基地酒店参与大型宴会服务工作，掌握宴会服务流程，锻炼宴会服务能力。

案例8-3：热闹的婚宴

上海某饭店宴会厅内正在举办一场大型婚宴。席间，参与者不停地走动、敬酒、说笑，向新人祝贺，整个大厅洋溢着喜庆的气氛。

在宴会进行过程中，一位服务员手托一盆刚出锅的热汤向主桌走去。刚到桌旁停住时，新郎突然从座位上站起来准备向客人敬酒，一下子撞到服务员的身上。服务员出于职业本能，将汤盆向自己倾斜，热汤泼到了他的胳膊上。顿时，他感到剧痛钻心，但他强忍疼痛，脸上带着微笑，并向新郎道歉。

婚宴还在进行，这位服务员继续为客人上酒上菜，直到所有客人离席为止。当新人向接待婚宴的服务员道谢时才发现，这位服务员的手臂上烫起了许多个水泡。大家问他被烫时为什么不吭声，服务员回答，如果被烫时表现出反常神情，会影响婚宴喜庆的气氛。新郎和新娘听后，非常感动。

资料来源：姜文宏，王焕宇. 餐厅服务技能综合实训[M]. 北京：高等教育出版社，2004：90.

分析案例请回答：

该服务员为什么这样做？这对提升酒店形象有何帮助？

案例8-4：席间服务对话

客人：刚才我吃的那道菜味道很好，它叫什么名字？

服务员：叫“葱烧海参”，是辽菜风味。

客人：啊，辽菜。你们一定还可以做其他风味的菜，是吗？

服务员：是的。

客人：你能给我介绍一下吗？

服务员：可以，不过，我只能为您做一个简单的介绍。

客人：好吧。早在10年前，我就听说中餐很有名，现在我住在东北的饭店里，我想学习一些有关中餐方面的知识。

服务员：我们这里的厨师可以做100种中餐菜品，这些菜分为辽菜、广东菜、四川菜和淮扬菜，烹饪方法有烧、炒、熏、爆、炸、煎、蒸等。

客人：啊，是这样。

服务员：辽菜以山珍野味为原料，以口味醇厚香浓著称。广东菜取料广博，不管是天上飞的，还是地上跑的，一般都可以加工制作成味道鲜美的佳肴。

客人：还有呢？

服务员：淮扬菜已经有两千多年的历史，它的风味特点是甜咸适中，很多客人都喜欢吃。

客人：中国菜真好吃，我会尽量多尝一些。

结合案例8-4找出两个学生分别扮演服务员和客人，模拟宴会席间服务对话，训练服务中的应变能力。

案例8-5：某饭店婚宴服务流程设计

1. 餐前准备工作

1) 摆台工作

(1) 摆台时领班要查看婚宴预订单，依照预订单的摆台要求进行摆台布置。如菜单上有汤类的菜品，要摆汤碗。台面的餐具、转台、台布、宴会椅等要干净、光亮、无污渍、无水渍、无破损。

(2) 工作台需配备骨碟、筷子、餐巾纸、杯、托盘、小勺、牙签盒、烟缸、小毛巾(二次利用)、打包袋等物品。如果菜单上写有汤类的菜品，需在工作台上配备大汤勺。

(3) 工作台要铺红色台布和一次性台布，围红色台裙。

(4) 每个工作台下方要准备撤餐盒。

2) 环境布置

(1) 餐厅服务员的布置工作。各楼层餐厅服务员按要求悬挂喜旗，摆放背投电视、签到台(红色台布)。如舞台需要摆放香槟塔桌或其他物品，均按客人要求摆放。

(2) 领位员的布置工作。如二楼有婚宴，二楼环廊需要布置紫纱。三楼有婚宴，三楼电梯间指示牌应在婚宴前日晚由领位员放入，由次日餐厅领班在婚宴当日早8:00摆放。

(3) 传菜员的布置工作。根据各楼层是否有婚宴等情况，在一楼大堂摆放婚宴指示牌。

3) 场地布置

(1) 婚庆公司布置场地时，餐厅要派专人负责跟办。

(2) 负责跟办的服务员要了解布置婚庆场地的注意事项：①不允许有亮纸屑、摇爆气球、彩带等污染环境的物品以及带有明火的物品。②不允许带瓜子等带皮核的食品，不允许随地乱扔口香糖等不宜清理的食品。③不允许使用冷烟火、烛台等危险物品，不允许放鞭炮。④客方自行布置场地，禁止在墙面及天棚等处使用透明胶布，禁止往墙面粘贴宣传画等。⑤如需运送大件物品，必须从后门搬运。跟办人员应根据以上几点进行检查和监督。

(3) 如婚庆公司有需要寄存的物品，跟办服务员要询问餐厅领班是否可以寄存，并将相关事项通知餐厅预订部。

(4) 一切布置工作结束时，跟办服务员要通知餐厅领班，由领班通知保安部进行安全检查。

4) 酒水事宜

(1) 从餐厅点酒水。①酒水吧应把客人所点酒水在婚宴前一天准备好，并在婚宴的前一天晚上与客人签字确认酒水的数量、名称及放置地点。②确认酒水内容开单为一式四联，酒吧一联、预订部一联、客人一联、餐厅一联。③确认完毕要将相关事宜与当日及次日餐厅领班和预订部人员交接好。

(2) 客人自带酒水。①酒水吧有专人接收，确认酒水的数量、名称及放置地点。②确认酒水内容开单为一式四联，酒吧一联、预订部一联、客人一联、餐厅一联。③确认完毕要将相关事宜与当日及次日餐厅领班和预订部人员交接好。

客人运送酒水时须走酒店后门，乘坐专用电梯。如要借用板车，应先到预订部交押金，每台100元，并开押金条。押金条为一式两联，预订部一联、客人一联。

5) 婚宴开始前准备工作

(1) 服务员的准备工作。①在婚宴当日，早班服务员要检查工作台的物品配备情况，如骨碟、筷子、餐巾纸、杯、托盘(托盘要根据桌数配备)、小勺、牙签盒、烟缸、小毛巾、打包袋等物品是否备齐，如果菜单上有汤类菜品，需在工作台上配大汤勺。②早班服务员要检查餐厅的设施设备是否完好，如灯光等有损坏需下维修单。配合婚宴客人摆放酒水或干果、香烟等。③早班服务员应帮助客人解决问题，解决不了的问题要及时向领班反馈，由领班来处理。④开启空调、筒灯。

(2) 餐厅领班的准备工作。①按工作台数量抄写婚宴菜单。②按照餐厅经理对工作任务的分配明细，画好台型图，分配值台人员。③对需次日交接的酒水及相关事项进行核查。④对餐前准备工作进行检查并及时解决婚宴客人的需求。

(3) 餐厅领位员的准备工作。①准备两个喝交杯酒时所用的红酒杯、一个铺好红口布的托盘。②与婚宴主持人确认婚宴的典礼时间、是否需要提供餐厅礼仪服务等相关事项。

2. 餐中服务

1) 餐厅领班餐中工作

(1) 各楼层餐厅领班与婚宴负责人及时沟通，确认婚宴的典礼时间、桌数，以及起凉菜、热菜的时间。

(2) 餐厅领班要与婚宴负责人确认保证桌数及上菜桌数，如上菜桌数与保证桌数不相符，需提醒婚宴负责人所差桌数及如何处理，并确认是否准备团圆饭。

(3) 餐厅领班应检查婚宴预订单，了解是否有“生四样”、主桌雕刻、主桌加菜等，并提前准备好(主桌雕刻要在起凉菜时上台，主桌加菜要在热菜上完后上台，“生四样”要在中午十二点娘家人走时提供)。

(4) 餐厅领班与传菜部领班沟通好传菜员负责的厅面、服务员负责的工作台及相关区域的桌数情况，要保证双方工作的一致性。

(5) 在保证服务的前提下安排好员工就餐。

(6) 当所有台面上完菜时，与婚宴负责人联系是否安排团圆饭。如需安排团圆饭，应安排好值台服务员，餐厅领班应与传菜部领班沟通好起菜桌数及团圆饭用餐地点。

2) 服务员餐中工作

(1) 服务员开完例会后，应按领班分配的任务回到工作区域，把自己负责的席面整理好，在开餐前撤筷套，在上菜前把转台上的干果类食品、桌签撤下，清理台面脏物。

(2) 服务员要提醒婚宴客人保管好贵重物品。

(3) 每位服务员都要在自己值台的区域站位。

(4) 上菜时要报菜名，上凉菜时要使用托盘，上热菜时要根据菜单上菜，上鱼、鸭、鸡时要遵循“鱼不献脊，鸭不献掌，鸡不献头”的原则。

(5) 上每一道菜之前要检查菜品的质量，并用小毛巾擦拭盘边。

(6) 当台面上的菜摆不下时，要将大盘换成小盘，并随时更换骨碟、烟缸。

(7) 每个值台服务员都要准备一个啤酒开瓶器，随时为客人开啤酒并斟倒。

3) 传菜员餐中工作

(1) 传菜员在开完例会后，按领班分配的任务回到传菜部，检查自己负责的传菜区域，并与值台服务员沟通好桌数等事宜。

(2) 准备好传菜用的托盘及餐车(餐车上应铺好台布)。

4) 领位员餐中工作

做完领位工作后，领位员应为客人提供就餐服务，并负责将新郎新娘喝交杯酒的杯子还给包房。还需负责三楼宴会厅的传菜工作，电梯要开手动。

3. 餐后收尾

1) 餐厅领班餐后工作

(1) 当婚宴客人走后，餐厅领班应首先询问客人是否需要打包食品，并安排服务员协助客人打包。

(2) 安排服务员撤餐具。

(3) 保证为未走的客人提供服务，并安排好固定的值台服务员。

(4) 随时关闭餐厅灯及空调，做好节能工作。

(5) 核对账单。

(6) 安排固定人员跟办婚庆公司撤走相关物品，开具放行单。

2) 餐厅服务员餐后工作

(1) 服务员根据领班分配的任务撤台，要有专门人员撤杯、撤小件，擦拭转盘。

(2) 撤餐具时大小件要分开，分类摆放，不允许插盘子。撤杯子要使用杯筐，不允许一个杯筐里面摞多个杯子。

(3) 转盘要擦拭光亮、无水渍。

3) 餐厅传菜员餐后工作

(1) 传菜员根据任务情况撤桌，摆放椅子。

(2) 清点布草。要求分类清点，数目准确。

根据案例8-5分析此婚宴服务流程还有哪些地方不完善，请补充并写出完整的婚宴服务流程设计说明书。

素质训练

在宴会课程实训中到酒店参加宴会服务，要严格按标准为客人提供服务。不管业务多么繁忙，都应把握服务标准，提高服务质量，在客人面前树立高标准服务的良好形象。树立主人翁意识，关心酒店并维护酒店的集体利益，爱护酒店物品，对物品流失现象敢于报告、管理，节约使用低值易耗品，养成良好的职业素质。

在整个宴会服务中，员工只被允许在指定的时间和地点就餐，在指定的地点吸烟并且在给客人上菜前至少半小时不得吸烟，值班时不得嚼口香糖，不得口含火柴杆或牙签，工作时间不得打私人电话。一旦发生事故必须立即向主管汇报，在服务期间或在客人视线范围内，不得传阅报纸或其他读物，不得从任何区域拿走食物。每一位员工负责清理自己的工作区域及指定区域，发现问题如主管无法处理，有权向经理投诉。在服务中，应一直对客人和同事有礼貌，保持微笑，并乐于帮助他们。客人投诉某个服务员时，主管要私下处理，并且绝对保密。

小资料

不同站姿反映的心理特征

心理学家测定得出：双腿并拢站立者，给人的印象是可靠、脚踏实地、忠厚老实，但表面上有时显得有点冷漠；双腿分开尺余、脚尖略朝外偏的站姿，能够表现出站立者果断、任性、富有进取心、不装腔作势的性格特征；双脚并拢站立，一脚稍后，双足平置地面，则体现出站立者有雄心且性格暴躁，是个积极进取、极富冒险精神的人；站立时一脚直立，另一脚弯置其后，以脚尖触地，则说明站立者情绪非常不稳定，变化多端，喜欢不断地接受刺激和挑战。

站立姿势还有正面与侧面之分。相比较而言，正面姿态所反映的特征，是人们通过学习和对自身经验的总结、积累而形成的；而侧面姿态一般被认为仍然保留出生时的姿态倾向和特征，表现出原始的感情和幼年、少年时期的心理活动以及与生活有关的心理倾向。例如，挺胸直背、身体后仰、膝盖绷直的侧面姿态，会给人带来充满力量和情绪紧张的感觉，暗示站立者具有积极适应现实的倾向。

资料来源：邓英，马丽涛. 餐饮服务实训：项目课程教材[M]. 北京：电子工业出版社，2009：10.

任务8.3 西餐主题宴会服务流程设计

引导案例 | 一次不愉快的晚宴

××××年教师节前夕，我们收到××公司送来的请柬，内容是邀请我们在教师节晚上参加公司举办的以“尊师重教”为主题的节日宴请，地点是××宾馆新开业的中餐厅。那天，我们提前做了一番修饰，兴高采烈地准时赴宴。××宾馆的中餐厅装修豪华，富丽堂皇。迎宾小姐穿着紫红色的丝绒旗袍，优雅得体地将我们引到宴会厅，主人更是像见到老朋友一样热情地欢迎我们。餐桌上餐具的摆放及餐巾纸的式样颇具欣赏性，烘托了节日的气氛。酒席开始，东道主致欢迎词。然后开始上菜，没想到，服务员首先上了一道热菜，我听到主人小声问服务员“我们的凉菜呢”。然而，接下来，服务员又送上一道热菜，但暂且将其放在餐厅的候菜台上，大约过了5分钟，凉菜还没有送上来。这时，我看到主人脸色有些不悦，让服务员别管凉菜还是热菜尽快摆上桌来，免得冷场。服务员解释并致歉：“今天是节日，客人较多，点菜单打印机发生故障，导致我们送错了餐厅，请原谅，对不起！”大家都不愿意破坏气氛，表示理解。这时，主人主动问大家喜不喜欢吃辣菜，我们说可以，他兴奋地告诉我们还有一道美味无比的“香辣蟹”，我们一起称：“好！”没想到，我们等啊等，几乎都饿了，催了好几遍，这道菜还是没有上来。主人开始不耐烦了，他让服务员把领班叫来，问询此事。领班到厨房了解情况后才知道，菜单上漏写了这道菜。因为没有备料，领班请大家再等一会儿，我们见状连忙说已经吃得很饱、吃得很好，既然没准备就退掉吧。主人十分恼火，我们看到他一直克制着情绪。最后，我们同意每人上一碗汤面，服务员满口答应，但是，直到最后，依然没有满足我们的要求，并以一句“我们的厨房做不了汤面”为由回绝了。这顿晚餐前后经历两个半小时，菜也没有上完，大家气愤至极。主人不顾体面，开始和经理理论。虽然经理赔礼道歉时态度诚恳，但经理说得再好，怠慢客人造成的后果，谁能赔偿呢？

根据案例回答下列问题：

主人三次不悦的原因是什么？

案例分析：

主人不悦的原因：首先，服务员没有上凉菜而直接上热菜，经问询是服务员送错了餐厅；其次，服务员漏写了“香辣蟹”这道菜；最后，饭店无法满足主人为每一位客人点热汤面的要求。可见该饭店的服务质量非常差，平时根本没有对服务员进行服务理念、菜品知识、服务技能、服务流程等方面的培训。无论经理如何赔礼道歉，客人对该饭店的不良印象已经根深蒂固了。

相关知识

微课 8.3

西餐主题宴会服务流程设计1

8.3.1 西餐主题宴会的准备工作

西餐宴会服务流程与中餐宴会相似，包括餐前准备、就餐服务两大环节，具体的准备工作主要有以下5个方面。

1. 明确任务

宴会部经理应根据本次宴会的规模，配备宴会服务员，召集服务员开会，讲解宴会细节，包括宴会价格，宴请桌数，宾主风俗习惯和禁忌，宾客身份，菜单内容，每道菜的服务方式，上菜顺序，开宴时间，出菜时间，宴会场地，宴会主题，宴会名称，会标色彩，会场布置，席次图，席次卡，祝酒词，背景音乐，席间音乐，文艺表演，司机及其他人员饮食安排，宴会程序，会场视听设备(讲话、演讲、电视转播、演出、产品发布)，行动路线(汽车入店的行驶路线、停车地点、主通道、辅助通道)，礼宾礼仪以及其他注意事项，并向每个服务员布置任务，提出具体要求，明确服务员的服务区域。

2. 布置宴会厅场地

布置宴会厅应按照宴会场景设计方案。首先，应对宴会厅场地、过道、楼梯、卫生间、休息室等处进行清扫。其次，认真检查宴会厅内的家具、灯具、视听设备、电器、空调设备是否完好，如有问题要及时修理或更换。最后，按照设计要求装饰舞台、墙面，摆放绿色植物、餐桌餐椅，有时还需搭设酒吧台，用灯光、烛光、色彩和一些装饰物烘托宴会气氛，突出宴会主题。

3. 准备开餐的餐具和用具

餐位餐具可根据菜单所列菜品、酒水等准备齐全。对于一般的宴会，每客至少准备3套餐具；对于较高档的宴会，每客要准备五六套餐具。此外，还要额外准备一定数量的备用餐具，备用餐具的数量一般占餐具总数的10%，备用餐具应码放整齐放在工作台上。对于公用物品、台布、鲜花或瓶花、烟灰缸、牙签盒、调味品架、烛台、菜单、椒盐瓶等，一般应按照每4位客人1套的标准准备，还要领取酒水、茶、烟、水果。此外，还需准备冰桶。

4. 西餐摆台

根据宴会菜单要求和宴会规格摆台。

5. 全面检查

最后，应认真检查宴会场地、餐桌餐椅、视听设备、灯光、厅内温度和湿度、家具摆设、墙壁挂画、舞台背景、餐台上的餐具酒具、工作台上的备用品、宴会厅的出入口、服务员的仪容仪表。

8.3.2 西餐主题宴会就餐服务流程设计

1. 西餐主题宴会开宴前的准备工作

(1) 开餐前30分钟，相关人员应按照菜单配制鸡尾酒和其他饮料，需冰镇的酒水要按时冰镇好。瓶装酒水要逐瓶检查质量，并擦净瓶身。佐料应按菜单配制，调味瓶应注满并放在调味架上，糖缸、奶缸也要擦净装满。准备好开水和冰水。水果要洗涤干净，如需去皮壳，要准备好工具。把备好的冰桶搬至服务区，整齐摆放在相应位置。由音响师播放客人选择的背景音乐，音量应适当。

(2) 在水杯内注入相当于杯容量4/5的冰水，点燃蜡烛。

(3) 在宴会开始前10分钟上齐开胃菜。

(4) 在宴会开始前5分钟，将面包放在面包篮里并摆在桌上，黄油要放在黄油碟里。

(5) 将餐厅门打开，领位员站在门口迎接客人。

(6) 服务员站在桌旁，并面向门口。

2. 西餐主题宴会就餐服务流程

1) 迎接客人服务

宴会开始前15分钟，宴会部经理应带领一定数量的迎宾员来到宴会厅门口迎候客人。当客人到达时，服务员要面带微笑，主动热情地向客人问好，并礼貌地将客人引进宴会厅或休息室。

进入宴会厅后，如客人要脱衣摘帽，服务员要主动接住并挂在衣帽架上或存入衣帽间。按照“女士优先、先宾后主”的原则为客人拉椅，客人坐下后从右侧为客人铺上口布，然后撤下席次卡。

2) 餐前鸡尾酒会服务

在西餐宴会开始前30分钟或15分钟，通常在宴会厅的一侧或门前酒廊举办餐前鸡尾酒会。服务员用托盘送上鸡尾酒、汽水、饮料等请客人选用，在茶几或小餐台上还备有干鲜果品等鸡尾小点以及鲜花。主宾到达时，由主人陪同进入休息室与其他客人见面，随后由宴会部经理引领客人进入宴会厅，宴会正式开始。

3) 西餐宴会正餐就餐服务方式与流程

(1) 西餐宴会的服务方式，具体分为以下几种。

① 法式服务。法式服务源于欧洲贵族家庭，是一种注重礼节、花费时间较长、餐费比较昂贵的服务方式，一般在高档小型西餐宴会中较常采用。服务中，菜肴在厨房略加烹制，然后置于手推车上，由一名服务员在客人桌边现场烹调或加热，即客前烹制服务，另一名助理服务员则在旁协助分送菜肴，因此也称餐车服务。提供法式服务的餐厅往往消费较高，比较适合小型高档宴会。

② 俄式服务。这种方式和法式服务相似，十分讲究礼节，风格雅致，客人能获得周到的服务。俄式服务是非常讲究豪华场面的西餐服务，使用金、银器餐具较多，菜品丰富，分量足，在西餐宴会中常采用俄式服务。服务中，一般先将食物放于大盘内，由服务员分配给客人，对服务员的分菜技巧要求很高，因此也称大盘服务。

③ 英式服务。英式服务是一种气氛活跃、温馨的家庭式服务方式。菜品常由男女主人来切配装盘，再让服务员分送到客人面前，是适合亲朋好友聚会的服务方式，因此也称家庭服务。

④ 美式服务。在提供美式服务的餐厅，客人所点菜品在厨房内就装配于餐盘中，服务员只需将餐盘送到客人面前即可，它要求服务员具有同时端送4个菜品盘的技巧，因此也称盘式服务。西方国家普遍采用美式服务。

(2) 西餐宴会正餐就餐服务流程如下所述。

① 服务酒水。当客人准备用开胃菜时，服务员应斟倒开胃酒。如开胃菜是鱼类菜品，就斟倒白葡萄酒。

② 服务开胃菜。服务开胃菜时，服务员应从客人的右侧为客人上菜，先给女宾和主宾上菜。客人全部放下刀叉后，服务员应询问客人是否可以撤去餐盘。得到客人允许后，从主宾开始，在每位客人右侧用右手将盘和刀叉一同撤下。

③ 服务汤。汤碗应放在汤碟上面，从客人的右侧上汤。上汤的顺序是先女宾后男宾再主人。上汤一般不配酒。待多数客人不再饮用时，服务员应询问客人是否可以撤汤，得到客人允许后，从客人的右侧将汤碗、汤盆、汤勺一同撤下。

④ 上海鲜、鱼类菜品前，服务员应先为客人斟倒白葡萄酒，然后上菜。宾客吃完海鲜、鱼类食品后，要撤下餐盘、副菜刀叉及酒杯。

⑤ 服务红葡萄酒或香槟酒。应先请主人试酒，主人满意后，根据“女士优先，先宾后主”的原则从客人右侧按顺时针方向提供服务。酒应斟倒至酒杯容量1/2处。斟完酒后，将酒瓶连同酒篮一起轻放在距餐桌最近的服务台上，瓶口不可指向客人。

⑥ 服务主菜。服务主菜时，应从客人右侧为客人上主菜，紧跟主菜上桌的还有色拉和沙司。待客人全部放下刀叉后，应上前询问客人是否可以撤盘，得到客人允许后，从客人右侧将盘和主刀叉一同撤下。

⑦ 上沙拉。水果沙拉常排在主菜之前，素沙拉可作为配菜随主菜一起食用，而荤菜沙拉可单独作为一道菜品上桌。

⑧ 清台。用托盘将面包盘、面包刀、黄油碟、面包篮、椒盐瓶全部撤下，再用服务叉、勺将台面残留物收走。

⑨ 服务甜酒或红酒。

⑩ 服务甜点、乳酪。先将甜食叉、勺打开，左叉右勺。从客人的右侧为客人上甜点，冰淇淋专用匙应放在垫盘上一同端上桌。待客人全部放下叉后，应询问主人是否可以撤下，得到允许后，将盘和甜食叉、勺一同撤下。

⑪ 服务水果。先上水果盘和洗手盅，然后把已装好的水果端到客人面前，请客人自己选用。

⑫ 提供白兰地、利口酒的服务。

⑬ 服务咖啡和茶。先将糖罐、奶罐在餐桌上摆好，将咖啡杯摆在客人的面前，确保咖啡和茶新鲜、温度适宜。

宴会茶水服务流程：第一步，预热茶壶。在茶壶里添加热水进行预热，将茶壶放在托盘上，泡热茶时一般要用到两个茶壶。第二步，装盘。将奶油、糖放在托盘上，在托盘上立放一只干净的小勺于餐巾上，将餐巾和小碟、杯子放在托盘里，将茶包、柠檬片放在小碟里，再放入托盘。如果酒店不提供茶包，应在小碟里准备两种不同的茶叶。第三步，添加热水。服务员在另一个壶里倒上热水，也可以将第一次预热过的壶清空后，添加热水。第四步，将壶放在托盘上。在热水壶下垫一块毛巾，再将热水壶和毛巾放在托盘上，如果选用宽底的陶瓷茶壶，则可以不使用垫布。第五步，服务热茶。将托盘送到桌上，将餐巾和杯子放在桌上，杯子把手朝向客人右手边，将茶壶和垫布放在茶杯的右边。如果客人自己使用勺，服务员可为客人提供一只新勺，将奶油、糖、茶袋和柠檬片摆放在桌上。第六步，向茶壶内添加热水。观察客人杯中的茶水，看是否需要添加热水，如茶壶内的水不够，服务员应及时添加茶壶里的热水。

⑭ 送客。宴会结束时，服务员要为客人搬开餐椅，然后站在桌旁礼貌地目送客人离开。

⑮ 签单结账。宴会接近尾声时，清点客人所用的食品饮料，核对其他费用并算出总数，交给收银员，收银员核对无误后，及时把账单递给主人，主人核对后签单结账。服务员这时应感谢客人，并说“欢迎下次光临”，同时应征求客人的意见，并认真记录在客人

意见簿上。服务员要及时准备好收据交给客人。

⑯ 检查现场。当客人离开后，服务员要及时检查宴会厅和休息室有无客人遗留的物品，如有应及时还给客人或交给前台接待，然后继续检查台面和地毯上有无未熄灭的烟头。

⑰ 撤台清理现场。按照先清理餐巾、毛巾、金器、银器，然后清理酒水杯、瓷器、筷子的顺序分类收拾餐台，把每类用具、餐具放在餐车上，送到管事部清洗。贵重物品要当场清点。擦净餐台，打扫地面，将陈设物品归位摆好，关闭所有电器，关好门窗离开宴会厅。

⑱ 总结归档。征求服务员的意见，总结宴会服务工作，形成书面材料，与客人意见簿、宴会预订资料、宴会设计资料、服务员名单、宴会营业收入明细表、特殊情况与信息的处理资料一并归入宴会客史档案。

微课 8.3

西餐主题宴会服务流程设计2

8.3.3　西餐自助餐主题宴会服务流程设计

1. 准备工作

具体的准备工作包括：宴会部经理根据宴会预订的要求，配备宴会服务员，对于自助餐主题宴会而言，平均每位服务员约服务20位客人。明确工作任务和负责区域，并对员工进行培训。准备宴会所需的物品设备，进行宴会场景布置。摆台，摆放自助餐菜台。将擦净的10寸盘摆放在自助餐菜台上，依次摆放干净的保温炉、汤锅及蒸锅，将擦净的底盘、口汤碗放在锅边，将擦净的7寸盘摆放在点心台上，在水果盆、蛋糕盆边适量放一些擦净的水果叉及咖啡勺，汤汁、调味品应摆在相关菜品的旁边。冷菜在开餐前要用保鲜膜封好，并用冰块保持其凉度。菜品可选用不同的盛器，如银盘、镜盘、竹篮等，摆放时要注意色彩搭配。在自助餐菜台的两头码放一摞餐盘，大型宴会可分几处摆放餐具，以分散客流。餐盘一般分为冷菜用的冷菜盘，装热菜用的热菜盘，装甜点用的甜品盘和装汤用的汤盆。如自助餐宴会不设座，应在自助餐菜台上为客人摆放相应的餐具、用具。在每盘菜品前都应摆放一副取菜用的公用夹、勺、叉，供客人取食使用。最后进行全面检查。

在开餐前30分钟，应保证一切准备工作就绪，自助餐菜台的食品要上齐。在自助餐炉里加上热水，点燃酒精加热。各种酒水、饮料应准备好，开餐前15分钟将餐桌上的蜡烛点燃。由音响师播放客人选择的背景音乐，音量稍小一些。

2. 迎接客人

宴会开始后，领位员应站在门口迎接客人，客人到来应主动与客人打招呼，并向客人问好，用计数器计算人数。服务员为客人拉椅让座，然后从客人右侧为客人铺口布。

3. 服务饮料

服务员要随时主动询问客人是否需要酒水，在为客人递送酒杯时，要用小口纸包好，然后从客人右侧斟倒酒水。

4. 餐间服务

服务员要随时将客人用过的餐具撤下，添加饮料，保证小口纸、牙签的供应，更换烟灰缸。在吃甜食时，服务员应将主刀、主叉、汤勺、面包刀、面包盘撤下来，保持菜台的整洁，随时添加各种食品和餐具。

5. 服务咖啡和茶

客人开始吃甜食时，服务员应及时提供咖啡和茶。服务员应先将糖罐、奶盅准备好，摆上桌，然后询问客人用咖啡还是茶，再用新鲜的热咖啡和茶为客人服务。

6. 诚恳征询客人意见和建议

用餐结束时，应征求客人的意见和建议，并认真记录在意见簿上。

7. 拉椅送客

宴会结束时，服务员应为客人拉椅，并提醒客人有无遗漏物品，然后站在门口礼貌地目送客人离开，并欢迎客人下次光临。

8. 结账

按照出席宴会的客人数和自助餐宴会标准，计算消费总数，准确无误地填写账单，交给收款台，核对无误后，交给客人，客人签单结账后，服务员要表示感谢，并征求客人意见，及时把收据交给客人，最后对客人表示欢迎下次光临。

9. 检查现场

客人离开后，服务员应及时检查现场有无客人遗留物品，如有应及时交还客人或交由接待处处理。

10. 撤台清理现场

检查现场后，服务员应及时撤餐台和菜台，并迅速清理现场，以备日后接待其他客人。

11. 总结归档

征求服务员意见，总结宴会服务工作，形成书面材料，同客人意见及其他相关资料一起归入档案，以备日后查询。

8.3.4 西餐鸡尾酒会服务流程设计

鸡尾酒会分为餐前鸡尾酒会、餐后鸡尾酒会、纯鸡尾酒会3种形式。这里只介绍纯鸡尾酒会的服务程序。

1. 准备工作

具体的准备工作包括：宴会部经理根据宴会预订的要求，配备宴会服务员，一般酒会平均每位服务员服务25～60位客人。明确工作任务和负责区域。准备宴会所需的物品设备，进行宴会场景布置。摆放小圆桌，搭设食品台，摆放鸡尾小点。按照宴会布置平面图设置酒吧台，酒吧要在酒会开始前30分钟设置完毕，并且反复仔细检查。在吧台上摆放配兑好的鸡尾酒，按照长方形排列。酒水可选用纯软饮料、纯葡萄酒、开胃酒及开胃鸡尾酒，或上述品种混合使用，按每人每小时3.5杯的用量来准备，晚餐酒会可按每人3杯的用量来准备，每杯饮料220～280ml。食品可选用小三明治、炸薯片、小吃等。酒杯的数量要预备充足，可按参加酒会人数的3.5倍的用量来准备，多用果汁杯、海波杯、柯林杯、啤酒杯等。果汁和什锦水果宾治这两种饮料要在酒会前30分钟内根据人数调好，通常可按每人2杯的用量计算，调好后拿到酒会场地，宴会一开始，便由服务员将饮料端在托盘上送给客人，以免造成拥挤。由音响师播放客人选择的背景音乐，音量应适当。开餐前15分钟开启宴会厅的灯。所有工作人员在酒会开始前20分钟，必须整齐地穿好制服，站在自己的工作位置上。最后应对宴会场地、布置情况、物品准备、人员安排进行全面检查。

2. 迎接客人

宴会开始时，领位员应站在门口迎接客人，客人到来时应主动与客人打招呼，并向客人问好，用计数器计算人数。

3. 服务饮料

服务员在干净的托盘里铺上餐巾，将饮料摆放在托盘上，再摆放一摞饮料餐巾，将托盘用手托稳，放在胸前，走近客人并主动为客人提供饮料。在回吧台取酒时，应把客人喝完酒水的空杯子从小圆桌上收到托盘里带回来，将这些杯子放在吧台的指定杯架上，用干净的湿布把托盘擦干净，再继续往托盘里摆放饮料，为客人提供酒水服务。

4. 服务食品

鸡尾酒会的食品有鸡尾小点、冷盘类、热菜类、现场切肉类、绕场服务小吃、甜点及水果类。

宴会开始后，服务员将食品摆放在托盘里，用手在肩膀上托稳，在客人间走动，主动为客人提供食品。客人谈话时，尽量不要打扰。服务员应不断地补充酒水、食品，在鸡尾酒会期间，应不断地收拾客人已用过的空盘子，并放回餐具室。

5. 送客

宴会结束后，服务员应站在门口一侧礼貌地目送客人离开，并表示欢迎客人下次光临。

6. 结账

服务员应按照出席宴会的客人数，及客人消费的酒水量、食品量，计算消费总数，准确无误地填写账单、酒单并交给收款台，核对无误后，再交给客人，客人签单结账，服务员要表示感谢，并征求客人意见，及时把收据交给客人，最后对客人表示欢迎下次光临。

7. 检查现场

客人离开后，服务员应检查现场有无客人遗留物品，如有应及时交还客人或交由接待处处理。

8. 撤台清理现场

客人结账后，调酒师要清理酒吧，将所有剩下的饮料运回仓库，剩余的果汁和什锦水果宾治应立即放入冰箱存放或调拨到其他酒吧使用。酒杯要全部送到洗杯处清洗，洗完后再装箱，并清点数量，记录消耗数字，将完好的酒杯装箱后退回给管事部。

9. 完成宴会销售表

宴会结束后，调酒师需要制作一份(一式两联)宴会销售表，将酒会的名称、时间、参加人数、酒水用量等内容填写好并签名。第一联送交成本会计核算成本，第二联交给酒吧经理保存。

10. 全面总结归档

最后，应把鸡尾酒会的所有资料收集起来，建立客人档案，以备日后查询。

实训

知识训练

(1) 西餐主题宴会服务流程包括哪些步骤？

(2) 西餐自助餐主题宴会服务流程包括哪些步骤？

(3) 鸡尾酒会服务流程包括哪些步骤？

能力训练

以小组为单位，到酒店参加一次西餐自助餐宴会的服务实践，掌握西餐宴会服务流程。

案例8-6：宴会开始前的对话

服务员：晚上好。

客人：晚上好。请问我要参加的宴会在哪里举行？

服务员：您要参加哪场宴会？主办方是路安公司还是平和公司？我看看您的请帖可以吗？

客人：我是路安公司的办公室主任，我叫江力，我是今晚宴会的主办人。

服务员：啊，对不起。这里就是您举办宴会的地方。您是今晚宴会的主人，请您在这里迎接您的客人可以吗？我不太熟悉您的客人。

客人：好的。顺便说一下，在第9号桌就座的一位先生正在办些要紧的事，如果宴会开始后，他还没到，就说明他不能参加今天的宴会，到时请你把那个椅子撤下来好吗？

服务员：好的，没问题。客人什么时候来，是6点半吗？

客人：是的，我们在请帖上写得很清楚。

服务员：现在刚刚5点。请您先看一看今晚的菜单，还需要添些什么或调换些什么吗？

客人：你是否注意到这一点，在我请的客人当中，有7位是满族人？

服务员：这个我们已经注意到了，请您放心。

客人：你们的服务一向很周到，我想今天也不例外。

服务员：谢谢您对我们的信任。请问在今天的宴会上，先生是否要讲话？将在什么时间讲话？

客人：是的，总经理今天请了一些身份很高的客人。讲话时间安排在用过冷菜之后，也就是大约7点钟的时候。

服务员：啊，时间快到了。

客人：对，我该去迎接客人了。

结合案例8-6，以小组为单位，找出一个学生扮演服务员，其余人扮演客人，模拟练习开宴前客服之间的对话。通过对话给客人留下良好的印象，可为宴会的就餐服务打下良好的基础。

案例8-7：商务宴会

A汽车销售服务有限公司准备举行丰田特约店销售服务工作会议，具体时间为2012年7月28日8:00—21:00。该公司派王辉小姐于5月28日来U饭店预订，要求7月28日8:00—17:30在二楼多功能宴会厅A、B开会，预计人数265人，保证人数265人，采用课桌式台型，要求在会议进行过程中提供记录纸、笔、冰水服务。在多功能宴会厅A、B设置舞台，并提供立式讲台1个，背景板1块，无线麦克2支，台式麦克1支，立式麦克支架2个，客人自带多媒体投影仪，酒店需提供屏幕2块。还要悬挂3条横幅，在二层环廊悬挂横幅1条，应在7月27日12点以前挂好；在二楼多功能宴会厅A、B分别悬挂1条，应在7月27晚摆台时挂上，在活动结束当日撤下。会议需用茶歇上下午共2次，时间为10:45—10:55、14:50—15:10，每位费用标准为45元。

自助午餐将于12:00—13:30在二楼自助餐厅C举行。自助午餐设座，要求用白色台布、红口布、红椅套，中间摆放自助餐菜台。14:00—16:00各个销售区域总代理共18人将在三楼小会议室D开讨论会，固定台型，在会议进行过程中应提供记录纸、笔、冰水服务。18:00—21:00举行中餐晚宴，在二楼多功能宴会厅A、B举行，预计人数265人，保证人数265人。中餐晚宴每桌10人，设置主桌1个，一桌12人，要求使用白色台布、红口布、红椅套。主桌加红围裙并摆金器，10件头台面。主桌菜单6份，其他桌每桌2份。设置舞台，需立式讲台1个、无线麦克2支。指示牌摆放时间为7:50—18:00，摆放在一楼和二楼时间为8:00—16:00。需准备背景板及等离子显示器1台，并显示“热烈欢迎参加A汽车销售服务有限公司丰田特约店销售服务工作会议的领导和嘉宾”字幕，播放时间为7:50—20:00，摆放地点在一楼和二楼。午餐包价酒水为20元/位(1.5小时)，品类为矿泉水、大桶可乐、雪碧。晚宴包价酒水为80元/位(3小时)，品类为大桶可乐、雪碧、大瓶青岛啤酒、长城干红。午餐标准为138元/位，晚餐标准为1 388元/桌，其中主桌标准为1 948元/桌。茶歇、自助餐、晚餐菜单与酒店商定。保安部需协调车位，预留5个车位，时间为7月27日12:00—17:00，7月28日8:00—17:00。背景板租金为980元，场地租金为8 000元。

根据案例完成以下任务：

①填写宴会预订涉及的各种表单。②设计茶歇、自助餐、晚宴的菜单。③画出会议、自助餐和晚宴台型图。④画出商务晚宴席次图。⑤画出商务晚宴的台面设计图(10件头餐具)，并写出商务晚宴台面设计说明书。⑥设计商务晚宴环境并写出宴会环境设计说明书。⑦写出商务晚宴服务流程设计方案，能够根据客人实际要求和酒店服务流程标准设计个性化的宴会服务流程。

案例8-8：2022年企业年会活动策划

1. 企业年会主题宴会名称

2022年“流金岁月，不负韶华”心艺家年会。

2. 主题宴会情景设计

(1) 时间：2022年12月31日14:30分。

(2) 地点：×××酒店2楼大宴会厅。

(3) 参加人员：企业全体员工，共345人。

(4) 宴会活动议程：

14:30　开场，主持人开始朗诵宴会开篇词。

14:33　总经理致辞。

14:37　年代秀(服装表演，一个部门员工展示一个年代最具代表性的服装)。

14:47　青苹果乐园(员工舞蹈表演)。

14:52　幸运抽奖十等奖(员工抽奖)。

14:56　大风吹(员工歌舞表演)。

15:01　颁发年度奖项。

15:16　万疆(员工舞蹈表演)。

15:21　幸运抽奖九等奖(员工抽奖)。

15:25　麻烦制造者(员工舞蹈表演)。

15:30　幸运抽奖八等奖(员工抽奖)。

15:33　环保时装秀(员工时装表演)。

15:43　幸运抽奖七等奖(员工抽奖)。

15:47　民国盛世(员工表演小品)。

15:53　幸运抽奖六等奖(员工抽奖)。

16:00　用餐(自助餐)。

17:00　天下无贼(员工舞蹈表演)。

17:10　幸运抽奖五等奖(员工抽奖)。

17:12　站在草原望北京(员工歌舞表演)。

17:17　幸运抽奖四等奖(员工抽奖)。

17:19　最美(员工舞蹈表演)。

17:24　幸运抽奖三等奖(员工抽奖)。

17:26　才艺秀(员工武术、太极拳表演)。

17:40　幸运抽奖二等奖(员工抽奖)。

17:42　社会摇(员工舞蹈表演)。

17:45　幸运抽奖一等奖(员工抽奖)。

17:47　绿光闪耀(员工歌舞表演)。

17:50　幸运抽奖特等奖(员工抽奖)。

17:52　最佳着装团队(各个部门员工时装表演)。

17:55　最佳节目颁奖(酒店领导为表演者颁奖)。

18:00　明天会更好(全体员工大合唱)。

18:05　宴会结束。

3. 主题宴会环境设计

1) 灯光

白炽光，以筒灯为主。

2) 色彩

以米色、白色为主，墙面、地毯呈现主色调，白色椅套，金色椅背花。

3) 装饰物

会议厅及自助餐厅按如下要求进行环境布置。

(1) 背景墙是LED屏幕，以红色为底色，上面用银白色行楷字写出年会主题名称。背景墙两侧屏幕打上四周镶嵌霓虹灯的相册，记载2021年的日日夜夜。

(2) 用彩色气球装饰主通道两侧和辅助通道一侧。

(3) 一进宴会厅大门两米处摆放圣诞树花台。

(4) 在会议厅采用剧院式台型。

(5) 在自助餐厅内，菜台摆放在四周，中间摆放小圆台餐台。

读者扫描二维码，可查看环境与台型设计实例。

4) 音乐

具体按照如下要求安排。

(1) 背景音乐。播放《今天是个好日子》。

(2) 席间音乐。员工入场时，播放第一首迎宾曲；领导致辞后，播放《祝酒歌》；宴会结束时，播放《拉德斯基进行曲》。

5) 空气质量

清新，温度为22℃，相对湿度为40%。

4. 自助餐主题宴会菜单设计

2022年“流金岁月，不负韶华”心艺家年会自助餐菜单

冷菜类

黄瓜拌牛肉

传统四川口水鸡

东北大丰收配鸡蛋酱

德式土豆沙拉

菠萝鸡肉沙拉

精选日本寿司(4种)

汤类

海鲜酸辣汤

奶油南瓜汤

热菜类

20世纪50年代——励精图治

干炸萝卜丸子

烤地瓜

20世纪60年代——山穷水尽

蔬菜玉米糊

窝窝头

20世纪70年代——豁然开朗

鸡蛋炒老北京方便面

猪肉炖粉条

20世纪80年代——日新月异

广式梅菜扣肉

五彩虾片

20世纪90年代——摧枯拉朽

麦香鸡(麦当劳)

沈阳白水煮鸡架

21世纪00年代——开天辟地

杭椒炒牛柳

老北京鸡肉卷(肯德基)

21世纪10年代——焕然一新

韩式炸鸡

韩式辣白菜炒五花肉

21世纪20年代——蒸蒸日上

黄山咸肉菜饭

法式烩海鲜

明档

意大利香草烤鸡

内蒙古烤羊腿

火焰烤海鲈鱼

奶油蘑菇汁，柠檬黄油汁

甜品类

奶油水果蛋糕

法式芝士蛋糕

黑森林蛋糕

巧克力布朗尼

草莓慕斯蛋糕

葡式蛋挞

水果类

混合水果拼盘

饮品类

汽水

橙汁

柠檬茶

注：188元/位。

5. 自助餐主题宴会服务流程设计

(1) 准备与检查工作：人员准备、物品准备、场地布置、安全准备。

(2) 迎接客人。

(3) 服务饮料。

(4) 餐间服务。

(5) 服务咖啡和茶。

(6) 征询客人意见。

(7) 拉椅送客。

(8) 结账。

(9) 检查现场。

(10) 撤台清理现场。

(11) 总结归档。

此宴会都设计了哪些内容？此宴会还有哪些不足？请补充。

案例8-9：2022年庆元旦鸡尾酒会创意设计

1. 主题宴会名称

“庆元旦，迎新春”鸡尾酒会。

2. 主题宴会情景设计

(1) 时间：2022年1月1日18:00—18:45。

(2) 地点：×××酒店3楼宴会厅。

(3) 参加人员：酒店的VIP客户，共60人。

(4) 宴会活动议程：

18:00 开场，主持人开始朗读宴会开篇词。

18:03 酒店总经理致辞。

18:08 员工舞蹈表演。

18:13 员工小品表演。

18:15 用餐(鸡尾小点)。

18:45 宴会结束。

3. 鸡尾酒会环境设计

1) 灯光

以荧光为主，以水晶吊灯为主，以霓虹灯、射灯为辅。

2) 色彩

以浅棕色为主，墙面米色，地毯呈现浅棕色，鸡尾小台铺白色台布。

3) 装饰物

(1) 背景墙是LED屏幕，以草坪为背景色，上面用银白色行楷字写出鸡尾酒会主题名称。背景墙两侧用霓虹灯装饰。

(2) 鸡尾酒会在宴会厅设置鸡尾圆台，呈直线形摆放，间距相等，不设座。

(3) 在一进宴会厅大门右侧搭设一个酒吧台。

(4) 每个鸡尾圆台中间摆放仙客来插花一瓶。

(5) 在宴会厅大门左侧搭设鸡尾酒会菜台，摆放鸡尾小点。

读者扫描二维码，可查看宴会厅环境布置实例。

4) 音乐

背景音乐：《Yesterday Once More》。

5) 空气质量

清新，温度为22℃，相对湿度为40%。

4.“庆元旦，迎新春”鸡尾酒会菜单设计

法式鸡尾酒会菜单

French Cocktail Menu

开胃菜Tidbits & Cocktail

新鲜蔬菜条配塔塔汁

(西芹，黄瓜，迷你胡萝卜)

Fresh Vegetables Stick with Tartar Sauce

(Celery，Cucumber，Mini Carrot)

法国南部的番茄，香料、水芹菜和意大利黑醋的融合

Stuffed Tomatoes from the South of France , Flavours, Micro Cress & Balsamic Reduction

混合坚果

(核桃仁，开心果，美国大杏仁，)

Mix Nuts

(Walnuts，Pistachios，Almond)

芝士Cheese Station

Brie Cheese　Emmental Cheese　Blue Cheese

布里芝士　大孔芝士　兰芝士

面包台 Bread Station

精选面包配黄油

Selection of Bread with Better

小吃Canapes

烟熏三文鱼&刁草奶油芝士卷配鱼子酱

Smoked Salmon & Dill Cream Cheese Roll with Caviar

迷你洛林乳酪蛋饼

Mini Quiche Lorraine

热菜Hot Dishes

香草烤鸡胸配奶油蘑菇汁

Roasted Chicken Breast with Cream Mushroom Sauce

黄油时蔬

Stir-Fried Vegetable with Butter

油封鸭腿配橙味汁

Confit Duck Leg with Orange Sauce

意式肉酱千层面

Lasagna with Bolognese Sauce

新鲜水果 Fresh Fruit

哈密瓜　西瓜

Honey Melon, Watermelon

甜点 Dessert

法式焦糖炖蛋

French Caramel Crème Brûlée

三色马卡龙

Macarons

(Red，Blue，White)

闪电泡芙

Eclair

迷你歌剧蛋糕

Mini Opera Cake

软饮 Soft Drink

雪碧　可乐　橙汁

Sprite, Cola, Orange Juice

注：150元/位。

5. “庆元旦，迎新春”鸡尾酒会服务流程设计

(1) 准备工作：人员准备、物品准备、场地布置、安全准备。

(2) 迎接客人。

(3) 服务饮料。

(4) 服务食品。

(5) 送客。

(6) 结账。

(7) 检查现场。

(8) 撤台清理现场。

(9) 完成宴会销售表。

(10) 全面总结归档。

此鸡尾酒会活动策划还有哪些不足？请补充并设计完整的鸡尾酒会服务流程。

素质训练

了解宴会服务流程，实质就是了解宴会饮食文化的各方面知识。作为宴会管理人员，在业务素质方面，应掌握菜品、酒水、烹饪、食品营养卫生、习俗知识、客人消费心理、营销、管理、法律、电器设备等方面的知识；在业务技能方面，应熟练掌握服务技能，具备一定的组织管理技能、语言沟通能力；在礼仪素质方面，应做到微笑服务；在仪容仪表方面，应做到优雅大方、自信有度、彬彬有礼。只有具备这样的素质，才能在宴会服务中从容面对客人，为客人提供高质量服务。

学生在宴会课程实训中或作为志愿者参加酒店宴会服务，将所学的宴会知识和技能应用于宴会服务中，不断积累经验，不断拓展主题宴会设计思路，不断在宴会服务中有所创新。

小资料

宴会服务流程五字诀

客到主动迎，态度要热情，开口问您好，脸上常挂笑；
微笑要自然，面目表情真，走路要稳健，引客在前行；
落座先拉椅，动作似娉婷，遇客对话时，关注客表情；
待客坐定后，随即递毛巾，席巾铺三角，顺手拆筷套：
热茶奉上后，菜单紧跟行，点菜循原则，条条记得清；
酸甜苦辣咸，口味各不同，荤素要搭配，冷热要分明；
推销要热情，精品要先行，定菜要复核，价格要讲明；
下单要清楚，桌号位数明，酒水要明确，开瓶手要轻；
斟倒从右起，商标要展明，冷菜要先上，热菜随后行；
叫起应有别，状况要分明，选好上菜位，轻放手端平；
菜名报得准，特别介绍明，传菜按顺序，上菜分得清；

桌面勤整理，距离要相等，分菜从右起，分量要适中；
汤菜上齐后，对客要讲明，客人谈公务，回避要主动；
客人有要求，未提先悟明，待客停筷后，人手茶一杯；
送客巾递上，生果随后行，就餐结束后，账目要结清；
盘中有余餐，打包问一声，买单完毕后，虚心意见征；
客人无去意，再晚不催行，客人起身走，衣物递上行；
送客仍施礼，道谢要先行，发现遗留物，及时还失主；
撤台要及时，翻台要迅速，按此规范做，功到自然成。

资料来源：职业餐饮网[EB/OL]. (2018-05-06)[2021-12-08]. www.canyin168.com.

项目小结

1. 中餐主题宴会服务的准备与检查

中餐主题宴会的准备与检查工作包括人员准备与检查、物品准备与检查、场地布置与检查、安全准备与检查等。

2. 中餐主题宴会服务流程设计

中餐主题宴会服务工作包括中餐主题宴会开宴前的准备工作、中餐主题宴会就餐前进行的活动、中餐主题宴会就餐服务。中餐主题宴会就餐服务的流程包括宾客入席服务、斟倒酒水服务、上菜服务、分菜服务、换烟灰缸、撤换餐具、更换毛巾、服务水果、服务茶水、征求意见、签单结账、送客服务、收台检查、清理现场、全面总结。可以根据具体情况对某些环节进行组合设计。

3. 西餐主题宴会服务流程设计

西餐主题宴会开宴前的准备工作与中餐宴会相似。西餐主题宴会就餐服务流程包括西餐主题宴会开宴前的准备工作和就餐服务流程。西餐主题宴会就餐服务流程包括迎接客人服务、餐前鸡尾酒会服务、正餐服务酒水、服务开胃菜、服务汤、服务主菜、上沙拉、清台、服务甜酒或红酒、服务甜点和乳酪、服务水果、提供白兰地和利口酒的服务、服务咖啡和茶、送客、签单结账、检查现场、撤台清理现场、总结归档。

西餐自助餐主题宴会服务流程、西餐鸡尾酒会服务流程的基本环节包括宴会准备工作、迎接客人服务、服务饮料、餐间服务、服务咖啡和茶、诚恳征询客人意见和建议、拉椅送客、结账、检查现场、撤台清理现场、总结归档。

项目 9
主题宴会菜品生产与价格管理

项目描述

在承办宴会的过程中，菜品生产是降低宴会成本、提高酒店经济效益的关键环节。本项目设置了主题宴会菜品生产管理和主题宴会产品价格管理两个任务。

项目目标

知识目标：了解食品原料从采购、验收、储存到加工的管理内容，掌握每一个环节的管理方法；了解菜品成本、价格的概念及分类；掌握成本核算和价格制定的方法。

能力目标：掌握菜品采购规格标准，能够熟练鉴别各种干货、鲜货原料的质量；能够按照采购流程采购原料；掌握验收不同原料以及保管不同原料的方法；掌握在菜品加工过程中控制菜品质量的要素；能够计算菜品的成本，掌握宴会成本的控制方法；掌握利用营销策略来制定价格的方法。

素质目标：按照采购流程操作，了解菜品原料性质、档次、种类、品种、价格；遵守酒店制定的采购制度，应避免出现原料供应不足的情况；合理选用烹饪方法，减少失误和差错；发扬勤俭节约的优良传统，降低菜品成本；践行习近平总书记在党的二十大报告中提出的“推动明大德、守公德、严私德，提高人民道德水准和文明素养”的要求；制定价格时遵纪守法，学习国家有关价格政策，以诚信经营、货真价实、优质服务为基础，提高酒店经济效益。

任务9.1 主题宴会菜品生产管理

引导案例 | 一场婚宴中的“鳜鱼”事件

2020年5月3日，某酒店餐厅来了一对年轻的情侣，他们要在餐厅预订结婚酒宴28桌，每桌标准为1 280元，酒店服务员热情地接待了他们，并介绍了菜单内容。当时客人指定鱼类菜品要使用“鳜鱼”为原料来制作，并交预付款一万元。然而，婚宴过后，这对新人找到酒店餐饮部经理投诉，他们对婚宴宴席中的菜品“清蒸鳜鱼”提出了异议，据说有7桌客人反映这道菜品的原料新鲜度不够，他们要求酒店方做出解释并给出处理意见。

经理向采购员了解后证实，采购员在购买原料时，由于赶上水产品销售旺季，鲜活鳜鱼数量不够。采购员考虑任务紧急，便以冰鲜原料代替不够的鲜活鳜鱼，因此出现了客人提出的问题。了解情况后，经理马上与客人联系，说明情况，诚恳道歉，并对此菜品进行打折处理，最后取得客人的谅解。

根据案例回答下列问题：

(1) 客人对菜品的原料质量提出异议的原因是什么？

(2) 经理通过采用什么解决方法获得了客人的谅解？

案例分析：

(1) 客人指出“清蒸鳜鱼”这道菜不新鲜，酒店经理了解后得知，这一情况是由采购员用冰鲜鳜鱼代替鲜活鳜鱼造成的。

(2) 经理解决此事的方法是及时向客人诚恳道歉，并对此菜品进行打折处理。

相关知识

主题宴会菜品是构成主题宴会的主体，菜品质量直接影响主题宴会的质量和宴会部的经济效益。因此，必须对烹饪原料的采购、储存、加工、烹调等环节加强质量控制。

微课 9.1

主题宴会菜品生产管理

9.1.1 主题宴会食品原料采购管理

采购员在采购食品原料时，必须执行酒店制定的采购制度，如采购标准、采购员工作准则，订货、购货的沟通方法，票据处理办法，缺货、退货及回扣的处理原则等。保证为宴会提供适当数量的食品原料，保证每种原料的质量符合一定的使用规格和标准，并确保采购价格的最优惠。

1. 制定食品烹饪原料采购的质量规格标准

当宴会部根据宾客要求设计好主题宴会菜单后，所需要的原料就非常明确了。烹饪原料的质量是指食品原料是否适用，越适于使用，质量就越高。在采购前首先应根据宴会菜单中的菜品制定食品原料使用的质量标准，内容一般包括品种、产地、产时、营养指标、分割要求、包装、部位、规格、卫生指标、品牌厂家等；然后制定烹饪原料采购的质量规格标准，如表9-1所示，这是保证宴会食物成品质量较为有效的措施之一。采购员必须按采购规格标准，结合自己对食品原料品质检验的经验来采购食品原料。

表9-1 烹饪原料采购的质量规格标准

品名	产地	部位形状	色泽与外观	气味与味道	出产率	发货
比目鱼	上海	整条椭圆形，长约为宽的2倍	鱼肉结实有弹性，肉色洁白、纹路清晰。鱼鳃无黏液，色泽粉红	无腐败气味	40%的鱼排	订货后3日交货
葡萄	新疆	中等，椭圆形	紫红色，无可见斑点或皮伤	酸甜适中	净重355g	每周订货
青岛啤酒	青岛啤酒厂	易拉罐	淡黄色液体，崂山矿泉水酿制，麦芽汁浓度12°	略带苦味		订货后3日交货

2. 确定适宜的采购方式

采购方式主要有竞争价格采购、定点采购、招标采购、预先采购、联合采购等。酒店应根据自身业务要求，结合市场的实际情况，选择适合的采购方式。

3. 确定质量稳定的原料采购渠道

负责酒店食物和其他物品采购的采购员应当只向声誉好的供应商采购，采购的原料必须经国家相关机构检验和认证，还应查看供应商的设施以保证原料在加工、包装、存放和运输过程中没受到污染并且没有变质。

4. 控制采购数量

食品原料的采购数量应根据客源情况和库存量的变化不断调整，应处理好采购量与库存量的关系。在保证酒店餐厅营业需要的前提下，控制库存数量和库存时间，提高采购原料的使用效率。

5. 严格控制采购价格

食品原料品种多，采购频繁，市场价格波动大，价格很难标准化，这给采购工作及采购价格管理造成了不便。酒店在实际采购中一般可采用最低报价法、多数最低价法和集中采购法等方法来降低采购价格。

动画 9.1

宴会菜品生产管理 采购储存

6. 厨房部食品原料采购运作程序

厨房部食品原料采购运作程序如图9-1所示。

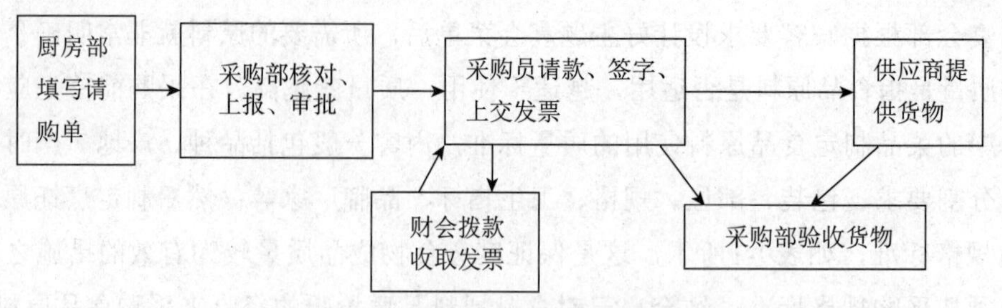

图9-1 厨房部食品原料采购运作程序

9.1.2 主题宴会食品原料验收与储存管理

1. 主题宴会食品原料验收

主题宴会食品原料验收主要涉及数量验收、质量验收和价格验收3个方面。

(1) 数量验收。验收员验收食品原料时，首先要检查原料的数量与订购单和账单上的数量是否相符。仓库管理员要根据采购单确定的项目进行验收，凡未办理订购手续的货品不予核收。

对于带外包装及商标的货物，在包装上已注明重量的，要仔细点数，必要时还应抽样称重。对于按件计数的原料，应抽查包装物内的件数是否与标定件数相符。无包装的货物均应过秤。在数量验收过程中通常会出现短缺现象，但有时也会出现实有数量超过订购数量的情况。如出现数量短缺情况，要明确责任，如果是供应商未给足数量，就要设法与供应商取得联系，补足缺货；如发生非正常性盈余，应退货或补交货款。

(2) 质量验收。控制所购原料的质量，是验收的另一项重要任务，验收员要防止质量不符合要求的原料进入库房。在验收时，应查看包装是否有破损，原料是否发霉，颜色和气味是否有变化，是否有虫咬的迹象，冷冻食品是否融化，运输车上是否有昆虫活动的迹象，温度控制是否符合要求等。

验收员还要检查食物原料的质量和规格是否与采购规格标准一致。当购进数量较大时，一般只能采取抽样方法来检查。

(3) 价格验收。价格直接体现为企业的经营成本。在酒店的原料采购中，由于进货渠道的特殊性，价格控制比较困难。在进行价格验收时，验收员要认真检查账单上的价格与订货单上的价格是否一致。采用实际用量采购法的酒店，还要将采购价格与供应商报价进行比较，这样既可以防止供应商临时提价，也可以防止采购员作弊。核验货品的名称、型号、规格、数量、质量必须与发票相符，如果由于某些原因，发票未随货物一起送到，可开具备忘清单，注明实收数量，在正式发票送到前作为凭据。控制采购价格，多渠道问价、比价、议价，向供应商直接以优惠价采购，灵活掌握地区差价和季节差价。

验收完毕，验收员应在送货发票上签字，填写验收单。验收单一式四联，一联交库房记账，一联交成本会计，一联交采购员，一联自存留底。

2. 主题宴会食品原料储存管理

加强储存管理的重点是改善储存设施和条件，做好物品的分类，将其按类别储存于食品库房、酒类饮料库房和非食用原料库房。同时，还应合理安排库存物资，掌握科学的储存方法，加强仓库的保安和卫生清洁工作，使库房符合消防、公安、卫生防疫部门的要求。

此外，还应保持库房的温度、湿度、照明、通风符合各类食品原料的储存要求。做好原料的定期盘存工作，掌握合理的库存量。

(1) 干物的储存。食品原料存放区要保持清洁、照明良好及适宜的温度(60℉～70℉)和湿度(50%～60%)。食品原料与地板和墙的距离至少应有12cm。确保所有的罐装原料和干货原料外包装上附有标签，以免拿错，如需更换容器更要注意这一点。为防止可能出现的泄漏，不要把食品原料存放在污水管道上面，应使用不锈钢架子存放食品原料。

(2) 冷藏和冷冻食品原料储存。冷藏会减慢细菌生长的速度，冷藏室应足够大，食品原料离冷藏室地面和墙面分别留有15cm和5cm的距离，以加强空气流通。肉、鱼、奶制品应放在温度最低的部位。库房管理员要经常检查温度并遵循维护程序，以保证冷藏设备正常运转。应用塑料包裹或覆盖食品原料，以防脱水和串味，避免使用铝箔包装。

合理的库存量可以最大限度地减少原料或资金的积压，降低食品原料的储存费用，同时可以降低食品原料的无谓损耗，确保食品原料的品质，并能提高资金周转率。

此外，酒店应建立原料储存记录制度，库房管理员应标明各种食品原料的编号、名称、入库日期等有关信息，确保食品原料的循环使用，即执行“先进先出”的原则。对于滞压食品原料要进行报告，请厨师长及时使用。做好食物原料领发工作，填好有关报表。

9.1.3 主题宴会食品原料加工管理

1. 制定和使用标准菜谱

在这里我们只从质量控制的角度来谈标准菜谱。首先，标准菜谱规定了烹制菜肴所需的主料、配料、调味品及其用量，因而能限制厨师烹制菜肴时在投料量方面的随意性。同时，标准菜谱还规定了菜肴的烹调方法、操作步骤及装盘样式，对厨师的整个操作过程也能起到制约作用。因此，标准菜谱实际上是一种质量标准，是实施餐饮实物成品质量控制的有效工具。厨师只要按标准菜谱规定操作，就能保证菜品成品在色、香、味、形等方面的一致性。这里应特别注意以下5点内容。

(1) 食品原料加工的质量要求。食品原料加工是宴会实物产品质量控制的关键环节，对菜品的色、香、味、形起着决定性作用。因此，宴会部在抓好食品原料采购质量管理的同时，必须对原料的加工质量进行控制。

大多数食品原料在经过粗加工和细加工以后，才能用于食品烹制。从食品质量控制的角度出发，在食品原料加工过程中应遵循3项原则：保证原料的清洁卫生，使其符合卫生要求；加工方法得当，保持原料的营养成分，减少营养损失；按照菜式要求加工，科学、合理地使用原料。

(2) 冷冻原料的加工质量要求。一般情况下，宴会厨房采用的是大宗冷冻食品原料，冷冻原料在加工前必须经过解冻处理，要保证解冻后的原料能够恢复新鲜、软嫩的状态，尽量减少汁液流失，保持风味和营养。

(3) 鲜活原料加工的质量要求。常见的鲜活、鲜货原料包括蔬菜类原料、水产品原料、水产活养原料、肉类原料、禽类原料等。各种鲜活原料在烹制前必须进行加工处理。不同品种的原料，其加工的质量要求也不相同。例如，鱼类加工的质量要求：除尽污秽杂物，去鳞则去尽，整体要完整无损；放尽血液，除去鳃部及内脏杂物，淡水鱼的鱼胆不要弄破；根据品种和加工用途加工，洗净控干水分，一定要现加工现用，不宜久放。

(4) 加工出净料的质量要求。在加工食品原料的过程中，能出多少可以使用的净料，通常用净料率表示。当然，净料本身的质量也必须保证，如形态完整，清洁卫生等。食品原料的净料率越高，原料的利用率就越高；反之，则越低，而菜品单位成本也会增加。酒店可根据具体情况测试，然后确定净料率标准。除了净料率，对净料的质量也要严加控制。如果净料率很高，但外形不完整，破碎不能使用，也会降低利用率。例如，烹制菜肴需要整扇的鱼肉，结果剔出的鱼肉形不整，就不符合烹调的要求。因此，为了保证加工原料的净料率和净料质量，应严格检查，加强培训，对食品原料的加工质量严加控制。

(5) 食品原料配份的质量控制。食品原料配份，俗称“配菜”，是指按照标准菜谱的规定要求，将制作某菜品的原料种类、数量、规格选配成标准的分量，使之成为一道完整菜品的过程，为烹饪制作做好准备。配份阶段是决定每份菜肴的用料及其相应成本的关键阶段。配份不稳定，不仅会影响菜品的质量，而且会影响酒店的社会效益和经济效益。

2. 食品烹调过程的管理

烹调是宴会生产实物产品的最后一个阶段，是确定菜品色泽、口味、形态、质地的关键环节，它直接关系宴会产品实物质量的最后形成、生产节奏及出菜过程等。因此，烹调阶段是宴会质量控制不可忽视的阶段。对食品烹调阶段的质量控制，主要应注意以下两个方面。

(1) 严格烹调质量检查。建立菜品质量检查制度，如果发现菜品不合格，应及时返工，以免影响成品质量。对于厨房生产管理，在建立标准化生产的基础上，必须制定一套与之相适应的质量监督检查标准，科学合理地选取监督检查的环节，确定每个环境的质量内容和质量标准，以使监督检查的过程有据可依，避免质量检查中的随意性。

(2) 厨师必须按标准菜谱规定的操作程序操作。厨师在烹调过程中，应按标准菜谱规定的操作程序烹制，按规定的调料比例投放调味料，不可随心所欲、任意发挥，还应控制好烹制数量、成品效果、出品速度、成菜温度。尽管在烹制某道菜品时，不同的厨师有不同的做法，或各有“绝招”，但要保证整个厨房出品的菜品质量的一致性，因此必须统一按标准菜谱执行。另外，控制菜品的烹制量也是保证出品质量的有效措施。

3. 建立自觉有效的质量检查与监督体系

生产技术标准的制定只是厨房生产实施标准化管理的一个重要方面，生产技术标准的有效实施，还有待于厨房管理者对厨房生产过程的标准化管理。因此，各餐饮部门应根据自己厨房的管理特征，制定相应的管理标准。厨房生产管理标准的主要内容是建立标准化监督体系。

目前，在厨房生产中，较为有效的自觉质量监督体系是在厨房中强化“内部顾客”意识与实行出品质量经济责任制。

(1) 强化“内部顾客”意识。“内部顾客”意识，是指按照餐饮企业最新的管理理念，把员工看成内部客人，管理人员能否为内部客人创造一个良好的工作环境与氛围，是非常重要的因素。同时，员工与员工之间也是客户关系，即下一个生产岗位就是上一个生产岗位的客户，或者说上一个生产岗位就是下一个生产岗位的供应商。如果在厨房生产过程中能够建立这样的一种“客户关系”，对于自觉地提高产品质量将有重大意义。试想，初加工岗位对于切配岗位来说，就是供应商，如果初加工岗位所加工的原料不符合规定的质量标准，切配岗位的厨师可以拒绝接受，其他岗位之间可以以此类推。这样一来，每一个生产环节都可以把不合格的“产品”拒之门外，从而保证菜品的质量。

(2) 实行质量经济责任制。将菜品质量的好坏、优劣与厨师的报酬直接联系在一起，可以加强厨师在菜品加工过程中的责任心。例如，在厨房生产中，对于“内部”客户和“外部”客户提出的不合格品，一一进行记录，并追究责任人的责任，责任人除了要协助管理人员纠正质量问题，还要接受一定的经济处罚，或者直接与当月的工作报酬挂钩，这样就可以有效减少不合格菜品的数量，从而确保客人的满意度。例如，有的厨房规定，大厨如有被客人退回的不合格菜品，要按照该菜品的销价买单，还要接受等量款额的处罚，当月的考核成绩也要受到影响。如此一来，每个岗位的厨师在工作中都会认真负责，从而有效减少工作中的失误、差错和不合格品，大大提高菜品的出品质量。

实训

知识训练

(1) 食品原料采购程序包括哪些步骤?

(2) 食品原料验收需要注意哪些方面?

(3) 怎样在生产过程中控制菜品的质量?

能力训练

学生能够熟练掌握常见的蔬菜、畜类、禽类原料的常规使用方法，设计合理的菜品配置及菜品烹调方法，熟悉常见菜肴的口味特点及原料组合，能够按照规定进行操作。

案例9-1：2020年9月28日，北方某酒店餐厅接到婚宴宴会预订通知，每桌标准为1 080元，共20桌，每桌4道凉菜、12道热菜。热菜为炸烹虾、海参烧蹄筋、豉汁扇贝、香炸鸡翅、扒芦笋、红烧四喜丸子、葱姜炒蟹、红烧肘子、清蒸鲈鱼、百年好合、蒜蓉芥蓝、拔丝两样。

请结合案例9-1中的菜谱内容和宴会标准，写出需购买的热菜原料及注意事项。要求：写出至少3种菜品的原料，同学之间不可重复。

案例9-2：一位富商举行宴会，请几位宾客共进晚餐。席间，服务员端鱼翅羹上桌，每人一份。主人吃了一口后，大表不满："我吃过上百次鱼翅，你们的鱼翅做得不好，僵硬、不爽口，去问问你们的厨师是怎么做的！"服务员经过询问证实，由于接待任务紧急，鱼翅泡发时间略短，但还是合乎菜品成品要求的。在向客人说明情况后，客人表示谅解。

结合案例9-2，分析导致客人产生不满情绪的主客观原因。

案例9-3：2020年9月28日，本市一家酒店餐厅采购员去海鲜市场购买海鲜原料，按照购买清单分别购买了鱼、虾、蟹、海螺、皮皮虾等各种鲜活海鲜原料。回到饭店后，采购员和保管员按照常规进行交货验收，保管员在验收时发现"皮皮虾"分量不够，10公斤少了0.4公斤，于是马上和采购员沟通，采购员说："卖皮皮虾的商家是多年合作的单位，称量时自己也在场监督，而且多称了0.25公斤，不可能出现缺斤短两的现象。"突然，采购员拍一下脑袋说："皮皮虾是鲜活的，是在活养的情况下从水里捞出来的，缺少的分量应该是水分。保管员马上回答："我明白了，马上入库，保管起来。"

结合案例9-3，说明保管员下一步应怎样保管鲜活原料？

素质训练

了解各种食品原料的适用季节和采购价格，熟悉干货、海鲜、鲜货原料的烹饪要求。请酒店厨师长带领学生参观酒店的生鲜食品原料展档，讲解常见宴会菜品的加工工艺流程。收集中餐婚宴常见大菜的原料和加工方法，写出调研报告(600字以上)。

小资料

不同食物适宜的冷藏温度和相对湿度如表9-2所示。

表9-2　不同食物适宜的冷藏温度和相对湿度

食品原料	温度	相对湿度
新鲜肉、禽类	0℃～2℃	75%～85%
新鲜鱼、水产类	-1℃～1℃	75%～85%
蔬菜、水果类	2℃～7℃	85%～95%

(续表)

食品原料	温度	相对湿度
奶制品类	3℃～8℃	75%～85%
一般冷藏类	1℃～4℃	75%～85%

资料来源：巩隽，刑夫敏. 餐饮服务与管理[M]. 北京：冶金工业出版社，2008.

任务9.2 主题宴会产品价格管理

引导案例 | 某宾馆欢迎晚宴菜单

某宾馆餐厅接到宴会订单，有一个文化团体于当日晚6:00举行晚宴，预订宴席10桌，共100人就餐，人均就餐标准为180元人民币，酒水在外，并要求列出菜单。接待员马上通知厨房，一位厨师列出了菜单，如表9-3所示。

表9-3 欢迎晚宴菜单 (1 800元/10人/桌，10桌)

凉菜：烧味大拼盘
热菜：锦绣虾仁
荔茸咖喱海鲜盒
瑶柱四宝羹
松鼠鳜鱼
脆奶拼镇江骨
咸蛋黄肉蟹
鲜菇扒时蔬
点心：美点双辉
主食：上海粗炒面
水果：水果拼盘

客户看完菜单后，对“虾仁”的用料档次和价格提出了疑问，提出是否能换用“大虾”。接待员马上找来厨房长，厨房长看过菜单，进行成本核算后，向客人说明“锦绣虾仁”这道菜的选料和制作工艺，同时说明根据宴会的销售价格标准，酒店给出的菜单是合理的。最后，客人表示满意并确定了菜单。

根据案例回答下列问题：

(1) 客人为什么对原料提出问题？

(2) 最后客人为什么能满意？

案例分析：

(1) 客人质疑“锦绣虾仁”这道菜品的用料主要是觉得虾仁比大虾便宜，而且虾仁一般不是鲜活的，所以客人觉得人均就餐标准的性价比不合理。

(2) 厨师长通过向客人说明这道菜品的用料和制作工艺，使客人了解了菜品的制作成本，从而使客人对菜品的价格感到满意。

相关知识

主题宴会产品成本管理与控制

9.2.1　主题宴会产品成本管理与控制

1. 主题宴会产品成本及分类

1) 宴会产品成本概念

宴会产品成本是指在一定时期内，在宴会生产经营活动中所发生的各种支出与耗费的总和。它是在宴会生产经营活动中所耗费的全部物化劳动和活劳动的货币表现形式。

广义的宴会成本是指在宴会生产经营活动中支出的各项耗费之和，它包括生产过程中的原料、燃料、动力的消耗及劳动报酬的支出和固定资产损耗等。

酒店具有集生产、销售、服务于一体的行业特点，在餐厅、厨房范围内很难逐一精确计算菜品、酒水的所有支出，因此，宴会产品成本只计算直接体现在菜品中的消耗，即构成菜品的原料耗费之和，也就是主料、配料、调料之和。而生产产品过程中的其他耗费，如水、电、燃料的消耗，以及劳动报酬、固定资产折旧等都作为“费用”处理，这些“费用”由企业会计另设科目分别核算，在餐厅、厨房范围内一般不具体计算。

2) 宴会成本分类

(1) 按性质分类，可将宴会成本分为固定成本、变动成本和半变动成本。

① 固定成本是指在一定的业务范围内，其总量不随产量或销售量的增减而相应变动的成本，也就是说，即使在产量为零时也必须支出的费用。例如，餐厅的折旧费、大修理费、企业管理费等。但固定成本并不是绝对不随生产量的变化而变化，当生产量增加到超出现有生产能力、需要添加新设备时，某些固定成本会随产量的增加而变化。

② 变动成本是指总量随产量或销售量的变化而按比例增减的成本，如食品饮料原料、洗涤费、餐巾纸等费用。这类产品在随产量、变动成本总额的增加而发生变动时，其单位产品的变动成本相对保持不变。

③ 半变动成本是指随生产量或销售量的增减而增减的成本，但它的增减量不完全是按比例变化的，例如餐具、灶具费用以及水电费等。半变动成本可分成两部分：一部分是随产量变化而相对不变的固定成本，另一部分是随产量变化而成正比例变化的变动成本。对于全部雇佣领取固定工资的正式员工的餐饮企业来说，人工费及相关费用为固定成本，但如果餐厅在营业量较大时聘用临时工，则人工费不完全为固定成本，而是半变动成本。

(2) 按成本管理的角度分类，可将宴会成本分为可控成本、不可控成本、标准成本、实际成本、标准人工直接费用等。

① 可控成本是指在短期内管理人员能够改变或控制数额的成本。对餐饮管理人员来说，变动成本如食品原料成本等，一般为可控成本。管理人员若变换每份菜的份额，或在原料的采购、验收、储存、生产等环节加强控制，则食品原料成本会发生变化。大多数的半变动成本也可以控制。某些固定成本也属可控成本，例如办公费、差旅费、推销广告费等。

② 不可控成本是管理人员在短期内无法改变的成本，如折旧、大修理费、利息，以及在大多数企业中正式员工的固定工资等。

③ 标准成本是指在正常和高效率经营的情况下，餐饮生产和服务应占用的成本指标。为了控制成本，餐饮企业通常要确定单位标准成本，例如每份菜的标准成本、分摊到每位客人的平均标准成本、标准成本率、标准成本总额等。

④ 实际成本是宴会经营活动中实际消耗的成本。标准成本与实际成本之间的差额为成本差异，实际成本超出标准成本的差额称为逆差，反之为顺差。

⑤ 标准人工直接费用是用直接人工时数乘每小时人工费用计算得出的。直接人工费用不仅包括工资，而且包括各项福利费用，如住房补贴、伙食补贴、带薪休假费用、交通补贴等。

2. 主题宴会产品成本管理与控制方法

1) 食品原料成本控制方法

(1) 菜单计划。食品原料成本在宴会厅经营成本中占有一定比例，所以适时更换固定标准菜单中因时节变化而导致材料价格上涨的菜品便成为有效降低食品原料成本、提高宴会部门盈利水平的方法之一。

(2) 采购。采购部负责采购宴会所需要的所有原料。采购时要遵循“以尽可能低的价格获得尽可能好的原料”的原则和保证供给原则。

(3) 验收。验收是为了收到符合要求的原料，应设置一定的体系保证收到原料的质量与订购要求的质量相同。库房管理人员验收时要点数、称重等，若发现有短缺、货物损坏的情况，要决定是否接收，及要求多少折扣，并负责把到原料送到安全地点。

(4) 储存。食品原料到货后，需要在合适的地方存放一段时间，由于食品原料的特殊性，存放时间的长短和货物排列的顺序都会对成本产生影响。保证各种原料分门别类、排列有序是仓储控制的基本原则，一切安排都要以便于原料的查找、补充和分发为出发点。

(5) 领发料。从库房发出的原料，被厨房部、酒吧等部门领用时，要明确原料的数量、价值分摊部门，库房要做好记录。厨房部、酒吧要填写领料单，以便正确计算食品、酒水成本。月末库房要计算库存原料成本，厨房要计算出品的成本。酒店对每个营业点确定一个标准储量，禁止酒吧领用超过储量的酒水。对于一些名贵酒的领用，不仅要有领料单，还要有酒吧退回的空瓶，以防止丢失。

(6) 食品生产。对于食品生产方面的控制，主要应保证有足够的设备、设施及控制程序，以保证生产的有序进行。为进行有效的控制，酒店可制定生产标准，采用标准菜谱。此外，对食品生产的控制还体现在生产数量应符合客人的需求，菜品生产过剩会造成浪费，从而提高成本。

2) 人事费用控制方法

宴会厅的业务具有淡旺季的差异以及生意量不固定的特点，所以必须对正式员工聘用人数进行严格控制。用月平均营业额除每人每个月的产值，所得数字便是应雇佣的正式员工人数。但每人每月的产值仍根据地区及酒店价值的不同而有所差异。例如，拥有员工数相同的两家酒店相比较，产品价位较高的酒店具有较高的平均产值。

3) 水、电、燃料费用与事务费用控制方法

以宴会厅可容纳数百位客人的营业规模来看，其所使用的灯光、空调等设施都属于大耗电量的设备，水的使用量也不容忽视。由这些必然发生的水电费、燃料费等费用可知，宴会厅的营业费用支出十分庞大，倘若不能有效控制设施耗费，很容易造成财务负担。

(1) 照明。在厨房内，应将白天能利用自然光的区域与其他区域的电源分开，并另设灯光开关，以便控制灯具的开启与关闭。对于营业现场内的灯具宜采用分段式开关控制，分营业时段，早、晚、夜间清洁，餐前准备工作等不同时段，在电源上标示以便操控，并视不同需要分段使用。宴会厅的后台单位，如办公室、仓库及后勤作业区等，应尽量用日光灯代替灯泡，以节省能源。多使用节能灯，也可以节省能源。

(2) 空调。冷气开关应采用分段调节式，以有效达到控温效果并节约能源。例如，在宴会开始前，在准备工作时段仅需启动送风功能即可。无宴会时，勿开启空调。空班时间应关闭电源。

(3) 水。应预防漏水，尤其需注意各设施的衔接处及管道连接部分。在公共场所尽量使用脚踏式用水开关，因为自动冲水系统设备在使用前后都会自动感应，比较浪费水，甚至发生错误动作。用水时水量应调至中小量，以避免浪费。在对各场所进行清洁工作时，应避免使用热水，尽量以冷水冲洗。水龙头如有损坏，应尽快通知维修部门。

(4) 计量。以各营业部门为单位，加装分表或流量表，以便追踪考核各单位设施使用控制的成效。运用电力供应系统的时间设定功能，自动控制各区域的供电情况，如控制冷气、抽排风、照明系统等设施的供电，切实管制用电。

(5) 储存设备。厨房食物尽量采取弹性的集中储存方式，仅运转必要的冷藏、冷冻设备。宴会厨房工作人员需注意冷冻库、冷藏库的温度调节是否正确。

(6) 煤气。使用煤气时，应留意控制火势，非烹调时段应将火熄灭。使用完毕后，应关闭煤气开关。炉灶上的煤气喷嘴应定时清理，随时保持干净，应确保煤气燃烧完全。

(7) 器皿。对造价较高的设备应重点控制，对器具可采用个人责任制进行控制。对酒店物品的控制应从一点一滴抓起，不仅依靠有关规章制度的约束和管理人员的监督，还要让每一位员工意识到节约物品与饭店发展和个人收入之间的关系，让员工积极主动地节约物品，从而降低成本。

3. 主题宴会产品成本核算方法

饭店管理者对各项生产费用的支出和产品成本的形成进行审核和计算，就是宴会产品成本核算。

在餐厅、厨房范围内，成本核算主要是对耗用原料成本的核算，它包括记账、分析、比较的核算过程。成本核算的过程既是对产品实际耗费情况的反映，也是对主要费用实际支出的控制过程，它是整个成本管理工作的重要环节。

1) 主、配料净料单位成本计算

宴会产品主、配料一般要经过拣洗、宰杀、拆卸、涨发、初步熟处理至半成品之后才能配置菜品。没有经过加工处理的原料称为毛料，经过加工可以用来配置菜品的原料称为净料。净料是组成单位产品的直接原料，其成本直接构成产品成本，所以在计算产品成本之前，应算出各种净料的成本。

食品原料的净料率是指食品原料经过一系列加工所得到的净料重量与它在加工前的重量(毛料重量)的比率，计算公式为

净料率=净料重量/毛料重量×100%

许多餐饮部门在实践中总结出一个规律，即在净料处理技术水平和原料规格质量相同的情况下，用净料率计算净料重量，计算公式为

净料重量=毛料重量×净料率

计算净料单位成本的方法主要有以下两种。

(1) 一料一档的净料单位成本的计算方法。一料一档即毛料经过粗加工处理后，只得到一种净料，没有可以作价利用的废料，计算公式为

净料单位成本=毛料进价总值/净料总重量

如果毛料经过粗加工处理后，还有可以利用的下脚料，那么净料单位成本的计算公式为

净料单位成本=(毛料进价总值-下脚料总值)/净料总重量

(2) 一料多档的净料单位成本的计算方法。一料多档即毛料经过粗加工处理后，得到一种以上的净料，为了正确计算各档净料的成本，应当分别计算各档净料的单位成本。各档净料的单位成本应根据各自的质量，以及使用该净料的菜肴的规格先行决定其净料总值应占毛料总值的比例，然后进行计算。

① 如果所有净料的单位成本都是从来没有计算过的，那么可根据这些净料的质量，逐一确定它的单位成本，而使各档总成本之和等于毛料进价总值，计算公式为

净料(1)总成本+净料(2)总成本+…+净料(n)总成本=毛料进价总值

净料(1)总成本=毛料进价总值×该净料总成本占毛料进价总值的比例

净料(1)单位成本=净料(1)总成本/净料(1)的重量

净料(1)、净料(2)、净料(3)…净料(n)各自的总成本和单位成本都按此种方法计算。

例如，酒店购入鲜鱼120千克，进价每千克5.80元，毛料总值696.00元。根据菜式烹制需要剖洗分档后，得净料105千克，其中鱼头35千克，鱼中段45千克，鱼尾25千克，损耗15千克。根据各档净料的质量及烹制用途，酒店确定鱼头的总成本应占毛料进价总值的25%，鱼中段占55%，鱼尾占20%，则各档净料的单位成本为

鱼头净料单位成本 =[696−(696×55%+696×20%)]/35

= 4.97(元/千克)

鱼中段净料单位成本=[696−(696×25%+696×20%)]/45

= 8.51(元/千克)

鱼尾净料单位成本=[696−(696×25%+696×55%)]/25

= 5.57(元/千克)

② 如果在所有净料中，有些净料单位成本是已知的，有些是未知的，那么可先把已知那部分的总成本算出来，从毛料进货总值中扣除，然后根据未知的净料质量逐一确定其单位成本。

计算出净料单位成本后，根据标准菜谱中规定的每道菜的投料量，就可以算出某一菜品主料、配料、调料的成本，那么单个菜品成本的计算公式为

单个菜品成本=主料成本+配料成本+调料成本

整桌菜品成本=冷菜成本+热菜成本+汤成本+点心成本+主食成本

在进行宴会菜品成本月末核算时，一般采用“以存计耗”倒求成本的方法。具体做法：如果餐厅、厨房领用的原料当月用完无剩余，领用的原料金额就是当月产品的成本；如果有剩余，在计算成本时应进行盘点并从领用的原料中减去剩余成本，求出当月实际耗用原料的成本，其计算公式为

本月耗用原料成本额=原料月初结存额+本月原料购进额−月末盘存额

2) 成本系数法的应用

由于在宴会中大量使用的鲜活原料的市场价格不断发生变化，而重新逐笔逐项计算加工半成品的单位成本既费事又烦琐，可结合成本系数法进行成本调整。成本系数法适用于当某些主料、配料的市价上涨或下降时重新计算净料单价及其成本，以调整菜单定价。成本系数是某种原料经粗加工或切割、烹制试验后，所得净料的单位成本与毛料单位成本之比，计算公式为

成本系数(成本率)=净料单位成本/毛料单位成本

宴会菜品成本的计算公式为

宴会菜品成本=宴会菜品价格×宴会菜品成本系数

假如原料价格有变动，无论涨价还是降价，只要用系数乘新价格就可得出新的加工后的原料成本。

某酒店宴会菜品的成本核算结果如表9-4所示，根据每道菜品的价格和成本率即可算出成本价。

表9-4 某酒店宴会菜品的成本核算结果

菜品	投料标准	成本价/元	售价/元	成本率
葱油青笋	青笋1 000克，4.6元；其他，2元	6.6	22	30%
自制皮冻	肉皮150克，2元；其他，3元	5	16	31.2%
夫妻肺片	牛腱子200克，7.4元；牛肚100克，2元；牛心100克，2元；其他，1元	12.4	28	44.3%
肉酱花生米	去皮花生米200克，4元；肉酱20克，3元	7	18	38.9%
哈尔滨风干肠	风干肠200克，7.92元	7.92	32	24.8%
哈尔滨红肠	红肠250克，9.25元	9.25	28	33%
重庆口水鸡	黄瓜100克，0.5元；鸡腿1只，7.5元；其他，3元	11	28	39.3%
风味牛筋	生牛筋800克，28.8元	28.8	38	75.8%
手撕乳鸽	生乳鸽20元/只；其他，4元	24	58	41.4%
北京片皮鸭	鸭子2 500克/只，35元；鸭酱，2元；葱50克，0.5元；黄瓜50克，0.5元；面饼20张，6元	44	98	44.9%
手撕牛肉	牛肉条600克，20.4元；酱1.5元；其他，4元	25.9	58	44.7%
吊烧鸡	生仔鸡1 000克/只，12.6元；鸡酱2元；其他，3元	17.6	58	30.3%

3) 调味品成本计算

宴会产品是成批加工和生产的，在进行成本核算时，主要采用平均成本计算法。平均成本也叫综合成本，是指批量生产的菜品的单位调味品成本。冷菜、部分热菜和各种主食、点心都属于批量生产。计算这类产品的调味品成本分以下两步。

(1) 用容器估量法和体积估量法估算产品所用调味品的总用量及其成本。

(2) 用产品的总重量除调味品的总成本，就可算出单位产品的调味品成本。

4) 宴会酒水成本计算

通常情况下，四、五星级酒店的酒水成本率可定为10%～20%，三星级酒店的酒水成本率可定为15%～25%，其他类型的酒吧的酒水成本率可定为20%～30%。酒水价格是酒水成本的2.5～3倍。

9.2.2 主题宴会产品定价

1. 主题宴会产品的价格及构成

(1) 主题宴会产品的价格。宴会产品的价格是指宴会中的食品和宴会中使用的一些物品销售价格的总和，是一定的成本、费用、利润和税金的货币表现。

(2) 主题宴会产品的价格构成。宴会产品价格是由原料成本、经营费用、税金和利润等构成的。宴会产品销售是集产品生产、产品销售及产品服务于一体的销售过程，所以在产品成本外的一些其他费用中，有些项目的费用不能单一核算，只能以“毛利额”来统称。

2. 主题宴会产品定价目标

宴会产品定价又称为“定价艺术”，这是因为产品定价既要考虑成本、利润等诸多因素，还要兼顾市场竞争和客人的支付能力等方面的影响。因此，产品定价既要慎重，又要有一定的灵活性。

所谓的定价目标，就是指在确定宴会产品价格后饭店应达到的目的。

定价目标要受饭店的营销目标乃至饭店的总体发展目标的制约，这3者之间应保持根本上的一致性。但是在把饭店经营的环境因素、产品本身所处的生命周期阶段以及消费者需求因素等纳入定价所依据的综合条件之中时，可能要对饭店餐饮产品定价的具体目标做出选择，侧重实现其中一个目标。主题宴会产品定价目标通常有以下3个。

(1) 以获取最大利润为定价目标。这一定价目标的侧重点是在短期内获得最大利润，因此是以宴会产品的各种成本费用为基础的。显然，这种定价目标如果能够实现，饭店就可以获得足够的收入用以偿付所有的成本费用，但由于这一目标完全是出自对企业自身的考虑，未顾及需求状况和竞争状况，有时很难实现。有些饭店在短期内以此为定价目标可能奏效，但长期以此为目标是行不通的。

(2) 以销售量或市场占有率为定价目标。这一目标追求增加客源，增加宴会产品销量，从而提高本企业产品在市场上的占有率。在这一目标的引导下，企业一般以低价向外销售产品，有时还采取各种让利形式来刺激需求。但这种定价目标的实现取决于产品本身的需求量及需求弹性。在实践中，常常会出现定价目标实现了，但企业获得可观利润的经营目标受到影响的情况。

(3) 以适应竞争为定价目标。当饭店所处的市场竞争激烈时，为了稳定或提高市场占有率、对抗竞争企业，饭店的定价目标可以确定为适应竞争、求生存、求发展。在这种情况下，饭店宴会产品的价格可高可低，其选择主要看市场的竞争结构、本饭店产品的竞争地位以及消费者的需求状况。

以上3个定价目标，在实际工作中一般不会单独出现，而是将三者尽可能地统一起来，以确定一个既有竞争力又可以增加产品销售量并能形成可观利润，且在长期内可行的定价目标。虽然这个目标较难实现，但在实践中几乎每个企业都在向这个目标靠拢。

3. 主题宴会产品定价原则

(1) 价格要反映产品的价值。宴会出售的所有餐饮产品的价格必须以其价值为主要制定依据，其价值包括：餐饮食品原料消耗的价值；生产设备、服务设施和家具用品等消耗的价值；以工资和奖金的形式支付给员工的报酬；以税金和利润的形式向企业和国家提供的积累。

(2) 价格必须适应市场需求。宴会产品定价应能反映供求关系，这样的价格才是切实可行的价格。因为价格过高，超过消费者的承受能力，必然会引起需求的下降，减少消费量；而价格偏低，相对成本就会增加，企业的经营利润就难以完成。这两种定价结果都不利于企业占有市场并获得预期利润，在制定价格时应遵循“价格要适应市场需求”的原则。

(3) 制定价格既要相对灵活，又要相对稳定。对于价格长期稳定供给的原料，其产品价格也要保持相对稳定；对于季节性强的原料，由于原料供应价格变动幅度较大，在定价时也可遵循灵活定价的原则。

(4) 制定价格要服从国家政策，接受相关部门指导。宴会产品定价要按照国家物价政策在规定范围内制定。定价人员要贯彻按质论价、分等论价、时菜时价的原则，按合理的成本、费用、税金加合理的利润来制定餐饮产品价格并接受当地物价管理部门的定价指导。

4. 主题宴会产品定价方法

1) 以成本为基础的定价方法

(1) 参照定价法。这是一种较方便、简单的方法，即按照规模、档次相似的酒店菜单价格，计划确定本酒店宴会产品价格，两者出入不大。使用这种方法时，要以经营成功的酒店宴会定价为依据，避免把不成功的定价作为参照。如表9-5所示，为某酒店主题宴会收入和费用明细表，根据该明细表，只要知道食物和其他物品的成本及其占宴会收入的比例，就可以估算宴会中每人的消费价格，从而可以按照工资、采购成本、毛利、总营运费用、净收入各自占宴会收入的百分比，分别估算工资、采购成本、毛利、总营运费用、净收入的数额，进而利用这些数据控制主题宴会生产成本。

表9-5　某酒店主题宴会收入和费用明细表

项目	比例
宴会收入	100%
直接成本	
食物和其他物品	25%
工资	35%
工资税	—
采购成本	6.2%
总直接成本	−66.2%
毛利	33.8%
营运费用	
广告和促销	
汽车和运输费用	
银行费用	
折旧：汽车和卡车	
折旧：家具和装置	
货物和快运	
汽油	
水	
保险	
洗衣和清洁	
照明和取暖	
维修	
许可证、执照和费用	
专业服务：会计和律师	
废物处理	
租金	
设备租赁	
文具和办公用品	
税	
电话费	
杂费	
总营运费用	−19%
净收入	14.8%
总计	
宴会收入	100%
直接费用	−66.2%
毛利率	33.8%
营运费用	−19%
净利润	14.8%

(2) 原料成本系数定价法。以菜品原料成本乘定价系数，即菜品销售价格。这里的定价系数是指计划菜品成本率的倒数。如果经营者计划自己的菜品成本率是40%，那么定价

系数为1/40%，即2.5。这种方法以成本为出发点，比较简单，但要避免过度依赖自己的经验，计划时要全面、充分，并留有余地。

(3) 依照毛利率定价法。计算公式为

菜品售价=菜品成本/(1-内扣毛利率)

这里的“菜品成本”是指该菜品的主料、配料、调料成本之和。毛利率通常是由主管部门及饭店规定的。这种计算方法也比较简单，只是准确核算每份菜品成本比较麻烦。由于在定价时为每份菜品加上同样的毛利率，使成本高的菜品价格更昂贵，而成本低的菜品价格相对较便宜。在一份菜单中，应注意适当调整平衡，以利销售。

(4) 主要成本定价法。把菜品原料和直接人工成本作为定价的依据，并从“溢损表”中查出其他成本费用和利润率，即可计算出销售价格，计算公式为

菜品销售价格=(菜品原料成本+直接人工成本)/[1-(非原料和直接人工成本率+利润率)]

主要成本定价法以成本为中心定价，但它考虑到餐饮业较高的人工成本率，如能适当降低人工成本，则定价可能更趋于合理。

(5) 成本加成定价法。这种方法即在食品原料成本上加一定的毛利作为售价。这种方法计算起来十分简单，并且能够保证获得预期的毛利额。但如果对不同菜品都加上相等的毛利额，就会使成本高的菜品价格偏低、成本低的菜品反而价格偏高，这两种情况都可能会影响企业的利润总额。因此，在实际工作中可以对不同菜品加上不同量的毛利额，以克服上述缺点。

(6) 量、本、利综合分析定价法。这种方法是根据宴会产品的成本、销售情况和盈利要求来综合定价的。这种方法把宴会产品按销售量及成本分类，每一种产品总能被列入下面4类中：①高销售量、高成本；②高销售量、低成本；③低销售量、高成本；④低销售量、低成本。

在考虑毛利的时候，对于第①类和第④类产品，可适当加一些毛利；对于第③类产品，应加较高的毛利；对于第②类产品，应加较低的毛利。然后，根据毛利率法计算菜单上菜品的价格。

这一方法综合考虑了客人的需求(表现为销售量)和餐饮成本、利润之间的关系，并根据“成本越高、毛利量应该越大，销售量越大、毛利量应该越小”的原理进行定价。在定价时，有的取低毛利率，有的取高毛利率，还有的取适中毛利率。经综合考虑多种因素后为宴会产品定价，可使宴会产品价格更加合理，从而促使饭店获益。

2) 以需求为基础的定价方法

以需求为基础的定价方法是以消费者的购买欲望和购买能力为依据，结合饭店产品的结构特点而采取的一种定价方法。这种方法避免了成本定价法忽视市场需求的缺点，因此更具有实际意义。

(1) 理解价值定价法。这种方法假定消费者有充分的购买力，其购买行为主要取决于购买欲望，而这种欲望又主要取决于消费者对产品所含价值的理解。

应用理解价值定价法时，定价人员首先要清楚本饭店所能提供给消费者的餐饮产品所包含的独特利益，并且了解消费者是如何评价这种利益的，然后根据消费者对产品价值的理解，最终确定消费者乐于接受的价格水平。如果这个价格水平既能适应市场需要，又能使饭店获得可观的利润，那么就可以确定价格。应用理解价值定价法是一个比较复杂的过程，需要进行比较细致的市场调研。

(2) 需求差异定价法。需求差异定价法是指根据饭店不同细分市场的需求差异确定宴会产品价格。采用这种定价法，要充分考虑消费者的需求心理的差异、产品的差异、地理位置的差异和时间的差异等因素，据此制定不同的价格。不同价格的差价大小要适宜，避免招致消费者的误解和反感。

3) 以竞争为中心的定价方法

以竞争为中心的定价方法，适用于饭店经营的宴会产品在市场上有众多竞争者的情况。当市场形成激烈的竞争环境时，饭店为了抵抗竞争或谋求一定的市场占有率，通常会采取这种定价方法。常见的定价方法有以下3种。

(1) 随行就市法。这种方法以众多竞争对手的产品平均价格作为定价依据，很少或干脆不考虑本饭店产品的成本或市场需求。

(2) 率先定价法。这是一种为使产品脱颖而出而采取的定价方法，那些在市场上有影响力的饭店通常会采用这种方法。价格水平可高可低，但必须保证与众不同，应用这种方法要冒一定的风险，但若使用得当，会在市场上树立起行业领袖形象，有利于产品的销售。

(3) 追随核心定价法。这种方法假定市场上存在起核心作用或占据主导地位的企业，其他在定价时可以效仿这个核心企业。

以竞争为中心的定价方法一般不能使企业在长期内获得较理想的利润，因此只在特定时期适用。价格竞争往往不利于任何企业，因此，现代饭店更应注重非价格竞争。

实训

知识训练

(1) 简述主题宴会产品成本、价格的概念。

(2) 阐述主题宴会成本的分类。

(3) 列举主题宴会成本控制的具体措施。

(4) 说明主题宴会产品价格的构成。

能力训练

案例9-4：某餐厅进行本月宴会原料消耗的月末盘存，其结果为剩余6 000元原料成本。已知该餐厅宴会部本月共领用原料成本26 000元，上月末结存饮料等原料成本4 600元。

该餐厅本月宴会部实际消耗原料成本为多少？

案例9-5：某宴会菜品由4类菜品组成。其中，A组产品，主料成本240元，辅料成本80元；B组产品，用面粉5 000克(每千克成本2.4元)，黄油800克(每千克成本28元)，其他辅料成本40元；C组产品，用熟苹果馅3 000克(已知苹果进价每千克5元)，熟品率为60%，其他原料成本共计85元；D组产品，成本为200元。

试计算此宴会的产品总成本。

素质训练

分组讨论宴会菜品原料质量和成本控制方法，并根据价格标准计算出案例9-5中的宴会总成本。讨论如何在达到价格与质量相匹配的同时还能使客人感到满意。理解宴会是饭店盈利比较高的产品，如果不能有效控制宴会成本，最终将会导致饭店利润下降。

小资料

部分原料净料率

许多酒店制定了原料的净料率标准。例如，芹菜的净料率为70%；卷心菜的净料率为80%；马铃薯和胡萝卜的净料率为85%；虾仁的净料率为40%以上(不同大小的虾，其净料率不同)；猪腿肉的精肉率为23%以上，一般猪肉约占54%，皮和脂肪约占23% 。

项目小结

1. 主题宴会菜品生产管理

主题宴会菜品生产管理涉及食品原料采购、验收与储存以及原料加工等方面。在这些环节中，应时刻把好食品卫生关，保证食品安全，同时降低采购、储存成本，在加工过程中节约煤气、水、电、人工费用，以降低宴会成本。

2. 主题宴会产品价格管理

主题宴会产品价格管理包括：一是对主题宴会产品成本的管理与控制，二是对主题宴会产品的价格进行管理。宴会成本按其性质分为固定成本、变动成本和半变动成本；按成本管理角度分为可控成本、不可控成本、标准成本、实际成本、标准人工直接费用等。主题宴会成本管理与控制的方法主要有：食品原料成本控制方法；人事费用控制方法；水、电、燃料费用与事务费用控制方法。

主题宴会产品成本核算包括：一是主、配料净料单位成本核算；二是用成本系数法估算宴会菜品成本；三是调味品成本核算；四是宴会酒水成本核算。在成本核算的基础上，根据酒店一定时期的经营目标，加上经营费用、税金和利润等，可确定宴会产品价格。主题宴会产品定价方法有：以成本为基础的定价方法；以需求为基础的定价方法；以竞争为中心的定价方法。

项目10

宴会部岗位综合实践

项目描述

在前面9个项目中，我们学习了主题宴会设计与管理的基本知识和基本原理，并进行了分项能力训练。在本项目中，我们将综合运用主题宴会设计与管理的知识和原理进行课程综合实践，以提高主题宴会设计与管理的综合能力。本项目包括两个任务，即中餐主题宴会设计和西餐主题宴会设计。

项目目标

知识目标：了解每个实训项目的考核标准；掌握中餐主题宴会创意设计、摆台技能、席间服务技能、菜单设计的基本知识、操作程序和规范；掌握西餐主题宴会创意设计、摆台技能、席间服务技能、鸡尾酒调制与服务创新能力、咖啡制作与服务基本知识、操作程序和规范。

能力目标：能够根据客人要求确定宴会类型，概括宴会名称，挖掘主题宴会名称的内涵；能够承担中西餐主题宴会的主题创意设计、菜单设计、摆台设计、席间服务设计、鸡尾酒调制与服务、咖啡制作与服务等工作；能够吸收中国特色社会主义餐饮文化发展的新成果和世界技能大赛的赛项规则，不断更新设计理念，创新主题宴会设计方法，提高宴会综合设计能力和管理能力；具有一定的创新能力和解决问题的实践能力。

素质目标：仪容仪表符合岗位要求、操作规范，养成良好的卫生习惯，具有职业精神；了解西方餐饮文化，践行习近平总书记在党的二十大报告中提出的“增强中华文明传播力影响力”“坚守中华文化立场，提炼展示中华文明的精神标识和文化精髓”“完善学校管理和教育评价体系，健全学校家庭社会育人机制”的要求；在主题宴会设计中弘扬中华民族勇于进取、精益求精的工匠精神，体现改革创新、吃苦耐劳的时代价值，在实训中克服困难，锤炼坚强的意志品质。

任务10.1 中餐主题宴会设计

10.1.1 中餐主题宴会主题创意设计

实 训 报 告

课程名称：<u>宴会部岗位综合实践</u>
实训项目：<u>中餐主题宴会主题创意设计</u>
专业班级：________________
姓　　名：________________
指导教师：________________
评定成绩：________________

年　　月　　日

1. 实训设备和材料

彩色纸张、水性笔、计算机、封面及封底彩色卡纸、彩笔、剪刀。

2. 实训注意事项

严格按照实训要求和实训步骤去做，认真完成实训任务，注意安全。

3. 操作步骤

1) 在下列主题中，选择一种宴会类型：婚宴、商务宴会、欢迎宴会、答谢宴会、生日宴会。

2) 确定主题宴会的名称。

3) 写出主题宴会名称的内涵。

4) 根据客人要求设计服务情景。

(1) 宴会开始时间：____年____月____日____时____分

(2) 宴会地点：×××酒店×××宴会厅

(3) 参加宴会人物：主人、主宾、副主人、副主宾、其他宾客，共计____人，____桌。

(4) 情景描述：① 宴会议程设计；

② 主题宴会环境设计包括灯光、色彩、装饰物、音乐、空气质量、服务人员的态度和礼仪及工作效率、特别制造效果、台型图、主桌席次图。

5) 仪容仪表设计。

6) 主题创意设计：

(1) 台面物品、布草、餐具设计，包括色彩、质地、图案、尺寸等方面。

(2) 中心装饰物突出主题，造型新颖、美观，尺寸适宜。

(3) 服务员的服装色彩、款式。

7) 菜单设计。

根据宴会主题设计菜品，制作菜单。要求菜单附在实训报告后上交。

8) 编制主题创意说明书，设计封面、封底。说明书附在实训报告后上交。

4. 中餐主题宴会主题创意设计考核标准(40分)

项目	项目评分细则	分值	扣分	备注
服务情景设计(5分)	主题名称紧扣主题中心思想	1		
	主题内涵阐释清晰，弘扬中华民族伟大精神	1		
	情景设计紧扣主题	1		
	服务情景要素设计全面、准确(时间、地点、人物、环境)	1		
	阐述宾客特点准确，描述宾客诉求准确	1		
仪容仪态设计(5分)	制服干净整洁，熨烫挺括合身，符合行业岗位标准	1		
	工作鞋干净，符合行业标准	1		
	具有较高标准的卫生习惯，男士修面，胡须修理整齐；女士化淡妆	1		
	身体部位没有可见标记；不佩戴过于醒目的饰物；指甲干净整齐，不涂有色指甲油	0.5		
	发型合适，符合职业要求	0.5		
	站姿、走姿优美，表现专业	1		
主题创意设计(20分)	台面设计符合主题，台面物品、布草(含台布、餐巾、椅套等)的质地环保，符合酒店经营实际	2		
	台面、布草的色彩、图案与主题相呼应	2		
	现场制作台面中心主题装饰物	4		
	中心主题装饰物设计规格与餐桌比例适当，不影响就餐客人餐中交流	2		
	中心装饰物主题创意新颖，设计外形美观，具有观赏性和文化性	4		
	餐具规格统一，整体美观，能展现主题	1		
	服务员服装符合岗位要求，服装与台面主题创意呼应、协调，设计合理	1		
	整体设计符合主题，效果突出，完全符合酒店经营实际，具有很好的市场推广价值	4		
菜单设计(5分)	菜单设计的各要素(例如颜色、背景图案、字体、字号等)与主题风格一致	0.5		
	菜单外形设计富有创意，形式新颖	0.5		
	菜品设计(菜品搭配、数量及名称)合理，符合主题	1		
	菜品设计注重食材选择，体现鲜明的主题特色和文化特色	1		
	菜品设计充分考虑成本等因素，符合酒店经营实际	1		
	菜单设计整体富有创意，富有艺术性，富有文化气息，设计水平高，具有很强的可推广性	1		
主题创意说明书设计(5分)	设计精美、图文并茂、材质精良、制作考究	2		
	文字表达简练、清晰、优美，能够准确阐述主题，不少于1000字	1		
	创意说明书制作与整体设计主题呼应、协调一致	1		
	创意说明书总体结构合理、层次清楚、逻辑严密	1		
合计		40		

备注：中餐主题宴会10人台桌面，以下为工作台服务用品详单，仅供参考。
(1) 中餐10人台圆桌1张，高75cm，直径180cm。
(2) 长方形备餐台(工作台)1张，规格为100cm×200cm。
(3) 宴会用无扶手靠背椅子10把，椅子高95cm，椅面规格为45cm×45cm。
(4) 装饰布1块，圆形，直径320cm，材质为30%棉、70%化纤，重约1550克。
(5) 台布1块，正方形，规格为240cm×240cm，材质为70%棉、30%化纤，重约1000克。
(6) 象牙白瓷餐碟(骨碟)10个，外径20.3cm，内径12.5cm。
(7) 象牙白瓷味碟10个，碟口直径7.3cm，底部直径4cm，高1.8cm。
(8) 象牙白瓷汤碗10个，碗口直径11.3cm，底部直径5cm，高4cm。
(9) 象牙白瓷汤勺10个，长13.4cm，宽4cm。
(10) 公共金属筷子架2个，公筷架全长9.5cm、底座长5.9cm、宽1.2cm，勺座直径2.5cm、筷座长3.5cm、宽1.2cm。
(11) 筷子12双，长24.5cm，筷子头直径0.4cm；带筷套，筷套长29.5cm、宽3cm。
(12) 象牙白瓷筷架10个，长7.1cm，底部长7.3cm；宽3.1cm，底部宽3.3cm；高1.5cm；勺子位长4.9cm，圆形凹口位长2.5cm；筷子位顶部长2.2cm，凹位长1.3cm，高1.1cm。
(13) 不锈钢长柄勺12把，全长20.4cm，勺子长6.4cm，直径4.3cm。
(14) 牙签袋10个，长8.3cm，宽1.5cm。
(15) 透明玻璃红酒杯(14cl)10个，杯口外径5.8cm，杯口内径5.5cm，内高6.9cm，外高14cm，杯底直径5.7cm，厚0.2cm。
(16) 透明玻璃白酒杯(2.6cl)10个，杯口外径3.7cm，杯口内径3.4cm，内高3.3cm，外高8.9cm，杯底直径4.1cm，厚0.2cm.
(17) 透明玻璃水杯(414ml)10个，杯口外径6.5cm，杯口内径6.1cm，内高13.5cm，外高18.7cm，杯底直径6.7cm，厚0.4cm。
(18) 餐巾10个，规格为56cm×56cm，重约70克，材质为纯棉。
(19) 花材1份，或现场制作中心装饰物1份。
(20) 花瓶1个，外径17.5cm，内径16.5cm，底径13.5cm，盆高7.5cm。
(21) 菜单2份，一份长24.3cm、外宽14.7cm、内宽29.7cm、厚1.4cm，另一份长24.3cm、外宽14.7cm、内宽12.7cm、厚1.4cm。
(22) 桌号牌1个，底座长10cm，宽4.5cm，高8.1cm，底座厚度0.8cm。
(23) 托盘2个，外径32cm，内径30cm，误差0.5cm。如果托盘为长方形，则长45cm，宽35cm。
(24) 服务巾2条，规格为56cm×56cm，重约70克，材质为纯棉。
(25) 消毒巾2条，规格为56cm×56cm，重约70克，材质为纯棉。
(26) 白色大平圆盘1个，直径40cm。
(27) 海马刀1把。
(28) 红酒瓶(750ml)1个，高32cm，瓶身直径7.3cm，口径(外)2.7cm，口径(内)1.9cm。
(29) 白酒瓶(500ml)1个，透明色，高26.5cm，瓶身直径6.6cm，口径(外)2.75cm，口径(内)1.75cm。
(30) 啤酒瓶(500ml)1个。

5. 自我评价：
6. 酒店宴会部专业人员评价：
7. 教师评价： 指导教师签字： 年 月 日

10.1.2 中餐主题宴会摆台

实 训 报 告

课程名称：宴会部岗位综合实践
实训项目：中餐主题宴会摆台
专业班级：____________
姓　　名：____________
指导教师：____________
评定成绩：____________

年　　月　　日

1. 实训设备和材料

中餐10人台1张，备餐台1张，椅子10把，装饰布1块，台布1块，骨碟10个，味碟10个，汤碗10个，汤勺10个，筷架12个，筷子12双，长柄勺12把，牙签盆10个，红酒杯10个，白酒杯10个，水杯10个，餐巾10块，现场制作中心装饰物的材料1份，菜单2份，主题牌1个，托盘2个，服务巾2块，消毒巾2块，平圆盘1个。

2. 实训注意事项

严格按照实训要求和实训步骤去做，认真完成实训任务，注意安全。

3. 操作步骤

1) 仪容仪表准备。
2) 工作台准备。
3) 铺装饰布、台布。
4) 餐碟定位。
5) 摆放味碟、汤碗、汤勺。
6) 摆放筷架、筷子、长柄勺、牙签。
7) 摆放红酒杯、白酒杯、水杯(水杯插好餐巾花，摆在红酒杯左侧)。
8) 摆放公共餐具。
9) 餐巾折花。
10) 摆放中心装饰物、菜单(2份)、桌号牌(1个)。
11) 拉椅定位。
12) 全面检查，餐具、用具是否整洁齐全，摆放是否一致。

4. 中餐主题宴会摆台考核标准(50分)

项目	项目评分细则	分值	扣分	备注
仪容仪态(5分)	制服干净整洁，熨烫挺括合身，符合行业岗位标准，服装与台面主题创意呼应、协调，设计合理	1		
	工作鞋干净，符合行业标准	1		
	具有较高标准的卫生习惯，男士修面，胡须修理整齐；女士化淡妆	1		
	身体部位没有可见标记；不佩戴过于醒目的饰物；指甲干净整齐，不涂有色指甲油	0.5		
	发型合适，符合职业要求	0.5		
	面带微笑，站姿、走姿、蹲姿优美，手势自然、大方、优雅，表现专业	1		

项目	项目评分细则	分值	扣分	备注
工作台准备(2分)	巡视工作环境，进行安全、环保检查	1		
	检查服务用品，工作台物品摆放位置正确，餐椅按照三二、两两的组合摆在餐桌周围	1		
桌裙/装饰布(3分)	从主人位开始拉椅，站在主人位，采用抖铺式、推拉式或撒网式铺设装饰布、台布，要求一次完成	1		
	装饰布平铺在餐桌上，正面朝上	1		
	装饰布平整，四周下垂均等，桌裙长短合适，距离地面3厘米左右	1		
台布铺设(3分)	台布铺在装饰布上，正面朝上，定位准确，中心线凸缝向上，且对准正副主人位	2		
	台面平整，台布四周下垂均等	1		
餐碟(装饰盘)定位(4分)	手拿餐碟边缘部分，从主人位开始一次性定位摆放餐碟	1		
	餐碟定位，标识图案对正	1		
	碟间距离相等，碟边距桌沿1.5厘米	1		
	餐碟中心、餐桌中心、椅背中心三点一线	1		
味碟、汤碗、汤勺(3分)	味碟位于餐碟正上方，相距1厘米或均等	1		
	汤碗位于味碟左侧，相距1厘米，汤碗中心与味碟中心在一条直线上	1		
	汤勺放置于汤碗中，勺把朝左，与味碟中心在一条直线上	1		
筷架、筷子、长柄勺、牙签(3分)	筷架在餐碟右侧，其横中线与汤碗、味碟横中线在一条直线上；筷架左侧纵向延长线与餐碟右侧相切，位于筷子上部三分之一处	1		
	长柄勺、筷子摆在筷架上，勺距餐碟均等	1		
	筷子尾距桌沿距离均等，筷套正面朝上	0.5		
	牙签位于长柄勺和筷子之间，牙签套正面朝上，尾部与长柄勺齐平	0.5		
餐巾折花(6分)	餐巾准备平整、无折痕	0.5		
	一次成型，花形逼真，巾花挺拔，美观大方，款式新颖，突显主题、有创意	2		
	使用托盘摆放餐巾	0.5		
	折10种不同造型的杯花，花形突出正、副主人位	1		
	有头尾的动物造型应头朝右，主人位除外；巾花观赏面朝向客人，主人位除外	1		
	餐巾折花在工作台上操作；折叠手法正确、卫生，手不触及杯口及杯的上部；杯花底部应整齐、美观，落杯不超过2/3处	1		
红酒杯、白酒杯、水杯(5分)	葡萄酒杯摆在味碟正上方2厘米处	1		
	白酒杯摆在葡萄酒杯右侧，水杯摆在葡萄酒杯左侧，杯肚间隔1厘米，水杯待餐巾花折好后一起摆上桌	2		
	三杯成斜直线，与水平线成30° 角	1		
	摆杯手法正确、卫生(拿杯柄或中下部)	1		
公用餐具(2分)	公用筷架摆放在主人和副主人餐位水杯正上方，距水杯肚下沿切点3厘米	1		
	公勺、公筷置于公用筷架之上，勺柄、筷子尾端朝右	1		

项目	项目评分细则	分值	扣分	备注
中心装饰物、桌号牌和菜单(8分)	中心装饰物现场制作完成，摆在台面正中	6		
	桌号牌摆放在中心装饰物正前方，面对副主人位	1		
	菜单摆放在正副主人的筷子架右侧，位置一致，菜单右尾端距离桌边1.5厘米	1		
餐椅定位(2分)	从主人位开始拉椅定位	0.5		
	椅背中心与餐碟中心对齐	0.5		
	餐椅之间距离均等	0.5		
	餐椅座面边缘距台布下垂部分相切	0.5		
总体(4分)	使用托盘操作(台布、桌裙或装饰布、花瓶或其他装饰物和主题名称牌除外)	1		
	操作中物品无掉落	0.5		
	操作中物品无碰倒	0.5		
	操作中物品无遗漏	0.5		
	操作按照顺时针方向进行	0.5		
	整体设计和谐、注重细节，具有可推广性	1		
	操作30分钟完成，超时30秒扣0.5分	0		
合计		50		

5. 自我评价

6. 酒店宴会部专业人员评价：

7. 教师评价：

指导教师签字：

年 月 日

10.1.3　中餐主题宴会席间服务设计

实 训 报 告

实操 10.1.3

席间服务

课程名称：　宴会部岗位综合实践
实训项目：　中餐主题宴会席间服务设计
专业班级：________________
姓　　名：________________
指导教师：________________
评定成绩：________________

年　　月　　日

1. 实训设备和材料

中餐台1张，服务台1张，水果盘30个，水果叉30个，瓷盘1个，砧板1个，果盘制作工具(刀、叉、勺)各1套，垃圾桶1个，果篮1个，茶壶1个，茶杯10个，葡萄酒海马刀1把，分餐勺、叉各1个，红葡萄酒1瓶，白酒1瓶，饮料1瓶，消毒巾6块，分菜用餐碟10个，分汤用汤碗10个。中餐热菜：双椒土豆丝。汤：西红柿蛋花汤。水果：芒果、橙子、火龙果、西瓜4种。托盘2个，备餐车1台。

2. 实训注意事项

严格按照实训要求和实训步骤去做，认真完成实训任务，注意安全。

3. 操作步骤

1) 在摆台完成后进行中餐主题宴会席间服务。
2) 餐前服务：
(1) 准备餐具，检查卫生；
(2) 餐前引领客人；
(3) 协助客人入座；
(4) 拆餐巾、撤筷套；
(5) 斟倒茶水。
3) 果盘制作与服务，制作10份一人用量的果盘。
4) 开酒瓶、斟酒。
5) 上菜服务。
6) 分菜服务。
7) 餐具撤换服务。
8) 餐后服务。

4. 中餐主题宴会席间服务设计考核标准(30分)

项目	项目评分细则	分值	扣分	备注
餐前服务(6分)	检查餐台摆设状态，查验餐台物品	0.5		
	完成餐器具的清洁卫生工作	0.5		
	准备服务用品，确保摆放合理、安全整齐	0.5		
	主动、友好地问候客人，欢迎客人光临	0.5		
	引领方式正确、规范：引领客人时，面带微笑，在客人左侧，走在客人侧前方两三步的位置，用手势指引示意落座位置，说“这边请”	1		
	协助客人入座，面带微笑，在主宾位将椅子从餐桌边往后拉出，待客人进入座位，注视宾客，手指尖指向椅子，说“请坐”，然后在主人位协助主人入座，最后在副主人位拉椅让座	1		

项目	项目评分细则	分值	扣分	备注
餐前服务(6分)	从主宾位开始，在主宾右侧，顺时针为客人将餐巾一角铺在餐碟下面。拆餐巾、拆筷套动作正确、熟练、优雅	0.5		
	正确使用托盘上茶	0.5		
	按照先宾后主顺序，在客人右侧上茶	0.5		
	茶水斟倒8分满，无滴洒，分量均等	0.5		
果盘制作与服务(5分)	使用4种水果，将水果切成适于食用的小块	1		
	出品分量、大小相等	1		
	制作过程中手不接触水果，只能使用自带的刀、叉、勺，不能使用任何其他模具	0.5		
	已经去皮的完整水果必须完全使用，将没有完全去皮的水果放回果篮	0.5		
	操作过程卫生、安全	1		
	上果盘先在主宾右侧上，然后在主人右侧上，最后在副主人右侧上，按照顺时针方向服务	1		
酒水斟倒(6分)	向客人正确介绍酒水，按标准为客人点酒水	0.5		
	服务用语恰当	0.5		
	准确提供客用所点酒水	0.5		
	正确调整和更换客用器具	0.5		
	酒标朝向客人，示酒姿势标准，在客人右侧服务	0.5		
	开瓶方式正确，安全卫生	0.5		
	在主人右侧倒酒，酒瓶商标朝向主人，斟倒1/5杯红葡萄酒请主人品尝酒质。主人品完酒表示认可后，征求主人意见，询问是否可以立即斟酒	0.5		
	先在主宾右侧斟倒，依次为主人、副主人、其他客人倒酒，白酒、饮料斟倒8分满，红酒斟倒5分满	0.5		
	每个餐位换瓶斟倒酒水，先白酒，后红酒，最后饮料，按照顺时针方向为客人斟倒酒水	0.5		
	斟酒时瓶口不碰杯口，相距1～2厘米	0.5		
	托盘斟酒操作规范、卫生、优雅	1		
上菜(2分)	在上菜前，应先把餐桌上的花瓶、台号牌、席卡撤下，按照菜单顺序上菜	1		
	在副主人位右侧上菜，上菜时应做到轻、准、正、平	0.5		
	正确介绍菜名，并说“先生，这是×××，请慢用”	0.5		
分菜(4分)	在客人右侧将菜盘撤回，在备餐车(或工作台)上用分菜叉、勺分菜，分10人用量，分量均匀。留出一份以备客人添加	2		
	从第一主宾位右侧开始上菜，按照顺时针方向依次为副主宾、主人、副主人及其他客人上菜	1		
	上菜姿势、动作正确、自然，讲究卫生、礼貌	1		

项目	项目评分细则	分值	扣分	备注
撤换餐具(2分)	在客人右侧撤下用过的餐具，更换干净的餐盘、汤碗	0.5		
	将剩余餐具调整整齐，保持餐具均衡、协调	0.5		
	餐具拿取方法正确，操作规范	1		
餐后服务(3分)	主动征询客人意见	1		
	提醒客人带好随身物品，确认客人无遗留物品	0.5		
	送客热情、有礼貌，并说“欢迎下次光临”	0.5		
	服务用具归位，操作规范	1		
操作规范与服务礼仪(2分)	操作动作规范、娴熟、敏捷，声音轻柔，姿态优美	0.5		
	操作过程中举止大方、注重礼貌、保持微笑	0.5		
	服务语言规范、得当，符合行业要求	0.5		
	操作神态自然，具有亲和力，体现岗位气质	0.5		
备注：斟倒酒水时每滴一滴扣1分，每溢一摊扣3分 90分钟完成				
合计		30		

5. 自我评价：

6. 酒店宴会部专业人员评价：
7. 教师评价： 指导教师签字： 年　　月　　日

10.1.4　中餐主题宴会菜单设计

实 训 报 告

课程名称：<u>宴会部岗位综合实践</u>
实训项目：<u>中餐主题宴会菜单设计</u>
专业班级：____________
姓　　名：____________
指导教师：____________
评定成绩：____________

年　　月　　日

1. 实训设备和材料

A4彩色铜版纸1袋(100张)，彩色笔(24色)1盒，水性笔2支，折叠式两页菜单(尺寸自定)。

2. 实训注意事项

严格按照实训要求和实训步骤去做，认真完成实训任务，注意安全。

3. 操作步骤：

根据宴会主题和客人要求设计菜品及寓意名。

1) 确定菜品种类。

按照各类菜品成本占宴会菜品成本的比例分配菜品成本。

2) 确立核心菜品，即四大支柱菜品、四大基本构成菜品。

3) 辅佐菜品的配备。

4) 合理安排各种口味。

5) 考虑菜品数量结构。

6) 突出酒店菜品特色。

7) 考虑菜品营养结构。

8) 按上菜顺序排菜。

9) 根据主题和客人要求写出菜品寓意名。

10) 写出主题宴会套菜价格，应符合酒店经营实际。

11) 制作折叠式两页菜单并进行装裱。

4. 中餐主题宴会菜单设计考核标准(20分)

项目	项目评分细则	分值	扣分	备注
菜单设计(8分)	菜单各要素合理，与主题一致	4		
	菜单整体设计与台面统一，外观具有艺术性	4		
菜品设计(12分)	充分考虑菜品种类、搭配	3		
	兼顾菜品特色，与主题呼应	3		
	菜品数量合理	3		
	考虑菜品成本，符合经营实际	3		
完成时间	20分钟			
合计		20		

5. 自我评价：
6. 酒店宴会部专业人员评价：
7. 教师评价： 指导教师签字： 年　　月　　日

任务10.2 西餐主题宴会设计

10.2.1　西餐主题宴会主题创意设计

实 训 报 告

课程名称：宴会部岗位综合实践
实训项目：西餐主题宴会主题创意设计
专业班级：________________
姓　　名：________________
指导教师：________________
评定成绩：________________

年　　月　　日

1. 实训设备和材料

彩色纸张，水性笔，计算机，封面和封底彩色卡纸，彩笔，剪刀，彩带。

2. 实训注意事项

严格按照实训要求和实训步骤去做，认真完成实训任务，注意安全。

3. 操作步骤

1) 根据西方传统节日举办宴会，如在感恩节、母亲节、父亲节等节日中选择一个节日。

2) 确定主题宴会的名称。

3) 写出主题宴会名称的内涵。

4) 根据客人要求设计服务情景。

(1) 宴会开始时间：____年____月____日____时____分。

(2) 宴会地点：　×××酒店×××宴会厅。

(3) 参加宴会人物：主人、主宾、副主人、副主宾、其他宾客，共计____人。

(4) 情景描述：①宴会议程设计。

②主题宴会环境设计，包括灯光、色彩、装饰物、音乐、空气质量、服务人员的态度和礼仪及工作效率、特别制造效果、台型图、主桌席次图。

5) 仪容仪表设计。

6) 主题创意设计：

(1) 台面物品、布草、餐具设计，包括色彩、质地、图案、尺寸等方面。

(2) 中心装饰物突出主题，造型新颖、美观，尺寸适宜。

(3) 服务员的服装色彩、款式。

7) 菜单设计

根据宴会主题设计菜品，制作菜单。要求菜单附在实训报告后上交。

8) 编制主题创意说明书，设计封面、封底。说明书附在实训报告后上交。

4. 西餐主题宴会主题创意设计考核标准(40分)

项目	项目评分细则	分值	扣分	备注
服务情景设计(5分)	主题名称紧扣主题内涵	1		
	主题内涵阐释清晰	1		
	情景设计紧扣主题	1		
	服务情景要素设计全面、准确(时间、地点、人物、环境)	1		
	阐述宾客特点准确，描述宾客诉求准确	1		
仪容仪态设计(5分)	制服干净整洁，熨烫挺括合身，符合行业岗位标准	1		
	工作鞋干净，符合行业标准	1		
	具有较高标准的卫生习惯，男士修面，胡须修理整齐；女士化淡妆	1		
	身体部位没有可见标记；不佩戴过于醒目的饰物；指甲干净整齐，不涂有色指甲油	0.5		
	发型合适，符合职业要求	0.5		
	站姿、走姿优美，表现专业	1		
主题创意设计(20分)	台面设计符合主题，台面物品、布草(含台布、餐巾、椅套等)的质地环保，符合酒店经营实际	2		
	台面、布草的色彩、图案与主题相呼应	2		
	现场制作台面中心主题装饰物	4		
	中心主题装饰物设计规格与餐桌比例适当，不影响就餐客人餐中交流	2		
	中心装饰物主题创意新颖，设计外形美观，具有观赏性、文化性	4		
	餐具规格统一，整体美观，能展现主题	1		
	服务员服装符合岗位要求、服装与台面主题创意呼应、协调，设计合理	1		
	整体设计符合主题，效果突出，完全符合酒店经营实际，具有很好的市场推广价值	4		
菜单设计(5分)	菜单设计的各要素(例如颜色、背景图案、字体、字号等)与主题风格一致	0.5		
	菜单外形设计富有创意，形式新颖	0.5		
	菜品设计(菜品搭配、数量及名称)合理，符合主题	1		
	菜品设计注重食材选择，体现鲜明的主题特色和文化特色	1		
	菜品设计充分考虑成本等因素，符合酒店经营实际	1		
	菜单设计整体富有创意，富有艺术性，富有文化气息，设计水平高，具有很强的可推广性	1		
主题创意说明书设计(5分)	设计精美、图文并茂、材质精良、制作考究	2		
	文字表达简练、清晰、优美，能够准确阐述主题，不少于1000字	1		
	创意说明书制作与整体设计主题呼应、协调一致	1		
	创意说明书总体结构合理、层次清楚、逻辑严密	1		
合计		40		

5. 自我评价：
6. 酒店宴会部专业人员评价：
7. 教师评价： 指导教师签字： 年　　月　　日

10.2.2 西餐主题宴会正餐摆台

实 训 报 告

课程名称：宴会部岗位综合实践

实训项目：西餐主题宴会正餐摆台

专业班级：________________

姓　　名：________________

指导教师：________________

评定成绩：________________

年　　月　　日

1. 实训设备和材料

设备：西餐6人台1张，备餐台1张，宴会椅6把，台布2块，餐巾6块，餐具1套(主菜刀、鱼刀、开胃刀、主菜叉、鱼叉、开胃叉、面包盘、黄油刀、黄油碟、甜盒品叉、甜品勺各1个)，浓汤勺6个，水杯6个，红葡萄酒杯6个，白葡萄酒杯6个，烛台2个，牙签盒2个，椒盐瓶2套，现场制作中心装饰物材料1份，盛装器皿1个，菜单6份，主题牌1个，席次卡6个，托盘2个，服务巾4块，消毒巾2块，平圆盘1个。

2. 实训注意事项

严格按照实训要求和实训步骤去做，认真完成实训任务，注意安全。

3. 操作步骤

1) 仪容仪表准备。
2) 工作台准备。
3) 铺台布。
4) 餐椅定位。
5) 摆放装饰盘。
6) 摆放刀、叉、勺，包括甜品叉、甜品勺。
7) 摆放面包盘、黄油刀、黄油碟。
8) 摆放红葡萄酒杯、白葡萄酒杯、水杯。
9) 摆放台面中心装饰物。
10) 摆放烛台。
11) 摆放牙签盒、椒盐瓶。
12) 餐巾折花，并摆放在餐盘正中心。
13) 摆放宴会菜单、台号牌和席次卡。
14) 全面检查。

4. 西餐主题宴会摆台考核标准(50分)

项目	项目评分细则	分值	扣分	备注
仪容仪表准备(2分)	制服干净、挺括，符合行业标准	0.4		
	黑色皮鞋，干净，符合行业标准	0.4		
	男士修面，胡须修理整齐；女士化淡妆，身体部位没有可见标记，不佩戴过于醒目的饰物，指甲干净整齐，不涂有色指甲油	0.4		
	发型合适，不过度使用护发用品	0.4		
	姿态良好，表现专业	0.4		

项目	项目评分细则	分值	扣分	备注
工作台准备(2分)	确保餐具、玻璃器皿等清洁、卫生	1		
	工作台整洁，物品摆放整齐、规范、安全	1		
铺台布(2分)	台布中凸线向上，两块台布中凸线对齐	0.4		
	两块台布在中央重叠5厘米，重叠部分均等、整齐	0.4		
	主人位方向的台布交叠在副主人位方向的台布上	0.4		
	台布四边下垂均等	0.4		
	台布铺设方法正确，最多4次整理成形	0.4		
餐椅定位(2分)	从主人位开始按顺时针方向进行，从座椅正后方进行操作	1		
	座椅之间距离均等，相对座椅的椅背中心对准	0.5		
	座椅边沿与下垂台布距离均等	0.5		
装饰盘(3分)	手持盘沿右侧操作，从主人位开始摆设	1		
	盘边离桌边距离均等，与餐具尾部成一线	0.5		
	装饰盘中心与餐椅中心对准	0.5		
	盘与盘之间距离均等	1		
刀、叉、勺(8分)	刀、叉、勺由内向外摆放，距桌边距离均等(每个0.1分)	4		
	刀、叉、勺之间及与其他餐具间距离均等，整体协调、整齐(每个0.1分)	4		
面包盘、黄油刀、黄油碟(3分)	面包盘盘边距开胃品叉1厘米(每个0.1分)	1		
	面包盘中心与装饰盘中心对齐	1		
	黄油刀置于面包盘内右侧1/3处	0.5		
	黄油碟摆放在黄油刀尖正上方，间距均等	0.5		
杯具摆放(3分)	摆放顺序：白葡萄酒杯、红葡萄酒杯、水杯(白葡萄酒杯摆在开胃品刀的正上方，杯底距开胃品刀尖2厘米)	1		
	三类杯子向右与水平线成45°角	1		
	各杯肚之间间距均等	1		
中心装饰物(2分)	中心装饰物中心置于餐桌中央和台布中线上	1		
	中心装饰物主体高度不超过30厘米	1		
烛台(2分)	烛台与中心装饰物之间间距均等	1		
	烛台底座中心压台布中凸线	0.5		
	两个烛台方向一致	0.5		
牙签盒、椒盐瓶(2分)	牙签盒与烛台底边间距均等	0.5		
	牙签盒中心压在台布中凸线上	0.5		
	椒盐瓶与牙签盒距离均等	0.5		
	椒盐瓶与台布中凸线间距均等	0.5		
餐巾盘花(3分)	在平盘上操作，折叠方法正确、卫生	1.5		
	在餐盘中摆放一致，正面朝向客人，造型美观，大小一致，突出主人位	1.5		

项目	项目评分细则	分值	扣分	备注
操作动作与西餐礼仪(6分)	托盘方法正确，操作规范，餐具拿捏方法正确、卫生、安全	2		
	操作动作规范、熟练、轻巧，自然、不做作	1		
	操作过程中举止大方、注重礼貌、保持微笑	1		
	仪容仪态、着装等符合行业规范和要求	1		
	操作神态自然，具有亲和力，体现岗位气质	1		
主题设计(10分)	台面整体设计新颖、颜色协调、主题鲜明	4		
	中心装饰物设计精巧、实用性强、易推广	3		
	中心装饰物现场组装与摆放	3		
合计		50		
备注：掉落物品每件扣3分，碰倒物品每件扣2分，遗漏物品每件扣1分　　扣分：　分 摆台准备2分钟，摆台操作15分钟完成				
实际得分				

5. 自我评价：

6. 酒店宴会部专业人员评价：
7. 教师评价： 指导教师签字： 年　　月　　日

10.2.3 西餐主题宴会席间服务设计

实 训 报 告

课程名称：宴会部岗位综合实践

实训项目：西餐主题宴会席间服务设计

专业班级：________________

姓　　名：________________

指导教师：________________

评定成绩：________________

年　　月　　日

1. 实训设备与材料

海马刀2把，小调味碟2个，服务巾6条，消毒巾2条，红葡萄酒1瓶，白葡萄酒1瓶，饮料1瓶。

2. 实训注意事项

严格按照实训要求和实训步骤去做，认真完成实训任务，注意安全。

3. 操作步骤

1) 在摆台完成后进行西餐主题宴会席间服务。

2) 撤换餐具。

3) 开葡萄酒。

4) 斟倒酒水。

4. 西餐主题宴会席间服务考核标准(20分)

项目	项目评分细则	分值	扣分	备注
撤换餐具(6分)	从主人位开始，按顺时针方向为客人调整餐具	2		
	将宾客不需要的餐具、杯具等用托盘撤下，摆放至工作台上	1		
	将剩余餐具调整整齐，保持餐具摆放均衡、协调	1		
	取用餐具方法正确，操作规范	2		
开葡萄酒(4分)	在主人右侧，酒瓶商标朝向主人示酒	1		
	用专用开瓶器(海马刀)上的小刀，切除葡萄酒瓶口的封口(胶帽)，胶帽边缘整齐	1		
	用开瓶器上的螺杆拔起软木塞，软木塞完整无损、无落屑	1		
	操作规范、卫生、优雅，酒瓶不转动	1		
酒水斟倒(8分)	按照“先宾后主、女士优先”的原则，按顺时针方向在客人右侧为客人斟倒冰水，斟倒3/4杯	2		
	由主人鉴酒，斟倒1/5杯红葡萄酒请主人品尝酒质。主人品完酒并表示认可后，征求主人意见，询问是否可以立即斟酒	1		
	按先宾后主、女士优先的原则，为客人斟葡萄酒	1		
	酒标朝向客人，在客人右侧服务	1		
	斟倒红葡萄酒1/2杯，各杯酒水量均等	1		
	白葡萄酒需要用口布包瓶，斟倒2/3杯	1		
	徒手斟酒，操作规范、卫生、优雅	1		

项目	项目评分细则	分值	扣分	备注
操作规范与服务礼仪(2分)	操作动作规范、熟练、轻巧、自然、不做作	0.5		
	操作过程中举止大方、注重礼貌、保持微笑	0.5		
	服务语言规范、得当，符合行业要求	0.5		
	操作神态自然，具有亲和力，体现岗位气质	0.5		
合计		20		
备注： 掉落物品每件扣2分，碰倒物品每件扣1分　　扣分：　分 斟倒酒水时每滴一滴扣1分，每溢一摊扣3分　　扣分：　分 30分钟完成，服务过程中用英语与客人沟通				
实际得分				

5. 自我评价：

6. 酒店宴会部专业人员评价：
7. 教师评价： 指导教师签字： 年　月　日

10.2.4　鸡尾酒调制与服务设计

实 训 报 告

课程名称：<u>宴会部岗位综合实践</u>
实训项目：<u>鸡尾酒调制与服务设计</u>
专业班级：________________
姓　　名：________________
指导教师：________________
评定成绩：________________

年　　月　　日

1. 实训设备与材料

调酒操作台2张，调酒服务台2张，调酒用具(摇酒壶、量酒器、装饰物、调酒棒、冰夹、吸管)各2套，海马刀2把，基酒和辅料各2套，不同形状的酒杯各2套，各种配料2套，调酒匙2把，滤冰器2个，榨汁器2个，冰桶2个，冰铲2个，搅拌机2个，砧板2个，水果刀2把，开瓶器2个，开塞钻2个，特色牙签2根，杯垫2个，洁杯布2块。

2. 实训注意事项

严格按照实训要求和实训步骤去做，认真完成实训任务，注意安全。

3. 操作步骤

1) 仪容仪表准备。
2) 服务台准备。操作台整洁有序，用具与材料摆放整齐，符合卫生要求。
3) 备好原料。
4) 选杯。
5) 冰杯。
6) 在调酒壶里加入冰块。
7) 传瓶、示瓶、开瓶、量酒。
8) 摇晃调酒壶。
9) 将酒倒入酒杯。
10) 用调酒棒搅拌。
11) 制作装饰物。
12) 放入吸管。有的鸡尾酒需要放入吸管，视具体情况而定。
13) 调两杯及以上同类型的酒时，要排成一排，先从左到右再从右到左反复平均注入，保证饮品的规格。
14) 为客人服务，礼貌地迎接、送别客人。
15) 向客人推荐并介绍鸡尾酒，确保调制的鸡尾酒与客人点单一致。
16) 向客人服务鸡尾酒时使用杯垫，向客人清楚地讲解鸡尾酒创意。

实操 10.2.4

鸡尾酒调制服务流程3

4. 鸡尾酒调制与服务考核标准(15分)

项目	项目评分细则	分值	扣分	备注
仪容仪表(2分)	制服干净、挺括、符合行业标准	0.4		
	黑色皮鞋，干净，符合行业标准	0.4		
	男士修面，胡须修理整齐；女士化淡妆，身体部位没有可见标记，不佩戴过于醒目的饰物，指甲干净整齐，不涂有色指甲油	0.4		
	发型合适，不过度使用护发用品	0.4		
	姿态良好，表现专业	0.4		
准备工作(1分)	调制鸡尾酒所有必需设备和材料全部领取正确并可用	0.5		
	操作台整洁有序，用具与材料摆放整齐，符合卫生要求	0.5		
鸡尾酒调制(6分)	鸡尾酒调制杯子使用正确	0.5		
	鸡尾酒配料使用正确(包括装饰物)	0.5		
	鸡尾酒调酒器具使用正确	1		
	鸡尾酒调制方法正确	1		
	鸡尾酒调制的投料顺序正确	0.5		
	摇酒器里剩余酒水(含冰)不得超过2ml	0.5		
	两杯鸡尾酒液面等高，相差不超过1cm	0.5		
	器具和材料使用完毕后复归原位	0.5		
	鸡尾酒出品口感正确，能体现该产品口味	1		
鸡尾酒服务(5分)	礼貌地迎接、送别客人	1		
	向客人推荐并介绍鸡尾酒	0.5		
	服务鸡尾酒与客人点单一致	0.5		
	清晰地介绍鸡尾酒的原料	1.5		
	清楚地讲解鸡尾酒创意	1.5		
综合印象(1分)	始终保持出色的工作状态，整体表现专业	1		
合计得分		15		

备注：掉落物品每件扣1分，碰倒物品每件扣0.5分　　扣分：　分
斟倒酒水时每滴一滴扣0.5分，每溢一摊扣2分　　扣分：　分
30分钟完成，服务过程中用英语与客人沟通

实际得分	

5. 自我评价：
6. 酒店宴会部专业人员评价：
7. 教师评价： 指导教师签字： 年　　月　　日

10.2.5 咖啡制作与服务

实 训 报 告

课程名称：宴会部岗位综合实践

实训项目：咖啡制作与服务

专业班级：

姓　　名：

指导教师：

评定成绩：

年　　月　　日

1. 实训设备与材料

咖啡机，咖啡壶，咖啡粉，奶油，糖盅，咖啡杯，咖啡碟，咖啡勺。

2. 实训注意事项

严格按照实训要求和实训步骤去做，认真完成实训任务，注意安全。

3. 操作步骤

1) 检查咖啡机和咖啡壶，清洁咖啡机和咖啡壶，避免用脏餐具服务客人。

2) 将咖啡机开机。

3) 倒入咖啡粉。

4) 加水。

5) 接咖啡。

6) 整理。

7) 提供服务，礼貌地迎接、送别客人。

8) 向客人推荐并介绍咖啡。

9) 服务时首先示意客人，然后用右手从客人右侧按顺时针方向进行，按“先宾后主，女士优先”的原则操作。咖啡斟倒至8分满即可。

实操 10.2.5

咖啡制作与服务流程

4. 咖啡调制与服务考核标准(15分)

项目	项目评分细则	分值	扣分	备注
仪容仪表(2分)	制服干净、挺括，符合行业标准	0.4		
	黑色皮鞋，干净，符合行业标准	0.4		
	男士修面，胡须修理整齐；女士化淡妆，身体部位没有可见标记，不佩戴过于醒目的饰物，指甲干净整齐，不涂有色指甲油	0.4		
	发型合适，不过度使用护发用品	0.4		
	姿态良好，表现专业	0.4		
准备工作(1分)	对咖啡机进行检查和清洁，卫生习惯良好	1		
咖啡调制(6分)	工作时保持清洁，使用不同的抹布	1		
	咖啡粉没有散落溢出	1		
	咖啡、牛奶浪费很少，在可接受范围内	1		
	咖啡杯具选用正确	0.5		
	咖啡制作方法正确	1		
	咖啡器具和设备清洗干净并放回原位	0.5		
	咖啡出品口感正确，能体现该产品应有风味	1		

项目	项目评分细则	分值	扣分	备注
咖啡服务(5分)	礼貌地迎接、送别客人	1		
	向客人推荐并介绍咖啡	0.5		
	向客人服务咖啡时使用正确的用具	0.5		
	在服务过程中始终与客人互动良好，具有服务热情	2		
	能较好地完成作品介绍	2		
综合印象(1分)	始终保持出色的工作状态，整体表现专业	1		
合计得分		15		
备注：掉落物品每件扣1分，碰倒物品每件扣0.5分 斟倒咖啡时每滴一滴扣0.5分，每溢一摊扣2分 30分钟完成，服务过程中用英语与客人沟通			扣分　分 扣分　分	
实际得分				

5. 自我评价：

6.酒店宴会部专业人员评价：

7. 教师评价：

指导教师签字：

年　　月　　日

参考文献

[1] 叶伯平，鞠志中，邸琳琳. 宴会设计与管理[M]. 北京：清华大学出版社，2007.

[2] 周宇，颜醒华. 宴席设计实务[M]. 北京：高等教育出版社，2003.

[3] 姜文宏，王焕宇. 餐厅服务技能综合实训[M]. 北京：高等教育出版社，2004.

[4] 许顺旺. 宴会管理：理论与实务[M]. 长沙：湖南科学技术出版社，2001.

[5] 邓英，马丽涛. 餐饮服务实训：项目课程教材[M]. 北京：电子工业出版社，2009.

[6] 梭伦. 宴会设计与餐饮经营管理[M]. 北京：中国纺织出版社，2009.

[7] 布纳德·斯布拉瓦尔，威廉·N. 罗纳德，迈克尔·罗曼. 宴会设计实务[M]. 大连：大连理工大学出版社，2002.

[8] FRANCO A D，ABBLOTT J A. 酒宴管理[M]. 王向宁，译. 北京：清华大学出版社，2006.

[9] STRIANESE A J，STRIANESE P P. 餐厅服务与宴会操作[M]. 宿荣江，译. 3版. 北京：旅游教育出版社，2005.

[10] 贺习耀. 宴席设计理论与实务[M]. 北京：旅游教育出版社，2010.

[11] 单慧芳，李艳. 餐饮服务与管理[M]. 北京：中国铁道出版社，2009.

[12] 郑向敏，汪京强. 宴会设计[M]. 重庆：重庆大学出版社，2009.

[13] 周奥林. 宴会设计与运作管理[M]. 南京：东南大学出版社，2009.

[14] 新凤凰工作室. 宴会菜精选[M]. 汕头：汕头大学出版社，2006.

[15] 吴晓伟. 中餐烹饪美学[M]. 大连：大连理工大学出版社，2008.

[16] 陈文生. 酒店经营管理案例精选[M]. 北京：旅游教育出版社，2007.

[17] 栗书河. 茶艺服务训练手册[M]. 北京：旅游教育出版社，2006.

[18] 冯兆军. 饭店服务礼仪[M]. 北京：旅游教育出版社，2006.

[19] 王大悟，刘耿大. 酒店管理180个案例品析[M]. 北京：中国旅游出版社，2007.

[20] 于英丽，李丽. 餐厅服务技能实训教程[M]. 沈阳：东北大学出版社，2006.

[21] 谢定源. 中国名菜[M]. 北京：高等教育出版社，2002.

[22] 王永. 酒店餐饮部精细化管理与服务规范[M]. 北京：人民邮电出版社，2009.

[23] 孙占伟，王珺. 茶艺服务与管理[M]. 长春：吉林教育出版社，2010.

[24] 李玉双. 职业点菜师培训教程[M]. 沈阳：辽宁科技出版社，2007.

[25] 张波. 酒水知识与酒吧管理[M]. 大连：大连理工大学出版社，2008.

[26] 牟昆. 酒水服务与酒吧管理[M]. 长春：吉林教育出版社，2010.

[27] 伍福生. 宴会策划指南[M]. 广州：中山大学出版社，2005.

[28] 腾宝红. 宴会服务员岗位作业手册[M]. 北京：人民邮电出版社，2008.